大数据安全治理与防范

——反欺诈体系建设

张凯　张旭　等著

人民邮电出版社
北　京

图书在版编目（CIP）数据

大数据安全治理与防范 : 反欺诈体系建设 / 张凯等著. -- 北京 : 人民邮电出版社, 2023.1（2023.10重印）
ISBN 978-7-115-60144-5

Ⅰ. ①大… Ⅱ. ①张… Ⅲ. ①数据处理－安全技术 Ⅳ. ①TP274

中国版本图书馆CIP数据核字(2022)第184363号

内 容 提 要

随着互联网的蓬勃发展以及大数据时代的到来，新的欺诈安全问题不断涌现，这也诞生了一个新的概念——大数据安全。大数据安全指的是针对大数据时代背景下的安全风险，使用大数据、人工智能等新兴技术建立对抗体系，进而进行安全治理与防范。本书旨在对大数据时代背景下的欺诈安全问题、大数据平台工具、反欺诈对抗技术和系统进行全面的阐释，以帮助读者全面学习大数据安全治理与防范的背景、关键技术和对抗思路，并能够从 0 到 1 搭建一个反欺诈对抗系统。

本书作为入门大数据安全对抗的理想读物，将理论与实践相结合，既能加强读者对大数据安全对抗的安全场景和技术原理的理解，又能通过复现反欺诈实战中的内容帮助读者培养业务中的安全对抗能力。无论是大数据、信息安全相关从业人员，还是有志于从事大数据安全方向相关工作的初学者，都会在阅读中受益匪浅。

◆ 著　　　张 凯 张 旭 等
责任编辑　傅道坤
责任印制　王 郁 胡 南

◆ 人民邮电出版社出版发行　　北京市丰台区成寿寺路 11 号
邮编　100164　电子邮件　315@ptpress.com.cn
网址　https://www.ptpress.com.cn
北京盛通印刷股份有限公司印刷

◆ 开本：800×1000　1/16
印张：16　　　　2023 年 1 月第 1 版
字数：301 千字　　2023 年 10 月北京第 4 次印刷

定价：79.80 元

读者服务热线：(010)81055410　印装质量热线：(010)81055316
反盗版热线：(010)81055315
广告经营许可证：京东市监广登字 20170147 号

作者简介

张凯，现任腾讯专家工程师。一直从事大数据安全方面的工作，积累了 10 多年的黑灰产对抗经验，主要涉及游戏安全对抗、业务防刷、金融风控和反诈骗对抗系统等。

张旭，现任腾讯高级工程师。主要从事大数据下黑产安全对抗业务、反诈骗对抗系统开发方面的工作。曾参与中国信息通信研究院《电话号码标记应用技术要求》行业标准制定，并为《电信网络诈骗治理与人工智能应用白皮书》提供行业技术支持。

周鹏飞，现任腾讯高级工程师。主要从事大数据安全方面的工作，积累了多年黑灰产对抗经验，涉及游戏安全对抗、金融风控、业务防刷、广告反作弊、电信反诈等。

牛亚峰，现任腾讯高级工程师。一直从事黑灰产对抗业务方面的工作，涉及反洗钱、支付反欺诈、电信反诈等项目。

甘晓华，现任腾讯工程师。主要从事金融风控、黑灰产对抗等业务安全方面的相关工作。

洪旸，曾任腾讯研究员。主要从事金融风控、黑灰产对抗等业务安全方面的相关工作。

杨泽，现任腾讯研究员。主要从事金融风控、黑灰产对抗等业务安全方面的相关工作。

郝立扬，现任腾讯研究员。主要从事反诈骗、反赌博等黑灰产对抗业务方面的工作。

李靖，现任腾讯高级工程师。一直从事黑灰产相关的数据分析和对抗策略制定方面的工作，其间业务涉及风险洗钱资金流的检测、反诈骗对抗系统等。

前　言

从 2012 年起，我们就开始关注电信诈骗带来的社会危害问题，也因此成为第一批参与社会治理的安全团队。随着诈骗逐渐从电信领域向互联网领域转移和发展，团队的关注点也从电信诈骗进一步扩展到营销欺诈、金融欺诈以及赌博、色情、骚扰、违规引流等安全问题。在这一过程中，从一开始流量进入层的风控，到产生内容后的 UGC 对抗，再到复杂网络的团伙挖掘，我们与黑产对抗的手段也在一步步升级。

随着互联网数据量的快速增长和黑产技术的升级，安全对抗越来越需要大数据及人工智能技术的助力。作为安全技术提供方，我们在诸多项目中分别与不同的互联网企业、金融单位和电信运营商一起解决安全问题。在合作过程中我们发现，大数据场景下任何一个小的安全问题都需要体系化的对抗。

在每个项目中，我们都与合作伙伴进行了深入的交流，除了专业的安全从业者，也不乏产品和运营人员，这可以帮助我们更好地理解业务场景，从而达成安全防护的目的。但我们也认为，身处大数据安全时代，在关注具体业务安全场景的同时，也需要具备全局视野和体系化对抗思想。于是我们决定写一本全面介绍大数据安全思想、技术方案和实践经验的书，旨在通过介绍多年沉淀的技术体系与方法论，帮助读者建立大数据安全的体系化思维模式，拓宽对抗思路。

本书主要分为大数据安全基础、黑灰产洞察、大数据基础建设、大数据安全对抗技术与反欺诈实战案例、反欺诈运营体系与情报系统 5 个部分。第 1 部分介绍大数据时代的兴起、安全风控新挑战及大数据安全治理架构；第 2 部分介绍常见的黑产类型及工具；第 3 部分介绍大数据的基础运行平台与数据的初步加工方法；第 4 部分介绍主要的大数据安全对抗技术，以及这些技术在反欺诈实战案例中的应用；第 5 部分介绍反欺诈运营和情报监控的方法。

梳理整个大数据安全治理与防范体系是一件工作量巨大的事情，通过不懈的努力，我们最终如期完成了本书内容的撰写，这主要归功于团队协作的力量。除了两位主要作者，以下几位也深度参与了本书内容的撰写。

- 周鹏飞撰写了第 5 章“基于流量的对抗技术”和第 8 章“反欺诈实战案例”中有关

营销活动反作弊的内容。

- 牛亚峰撰写了第 7 章“基于复杂网络的对抗技术”和第 8 章“反欺诈实战案例”中有关赌博网址检测的内容。
- 甘晓华撰写了第 2 章“黑产现状与危害”和第 6 章“基于内容的对抗技术”中有关文本内容对抗的部分内容。
- 洪旸撰写了第 3 章“产业工具”和第 6 章“基于内容的对抗技术”中有关文本内容对抗的部分内容。
- 杨泽撰写了第 4 章“大数据治理与特征工程”中有关大数据治理内容和第 9 章“反欺诈运营体系”的内容。
- 郝立扬撰写了第 4 章“大数据治理与特征工程”中有关大数据平台内容和第 10 章“情报系统”的内容。
- 李靖撰写了第 8 章“反欺诈实战案例”中有关恶意短文本识别的内容。

在稿件完成之际，有特别多想感谢的朋友。熊奇为本书的写作主题、方向和内容提供了建设性的指导。李宁从项目的角度，为本书的写作流程、资源和后期事项提供了强力的支持。蔡超维从反欺诈行业和技术落地角度，结合多年的实战经验给出了诸多建设性的修改建议。还要感谢人民邮电出版社编辑单瑞婷全程支持本书的出版工作。

虽然在写作过程中，我们尽最大努力保证内容的完整性与准确性，但由于写作水平有限，书中难免存在疏漏与不足，恳请读者批评指正。本书着力于全面覆盖大数据安全治理与防范体系内容，故内容偏重基础概念与通用方法，在具体的对抗手段和技术细节上未过多深入。我们计划在后续出版的书中，针对流量反作弊、网址反欺诈等更具体的安全场景进行更加深入的阐述，敬请期待。

资源与支持

本书由异步社区出品，社区（https://www.epubit.com）为您提供相关资源和后续服务。

提交勘误

作者和编辑尽最大努力来确保书中内容的准确性，但难免会存在疏漏。欢迎您将发现的问题反馈给我们，帮助我们提升图书的质量。

当您发现错误时，请登录异步社区，按书名搜索，进入本书页面，单击“发表勘误”，输入勘误信息，单击“提交勘误”按钮即可。本书的作者和编辑会对您提交的勘误进行审核，确认并接受后，您将获赠异步社区的 100 积分。积分可用于在异步社区兑换优惠券、样书或奖品。

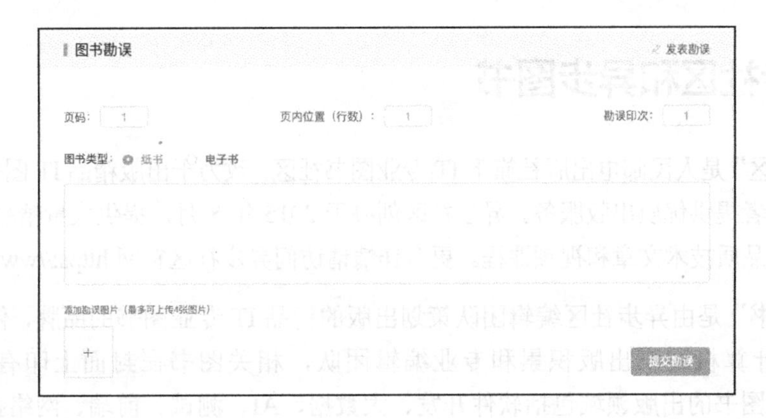

扫码关注本书

扫描下方二维码，您将会在异步社区微信服务号中看到本书信息及相关的服务提示。

与我们联系

我们的联系邮箱是 contact@epubit.com.cn。

如果您对本书有任何疑问或建议，请您发邮件给我们，并请在邮件标题中注明本书书名，以便我们更高效地做出反馈。

如果您有兴趣出版图书、录制教学视频，或者参与图书技术审校等工作，可以发邮件给本书的责任编辑（fudaokun@ptpress.com.cn）。

如果您来自学校、培训机构或企业，想批量购买本书或异步社区出版的其他图书，也可以发邮件给我们。

如果您在网上发现有针对异步社区出品图书的各种形式的盗版行为，包括对图书全部或部分内容的非授权传播，请您将怀疑有侵权行为的链接通过邮件发给我们。您的这一举动是对作者权益的保护，也是我们持续为您提供有价值的内容的动力之源。

关于异步社区和异步图书

"异步社区"是人民邮电出版社旗下 IT 专业图书社区，致力于出版精品 IT 图书和相关学习产品，为作译者提供优质出版服务。异步社区创办于 2015 年 8 月，提供大量精品 IT 图书和电子书，以及高品质技术文章和视频课程。更多详情请访问异步社区官网 https://www.epubit.com。

"异步图书"是由异步社区编辑团队策划出版的精品 IT 专业图书的品牌，依托于人民邮电出版社的计算机图书出版积累和专业编辑团队，相关图书在封面上印有异步图书的 LOGO。异步图书的出版领域包括软件开发、大数据、AI、测试、前端、网络技术等。

异步社区

微信服务号

目　录

第1部分　大数据安全基础

第2部分　黑灰产洞察

第 5 部分 反欺诈运营体系与情报系统

第1部分　大数据安全基础

→ 第1章　绪论

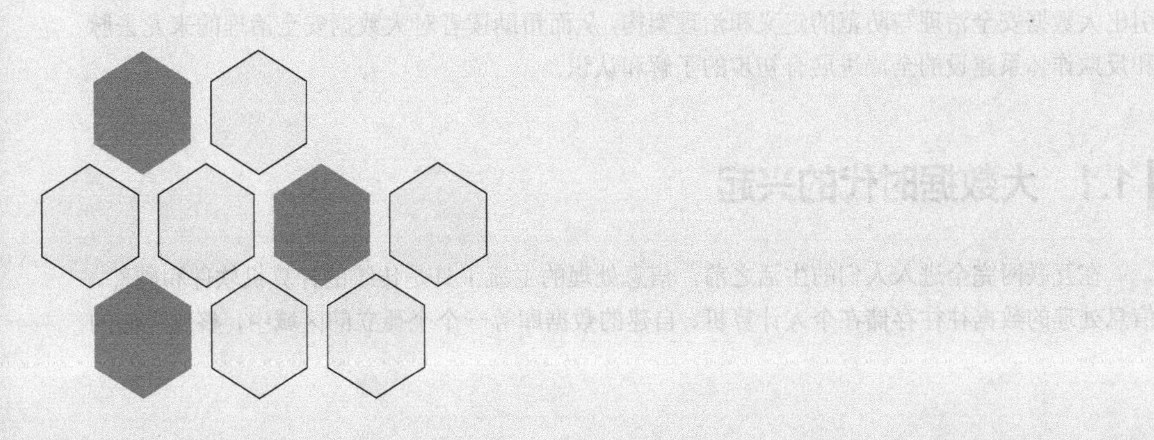

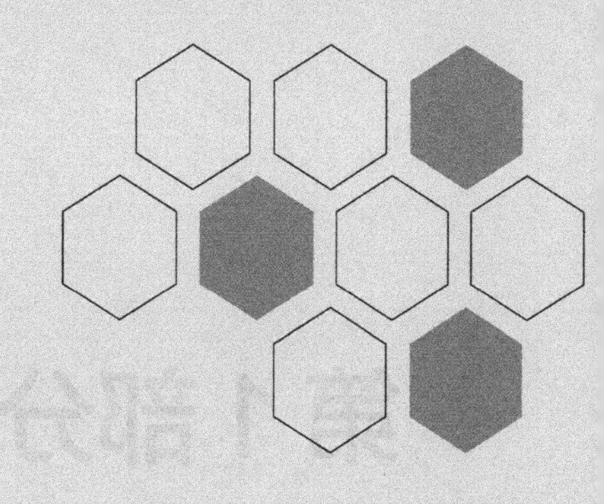

第1章 绪论

进入 21 世纪以来，互联网的蓬勃发展造就了人类新一轮的信息技术革命。在短短的二十年时间里，社会结构、生活方式和生产能力都发生了翻天覆地的变化。直至如今，互联网产业仍然处于高速发展的过程中。与此同时，互联网产业已拥有了规模庞大的用户群体，据世界银行统计，截至 2021 年，世界互联网用户总数已到达 51.69 亿，其中中国互联网用户数达到 10.11 亿，互联网渗透率约为 72%，而且还在不断增长。

用户规模的不断增长带来了诸多机遇，为互联网经济持续注入活力。线上经济的高速发展，吸引原本主要活动于线下的犯罪活动开始向线上转移。这些黑色产业隐匿在庞大的用户群中，通过运用互联网技术手段来攫取非法利益或从事欺诈违法行为。这种行为严重破坏网络安全环境，危害用户及企业的隐私、财产安全，甚至会危害到用户的人身安全，也给互联网安全带来了新的挑战。

规模庞大的互联网用户时时刻刻都在产生大量的数据，如何从海量数据中找出潜在恶意欺诈行为和非法实体，成为大数据时代下安全领域的新课题。与软件安全领域的渗透攻防、漏洞挖掘等技术不一样，解决大数据安全治理问题主要依赖的是大数据、人工智能等技术手段，这些技术手段在安全领域的应用也为诸多安全场景开辟了新的方向。

本章主要介绍大数据安全的时代背景，以及在这一背景下产生的安全问题，由此进一步引出大数据安全治理与防范的定义和治理架构，从而帮助读者对大数据安全治理的来龙去脉和反欺诈体系建设的全局进展有初步的了解和认识。

1.1 大数据时代的兴起

在互联网完全进入人们的生活之前，信息处理的主流工具是传统的计算机软件和硬件，信息处理的数据往往存储在个人计算机、自建的数据库等一个个孤立的区域中，整体存储的数据量级也十分有限。随着网络基础设施的完善，互联网将一个个孤岛连接起来，形成了一整片信息的海洋。随着智能手机的出现以及 4G、5G 的进一步发展，互联网从 PC 端扩展到了移动端，覆盖了生活的方方面面。

新用户的不断接入会产生新的数据，也会与已有的数据产生联系，这使得互联网中的信息量急剧增加。根据国际权威机构 Statista 统计，近十年间，互联网全年生成的数据量增加了 40 多倍。2010 年，互联网全年产生的数据量仅 1.2 ZB（1 ZB=十万亿亿字节），而到了 2020 年，这一数据量达到 50.5 ZB，相当于人类迄今为止生产的所有印刷材料的数据量的 25 万倍，并仍然以 23%的增速高速增长。据国际数据公司（International Data Corporation，IDC）预测，随着互联网渗透率的进一步提高以及物联网的持续发展，到 2025 年，全球数据量将达到 163 ZB。

在大数据时代中，用户使用即时通信、电商支付、视频娱乐等服务，其信息处理的载体也从单机软件变为了用户量上亿的互联网应用。这些应用涵盖了大部分网络流量入口、信息沟通渠道以及用户个人行为，构成了当前互联网生态的中心。这些应用在为用户带来便利的同时，也为某些非法产业的生存和发展提供了有利条件。

1.2 安全风控新挑战

大数据时代的欺诈黑产获利方式与 PC 时代的欺诈黑产获利方式有着明显区别。PC 时代的欺诈黑产主要通过设计恶意入侵程序来获利，而大数据时代的欺诈黑产则借助主流平台对平台上的用户和商家实施侵害，以攫取巨额利益。

如图 1-1 所示，在大数据时代，互联网应用面临的常见欺诈风险主要有以下几种类型。

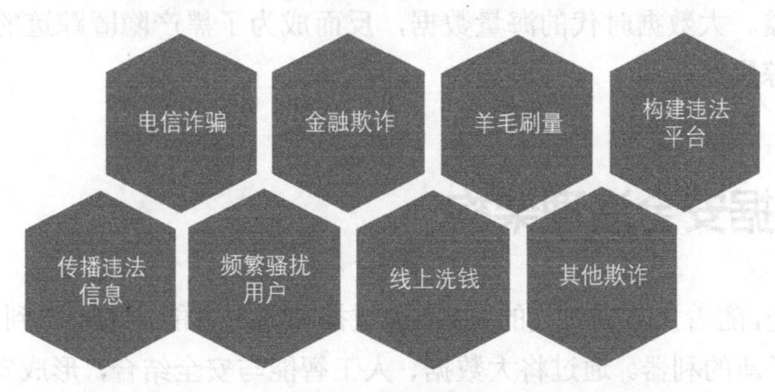

图 1.1 大数据时代常见欺诈风险类型

- 电信诈骗：通过有计划的欺骗手段，大量骗取平台内其他用户的财产，例如即时通信平台中的交友诈骗、电商平台中的客服退款诈骗、在线会议平台中的仿冒公检法诈骗等。
- 金融欺诈：通过包装资料、设备和账号，有组织、有预谋地套取金融平台的额度，包括规模性的黑产套现、引导普通用户套现等。
- 羊毛刷量：通过技术手段，在互联网平台仿冒真人进行自动化行为，以获取平台利益或扰乱平台秩序，例如大量刷取平台优惠、抢夺门票等稀缺资源。
- 构建违法平台：建立违反法律法规的平台应用，例如开发网络赌博应用、色情应用，建立盗版视频网站、虚拟货币投资平台等。
- 传播违法信息：利用平台用户量大、信息传播便捷的特性，传播涉黄、涉赌、涉诈、涉政、侵权等非法信息，涉及文字、图片、语音、网址、二维码等形式。
- 频繁骚扰用户：通过向用户频繁发送垃圾信息、推广广告、诱导分享链接等信息来达到曝光、引流的目的，常见的手段包括平台群发、短信轰炸、“呼死你”等，这些行为不仅会影响用户使用体验，而且会破坏平台口碑。
- 线上洗钱：黑产会通过发红包、充值话费、虚假购买商品、第三方平台转账等方式，快速转移大量资金，进行线上洗钱。
- 其他欺诈：其他常见的欺诈行为有利用游戏外挂扰乱正常游戏秩序、搭建钓鱼网站骗取用户信息以实施诈骗等。

这些恶意行为并没有利用应用平台的漏洞来入侵，因此以往的攻防对抗、病毒检测、漏洞扫描技术难以发现这些恶意行为。事实上，黑产可以通过应用平台提供的便利隐匿其中并攫取巨额利益。大数据时代的海量数据，反而成为了黑产隐匿踪迹的保护伞，使得平台难以发现和追踪黑产。

1.3 大数据安全治理架构

令人鼓舞的是，随着大数据时代的到来，大数据和人工智能技术也得到了跨越式的发展，为安全领域提供了新的利器。通过将大数据、人工智能与安全结合，形成安全领域的大数据技术，能有效应对大数据时代的安全风控新挑战。

大数据安全治理与防范体系是在安全领域中应用新兴大数据技术体系，从而应对大数据时代下的风控新挑战。其中，新兴大数据技术体系并不是单指某一种技术，而是为了满足大数据应用需求而形成的技术体系，主要包括以下 4 个部分。

- 大数据平台：为了高效地存储和处理海量数据，诞生了许多大数据基础框架，其中最为著名的大数据基础框架当属 2003～2006 年间由谷歌发布的分布式文件系统 GFS、分布式并行计算框架 MapReduce、分布式数据库 Bigtable 等。
- 数据治理：解决了海量数据的存储和处理问题后，还需要应用数据清洗、元数据管理、数据质量管理、特征集市管理等数据治理技术来有效地管理大数据资产，使大数据资产的价值最大化。
- 云服务：除了海量数据离线存储的应用需求，还需要利用镜像、容器等云服务技术来满足海量数据实时访问的应用需求。
- 人工智能：对于大数据中恶意信息检测、复杂恶意模式挖掘的问题，由于数据的规模庞大，完全无法通过专家规则来处理。而人工智能的发展，使得对文本、图像、语音等复杂内容的理解和识别成为可能，也支持通过关系、社群、时序等数据来挖掘黑产信息。

除了上述新兴大数据技术，在完整的大数据安全治理与防范体系中，也包括运营监控体系、情报与态势感知体系等。如图 1.2 所示，大数据安全治理架构自下向上可分为大数据平台、数据治理层、风控模型层以及在线服务层，而反欺诈运营体系和情报系统服务于整个治理架构。

大数据安全治理架构各部分功能如下所示。

- 大数据平台：提供海量数据存储和计算的底层平台及框架，包括大数据基础平台（Hadoop、Spark 等）、分布式数据仓库（Hive、Presto 等）、分布式文件存储系统（HDFS、KFS 等）和流数据处理框架（Flink、Storm 等）。
- 数据治理层：负责对未加工的原始数据进行加工、组织和管理，以便后续应用。大数据应用中最原始的数据通常以日志形式来组织，其中往往包含诸多异常的、不规范的数据。数据治理层通过数据清洗将原始数据整理为规范化的基础层数据，再通过基础数据的特征工程将数据加工为安全业务可使用的特征，同时为数据清洗、特征工程提供分层治理、数据仓库、特征集市、可视化等治理能力。

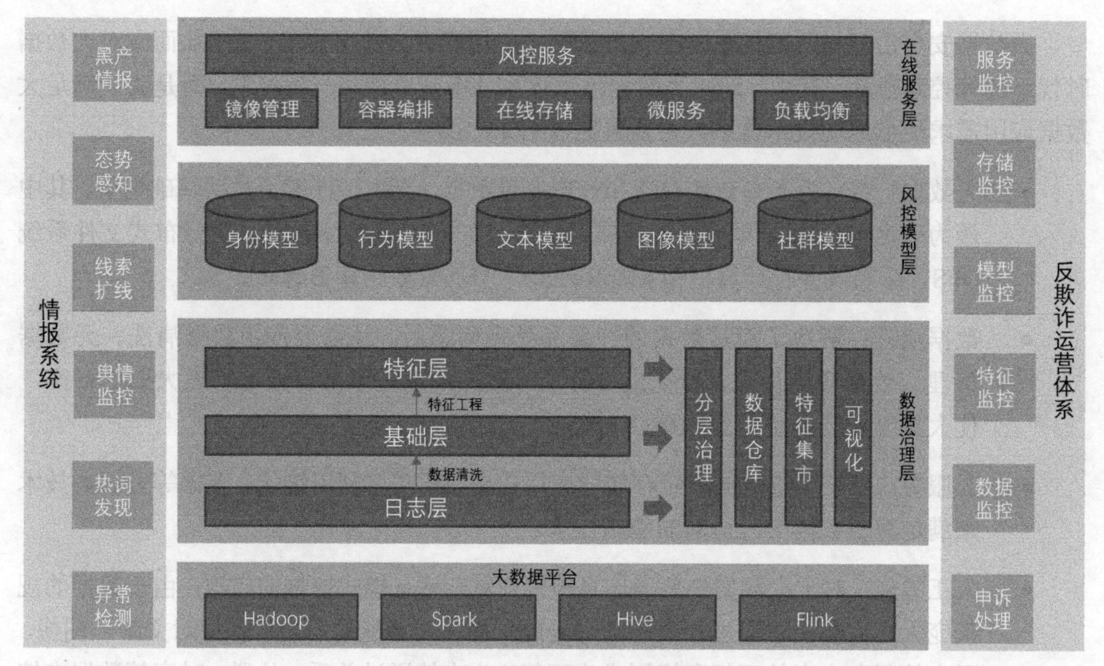

图 1.2 大数据安全治理架构

- 风控模型层：通过使用基础层原始数据、特征层特征数据，为用户在应用平台的全生命周期提供安全风控能力。如图 1.3 所示，大数据安全治理包含事前、事中、事后三个风控阶段。在事前风控阶段，通过身份模型对用户、环境、设备判别，预防潜在风险；在事中风控阶段，判断违规行为、恶意内容的安全风险，并进行阻断和拦截；在事后风控阶段，对社群、产业、团伙进行全面复盘，挖掘潜在恶意同伙、产业链及组织分工，全面打击黑灰产[1]产业链。

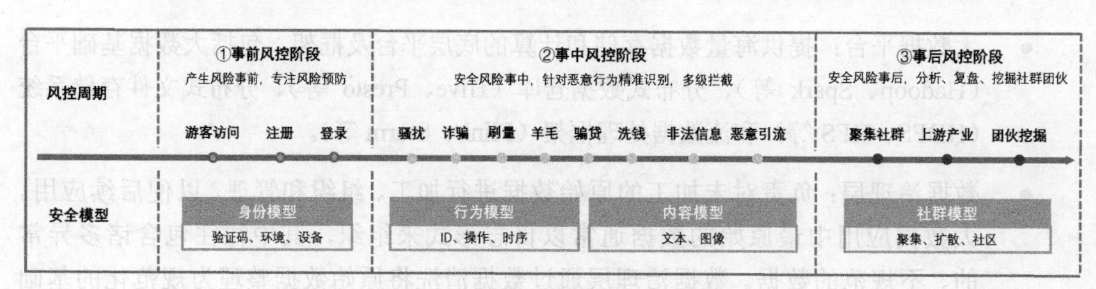

图 1.3 大数据安全治理生命周期

① 注：在本书中，会同时出现“黑灰产”与“黑产”的表述，从字面可知，两者的意义、涵盖的范围并不相同，考虑到本书的主旨并非为了对两者进行严格区分，而是用来泛指各种违法的行为，因此在后文的表达中，会酌情混用这两个词汇。

- 在线服务层：负责大数据安全能力的最终输出。为满足大数据时代对海量数据的风险判断需求，大数据安全能力往往以公有云 SaaS 服务形式提供，通过自动化运维体系，根据业务需求进行弹性扩容，以支持百亿级别的并发访问，并保持服务稳定可靠。
- 反欺诈运营体系：对整个大数据安全治理架构中的服务、数据、底层架构进行系统化监控，提供大数据安全系统运营工具，同时针对风控后的申诉建立反馈工作流程，以帮助安全风控人员更好地掌控系统的运行状态并实时处理系统问题。
- 情报系统：负责从大数据感知黑灰产对抗变化，提供新的黑产组织、手法、运营信息，以帮助安全风控人员确定当前黑灰产行为模式、影响态势、发展方向等关键信息，为安全风控提供情报。

1.4 本章小结

本章主要对大数据安全治理诞生的背景、挑战、关键技术和治理架构进行介绍，在读者对大数据安全有了基本了解之后，接下来本书主要从反欺诈领域的黑灰产洞察、大数据基础建设、大数据安全对抗技术与反欺诈实战案例、反欺诈运营体系与情报系统这 4 个部分，对当前大数据安全领域面临的安全问题、基础平台、对抗手段和反欺诈运营体系进行详细而系统的介绍，同时对未来大数据安全的发展形态和前沿技术进行展望。

第 2 部分　黑灰产洞察

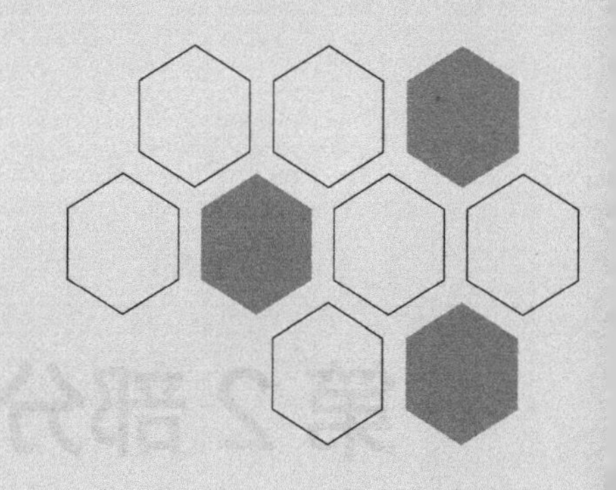

第2章 黑产现状与危害

日益庞大的互联网用户群体促使互联网业务呈现出了爆发式的增长，金融、电商、在线教育、远程医疗、社交媒体、线上直播、短视频等行业快速发展。然而，在互联网业务高速增长的同时，滋生了大规模的黑产流量。大量的欺诈、网络钓鱼、刷单、身份盗用、虚假信息、作弊、恶意引流等问题，不但会造成用户的利益损失，还会给企业带来声誉、经济上的损失。这些业务安全风险背后的始作俑者，正是黑灰产从业者，所以在建立大数据安全治理的反欺诈体系前，有必要先对黑产形态与可能产生的危机进行深入了解。

在大数据安全治理场景下的黑产主要有两个特点。一是高度产业化，黑产已经逐步形成了完整的产业化链条：上游提供各类技术支持，如验证码绕过、手机群控、自动注册工具等；在中游，有人专门收集大量的手机号、身份证号、银行卡号等信息；下游则是对中游资源的变现，如欺诈、恶意引流、刷单、“薅羊毛”等。二是注重资源对抗，在黑产的中上游，由专门的团伙负责大批量收集各类资源，以供各种下游团伙使用，从而降低黑产攻击的成本。在高度产业化和资源对抗这两个特点下，黑产具有丰富的类型。本章会对大数据安全治理场景下的常见黑产类型逐一进行阐述。

2.1 电信网络诈骗

随着我国经济和社会的快速发展，以电信网络诈骗为代表的新型犯罪持续高发，当前电信网络诈骗呈现出从电话诈骗向互联网诈骗转变的趋势。企业除了提供互联网服务，也承担了在高风险及可疑场景下提醒、教育用户，以及拦截、阻断风险的责任。本节介绍容易对用户造成巨大经济损失的十大高发电信网络诈骗类型，以及当前电信网络诈骗的特点。

2.1.1 诈骗的类型及危害

电信网络诈骗手法层出不穷，技术也在不断迭代更新，近年来公安机关打击的电信网络诈骗类型已有 100 多种，令人防不胜防。图 2.1 是 2021 年案发数量排名前十的电信网络诈骗类型。

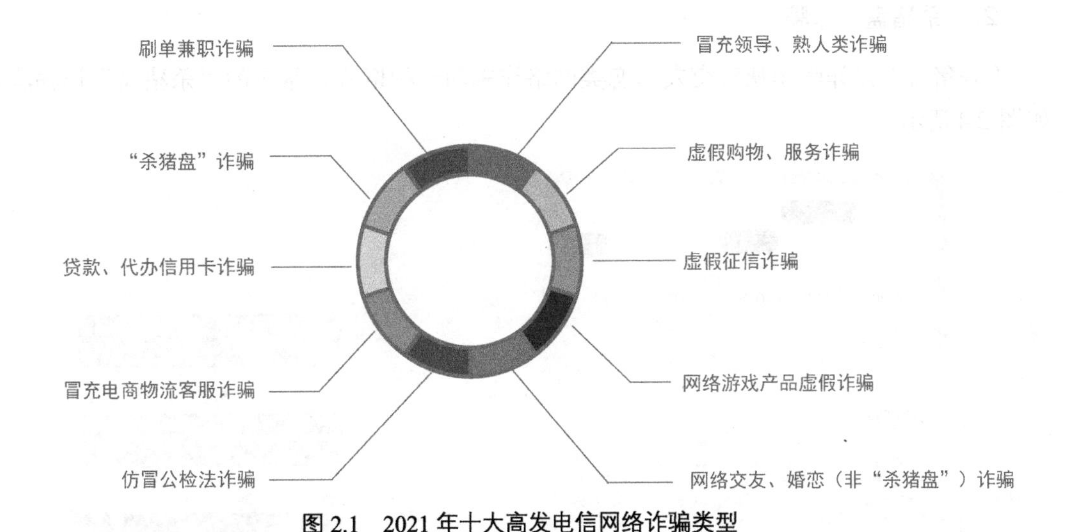

图 2.1　2021 年十大高发电信网络诈骗类型

常见的网络诈骗类型如下所示。

1. 刷单兼职诈骗

虽然刷单兼职诈骗有多种手法，但终归离不开图 2.2 所示的三个核心步骤。

图 2.2　刷单兼职诈骗的核心步骤

第一步是撒网，黑产以刷单兼职之名引流，通过社交软件、搜索引擎、短信、招聘网站等渠道发布大量引流广告以吸引受害者。第二步是引诱，当受害者被吸引后，不法分子会下发一些小额的刷单抢单任务，这些任务往往能顺利进行并正常返回佣金。第三步是诈骗，当获取受害者信任后，黑产会下发大额的刷单任务，并借由网络超时、卡单等各种理由引导受害者反复刷单。在受害者察觉到异样后，黑产就会关闭平台，卷款跑路。

为了增加可信度，黑灰产常常会自己搭建相关刷单类网站或刷单类 App。图 2.3 展示了某刷单诈骗 App 的页面。可见，由于黑产的刷单平台往往会仿冒正规的电商平台，因此很容易造成普通用户的混淆，于是用户便落入了坏人的圈套。

2．“杀猪盘”诈骗

“杀猪盘”是诈骗团伙对交友婚恋类网络诈骗的一种俗称。常见的“杀猪盘”诈骗流程如图 2.4 所示。

图 2.3 某刷单诈骗 App 的页面

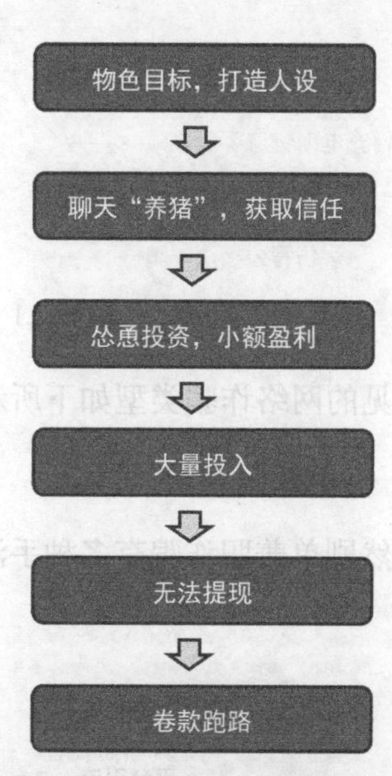

图 2.4 “杀猪盘”诈骗流程

与广撒网、短平快的刷单兼职诈骗不同，“杀猪盘”诈骗具有目标明确、时间周期长等特点。不法分子会通过各种婚恋、交友平台物色受害者，利用受害者渴望感情的心理，打造受害者喜欢的人设，在建立感情并取得受害者信任后，诱导受害者参与网上投资理财、博彩等。前期受害者往往能小额盈利，等受害者信任度提高，加大投资或提高赌资后，不法分子便以交税、刷流水、账户冻结需缴纳保证金、信用度不够无法提现等理由诱导受害者多次充值。当发现受害者有所察觉时，不法分子会立马断绝联系，卷款跑路。

3. 贷款、代办信用卡诈骗

这类欺诈往往是在不法分子以非法手段获取受害人网贷信息后，向受害人拨打电话、发送短信和虚假链接，声称可以低息大额贷款，随后在用户的操作过程中以受害者账户或操作流程有问题等借口诱导受害者将钱打入不法分子账户，完成诈骗。

图 2.5 为某虚假贷款诈骗平台页面，大部分人通过软件或者网站的视觉体验是无法区分正常借贷网站和诈骗网站的，所以容易掉入陷阱。找第三方小众平台借贷的大部分用户往往着急用钱且信用欠佳，因为无法去大平台贷到预期额度的贷款，所以铤而走险地去找小众贷款平台从而上当受骗。

图 2.5 某虚假贷款诈骗平台页面

4. 仿冒诈骗

仿冒诈骗的手段变化多端，不法分子仿冒的身份也多种多样，且往往和普通用户的日常生活联系得较为紧密。例如通过仿冒公检法人员、电商物流客服等身份，设定场景从而引诱受害者入局。此外，不法分子还会搭建与正规网站高度相似的钓鱼网站，使受害者信以为真，并套取受害者的个人银行账号、密码等信息，从而转移受害者的资金。

以仿冒公检法人员诈骗为例，此类案件一般是不法分子通过仿冒政府部门工作人员，以用户信用出现问题或者卷入某案件调查为由，层层设套导致用户损失大量财物。

5. 虚假交易诈骗

虚假交易诈骗发生在多个场景中，诸如电商平台、网络游戏等。诈骗分子通过低价引诱受害者，并引导受害者给私人账号付款完成诈骗。

最常见的虚假交易诈骗就是虚假游戏充值，不法分子宣称可以低价出售游戏装备或有内部渠道可以低价充值，受害者信以为真，转账后就会被不法分子拉黑。

2.1.2 诈骗的特点

近年来，电信网络诈骗案件数量持续增长，诈骗手法层出不穷，黑产技术不断迭代更新，诈骗与反诈骗的对抗全面升级。当前的电信网络诈骗主要呈现图 2.6 所示的 5 种特点。

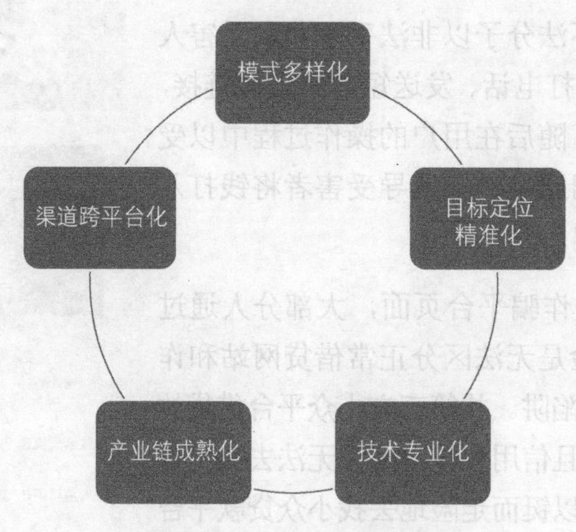

图 2.6　电信网络诈骗特点

- 模式多样化：随着诈骗治理工作的深入和推进，用户防范意识不断加强，诈骗分子也进一步翻新网络诈骗模式。诈骗分子常常会结合时事诈骗，且部分诈骗模式生存周期较短。诈骗手段的翻新速度也在业务安全侧对诈骗信息的识别与预警提出了更高的要求。
- 目标定位精准化：近年个人信息的泄露为精准诈骗的实施提供了重要机会。区别于广撒网、随机式的诈骗方式，精准诈骗更具有针对性和指向性，因此其欺骗性和迷惑性更强，成功率也更高，也更难在安全侧实现事前拦截。例如仿冒 ETC 诈骗会相对比较精准地推送给有 ETC 的用户。
- 技术专业化：网络诈骗的专业化表现在技术应用、组织运营、团伙分工等方面。其中，网络诈骗在技术应用方面的专业化表现最为明显，比如不法分子通过开发手机 App、诈骗网站等方式实施诈骗。以网络钓鱼为例，当前诈骗分子已经具备快速升级网站功能并更新迭代诈骗模板的技术能力，而且验证信息功能模块的加入使得用户体验更加接近于访问正常网站。此外，通过包网平台和应用封装及分发平台等平台，可以实现网站的快速上线和 App 的快速封装。
- 产业链成熟化：电信网络诈骗已经形成较为成熟的黑灰产产业链和利益联合体，产业链上中下游分工明确。
- 渠道跨平台化：为扩大受害用户的接触范围，提高诈骗成功率，同时规避各平台方的打击，诈骗分子不断将各类热门网络应用作为新型诈骗的实施场所及引流渠道。由于各个平台数据都是隔离的，因此加大了打击难度。

2.2 营销欺诈

越来越多的企业由传统营销模式开始转向互联网营销模式。面对如此大的市场规模以及如此高的市场增速，很多企业不断开展技术及业务的创新，希望能够获得更大的利益。为了达到获取更多用户、抢占市场的目的，平台方在广告投放、拉新和促活等环节投入了大量营销资源。与此同时，黑灰产闻风而至，瞄准这些资源，采用各种欺诈手段进行套利变现，从而导致营销活动不能达到预期效果，造成企业的巨额损失以及正常用户的不良体验。本节介绍营销欺诈的主要类型和特点。

2.2.1 欺诈的类型及危害

和营销欺诈有关的黑灰产的主要类型包括如下 3 类。

1. 刷量作弊

刷量作弊是指为达到牟利、推广、营销、引流、追星等目的，利用技术或人工手段，以违规或违法的形式，在短时间内使视频、文章、广告等的播放数、浏览数、点赞数、评论数、转发数、粉丝数等呈现大幅度增长的模式。这种行为会破坏社区生态，扰乱社区秩序，造成广告主和企业的经济损失。

目前刷量作弊中黑灰产的作恶行为更常见于以流量为基石的行业及场景。

- 社交媒体平台：为了打造“爆款”文章，提高账号影响力，获得广告主青睐，黑产甚至操控舆论刷点赞量、刷粉丝量、刷评论量、刷转发量等。
- 电商：黑产为了提高店铺或商品排名，刷用户好评、刷购买量等。
- 广告行业：由于目前的广告行业会通过点击率、引流注册量等结算费用，因此黑产会为了从广告主手中获取更多收益而刷点击量、刷曝光量等。
- 多媒体平台：投资方或粉丝为了提升视频、音频的排名，或为了从平台方获得更高的版权费，向黑产购买刷量服务以提高视频、音频的榜单排名及口碑等。

2.“薅羊毛”

“薅羊毛”已经成为耳熟能详的名词。为了达到获客拉新、激活用户的目的，互联网企业会发起各类营销活动，如发放红包、优惠券、低价商品等。然而在此期间，黑灰产会利用技术手段进行不正当获利，导致企业的营销成本急剧上升，给企业带来重大的经济损失。这种不正当的牟利形式在业务侧被称为“薅羊毛”，而从事“薅羊毛”的黑灰产人群则被称为“羊毛党”。与刷量作弊相似的是，“羊毛党”手中也有大批量的互联网账号，但是“羊毛党”瞄准的是互联网渠道在线上营销活动中的漏洞，通过自动化技术或人工手段，违规获取优惠券、奖金或囤积大量低价物品，以转卖赚取中间差价的方式来牟利。

“羊毛党”可以分为以下 3 类。

- 通过个人纯手工进行“薅羊毛”的行为。因为这类行为涉案金额少或规模较小，且是真人的行为，所以往往打击难度比较大。
- 利用商家网站或应用，通过外挂程序将“薅羊毛”过程完全自动化。相对个人纯手工而言，往往这种类型的“羊毛党”获得的钱财数额较高。
- 团伙“羊毛党”，通常是组织者利用社交媒体指挥团伙成员“薅羊毛”，呈现出规模化的趋势。经验丰富的“羊毛党”们对互联网平台的各种促销活动和活动规则了如指掌，善于挖掘和利用可以牟利的规则漏洞，但凡出现有利可图的活动，他们便会第一时间蜂拥而至。为了达到目的，“羊毛党”不择手段，甚至会为了规避风险向下游出售技术等。这种类型的“羊毛党”在严重时甚至能直接薅垮一个平台，是平台最迫切打击的对象。

3．垃圾注册及身份盗用

在互联网世界里，每个人都需要有账号。账号信息对企业而言是重要的数据资产，而寄生在互联网生态中的黑灰产，则需要注册大量的账号来为他们提供网络身份。根据国家法律规定，使用互联网服务必须进行账号实名认证，但网络黑灰产会为了达到隐藏身份、逃避打击的目的，盗用他人的身份信息或手机号码作为注册资料，恶意注册大量的虚假账号进行贩卖、盈利。盗用他人的身份信息等违法行为又催生了非法获取、买卖个人信息的黑产，这些黑产逐渐发展成为成熟的黑灰产产业链，在黑灰产中更多地承担上游的角色，并向下游的刷量作弊、“薅羊毛”、团伙骗贷、洗钱等违法犯罪行为提供资源，严重破坏了企业的健康生态和社会的安定。

垃圾注册及身份盗用的黑灰产在互联网世界里可以说是无孔不入，只要是需要用户注册账号的场景，就会有垃圾注册及身份盗用的黑产在背后伺机而动。下面列举 4 个黑产攻击下常见的垃圾注册及身份盗用的业务场景。

- 线上借贷行业：黑产通过非法交易个人信息、养账号，有组织、有计划地钻金融机构平台的风控漏洞，伪装成正常人在各个借贷平台上注册账号，向金融机构申请各类贷款，直接造成金融机构的经济损失。

- 社交媒体平台：黑产创建大批社交平台的账号，为下游实施诈骗、引流恶意信息、骚扰用户、刷量作弊、“薅羊毛”等行为提供账号资源。
- 运营商：黑产大批量购买运营商的号码资源，以实施账号注册和诈骗等行为。
- 电商、在线教育等其他平台：在电商、在线教育等平台的营销阶段（例如拉新、裂变等），黑产会利用手中恶意注册的账号资源去获取企业的拉新奖励。

2.2.2 欺诈的特点

营销欺诈的四大基本特点如图 2.7 所示。

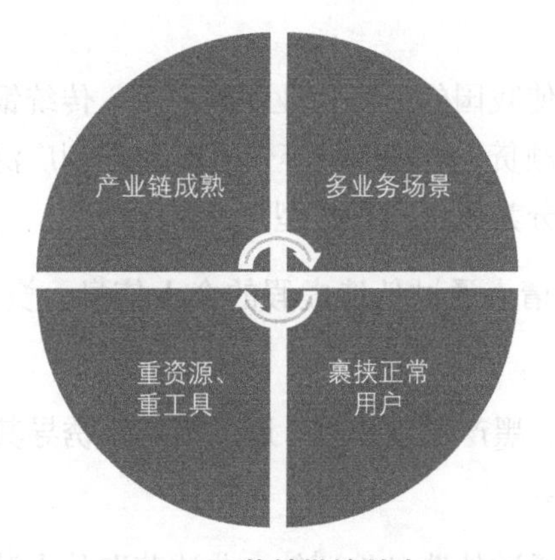

图 2.7 营销欺诈特点

- 产业链成熟：与电信网络诈骗类似，营销欺诈的产业链也趋于成熟，上下游各司其职，利益共享。
- 多业务场景：有利益的地方就会有黑灰产，随着传统行业向互联网转变，多个业务都会涉及营销活动，因此也给了黑产可乘之机。
- 裹挟正常用户：营销欺诈最大的特点也是最难的挑战，就是会裹挟正常用户入局，甚至部分用户本身就是黑灰产产业链最下游的组成部分。比如部分自媒体为了获取广告主更多的曝光费用而购买刷量服务，或某些专业“羊毛党”为了避免被精准打击，会公布一些促销信息，吸引正常用户参与。
- 重资源、重工具：营销欺诈本质上是操控大批的账号完成自动化领券、拉新、点击等操作，因此此类黑灰产对账号资源、挂机设备、自动化脚本等工具有非常强的依赖。

2.3 金融欺诈

互联网时代下，传统金融机构与互联网企业利用互联网技术和信息通信技术，实现了资金融通、支付、投资等新型金融业务模式，这在方便了业务流程的同时也给黑产带来了机会。

2.3.1 欺诈的类型及危害

金融欺诈主要包含网络借贷、网络支付、网络保险等类型。

1. 网络借贷

普惠金融概念的提出促使我国的信贷行业快速发展。传统银行的信用卡业务、贷款业务以及金融科技公司推出的小额贷、消费信贷等信贷产品得到广泛普及，与此同时网络借贷也发展迅猛。网络借贷一般可分为以下三种类型。

- 虚假信息欺诈：申请人通过伪造虚假的个人信息、资产信息等方式骗取金融机构贷款。
- 冒用他人信息申请：黑产通过诈骗、返利等手段诱导其他用户申请贷款，并将贷款套现到黑产账户上。
- 团伙骗贷：黑灰产通过伪造身份证件、非法获取他人数据、伪造征信材料、伪造交易数据等手段，有组织、有计划地对一家或多家金融机构实施贷款诈骗。常见的场景包括通过伪造身份信息、征信材料，黑产大规模地对小额贷款公司、银行等金融机构推出的信贷类产品申请贷款，以及通过多个虚假身份申领多张信用卡、伪造交易数据，对传统银行的信用卡进行恶意套现。

网络借贷类黑产本质上也是利用手机号、身份证号、银行卡号等数据资源作恶，首先通过申领大批手机号，利用这些号码伪造消费记录来提高信用评级、伪造正常用户的通讯录与通话记录，然后通过技术手段修改、伪造身份信息、手机设备信息、位置信息，批量购买银行卡信息等资源，最终达到骗取信贷公司、银行的钱财的目的。这类金融欺诈会造成相关公司严重的经济损失，并造成用户个人信息泄露，让用户莫名背上贷款等后果。

2. 网络支付

网络支付在线下小额及零售领域、线上购物等场景下的交易规模逐年增长，黑产通过社工方式和技术手段，恶意盗取个人身份信息与用户支付账号，用于交易身份信息、盗刷银行卡、精准诈骗、恶意营销等恶意行为中。

3．网络保险

由于投保与理赔均可以依托网络开展，黑产利用互联网保险业务线上理赔便捷、各互联网保险公司之间存在数据和信息壁垒的特点，通过在多家互联网保险公司投保，以虚构未曾发生的保险事故、编造虚假的事故原因或夸大损失程度等方式来达到骗取保险金的目的。

2.3.2 欺诈的特点

随着互联网金融的飞速发展，金融欺诈行为具有以下特点。

- 产业化：金融欺诈行为已从单人作案发展为团伙作案，即黑产会获取大量的账号进行攻击，以获取欺诈收益。
- 隐蔽化：黑产跨境作案的隐蔽化趋势逐渐递增，黑产常常会利用 IP 池对身份进行洗牌，使交易链路变得更加复杂，从而令金融机构更加难以识别其中的风险。
- 突发化：黑产利用的身份信息等数据一旦进入征信系统或黑名单就会被立刻作废，因此黑产会尽可能地榨取身份信息的价值。主要方式有两种，一是在短时间内向多家金融机构申请贷款骗贷，二是使用很多账户在同一时间内对银行等金融机构的反欺诈规则漏洞进行大规模突击性攻击，若相关金融机构的风控能力较为薄弱，则极易被攻破。
- 技术专业化：黑产会招募风控人员、专业黑客等技术人员，通过大规模攻击反复测试金融机构的反欺诈规则，一旦找到漏洞，就会立刻利用该漏洞骗取巨额贷款。另外，黑产会引入先进的技术进行欺诈。例如为了冒用身份，在面对线上金融风控的人脸识别时，会使用专业的工具模拟动态人脸进行识别。

2.4 其他类型

互联网的高速发展带来的是更加多元化的网络内容生态，从网络上获取信息也成为了大部分用户的习惯。然而网络世界里的信息良莠不齐，大量的违法违规内容以及黑灰产生态也充斥着网络世界，严重影响了网络生态内容的健康发展，威胁着网络平台和网民的利益。本节介绍网络色情、网络赌博、诱导引流、网络洗钱等常见黑产类型。

2.4.1 网络色情

网络色情可谓是社会上的“毒瘤”。随着直播平台和短视频的兴起，社交媒体账号的广泛应用和网站的低成本搭建等因素为网络色情内容的传播提供了便利的条件。

网络色情黑产一般通过以下 4 种方式牟利。

- 引流：借助色情网站的流量，给虚假商品引流，收取广告费。网络色情也常常与赌博绑定在一起，为赌博等引流，进一步扩散不良影响。
- 内容付费：精心运营的头部色情网站和软件通常会采取付费观看、会员制等方式，从而让黑产人员直接获利。
- 色情欺诈：通过引诱用户进行线下服务，骗取受害者的资金。大量网络色情信息的传播极大地污染了网络环境，造成了恶劣的社会影响。
- 贩卖隐私：网络色情容易滋生偷拍偷窥黑色产业链，从而引发个人隐私泄露等一系列问题。

2.4.2 网络赌博

随着信息网络技术的不断进步，赌博类犯罪朝着网络化、虚拟化的方向发展。网络赌博正在逐步取代传统的实体赌场，成为赌博类犯罪的主要形式，而且网络赌博容易催生包括“杀猪盘”在内的其他犯罪，社会危害极大。网络赌博种类繁多，包括电子游艺类、电子竞技类、体育竞技类、彩票娱乐类、棋牌游戏类和捕鱼娱乐类。随着互联网行业的兴起，网络赌博背后的黑产借助各个互联网平台向赌博网站恶意引流，衍生出更多新式赌博玩法。

网络赌博犯罪的黑色产业链一般具备四大组成要素，即发起人、平台制作团队、平台推广团队和支付结算团队。这些团队分工明确，并通过网络虚拟身份联系业务，搭建了一条严密的网络赌博犯罪链条。网络赌博具有危害社会秩序、破坏安定团结、影响工作和生活、容易导致一系列违法犯罪行为等传统赌博危害，由于互联网的传播性，网络赌博还会产生更大的社会影响力。网络赌博的特点主要体现在以下 5 个方面。

- 参与范围更广、涉案金额巨大：由于网络赌博在空间上没有局限性，即可借助互联网平台进行多样化引流、批量构建在网络上广泛传播的赌博网站，因此网络赌博的参与范围更广，涉案金额更大。

- 国内资金大量外流：由于目前的境内网络赌博主要是境外网络赌博的渗透，大量赌资都通过非法金融机构汇至境外，因此造成国内资金的大量外流。
- 滋生非法洗钱黑产：由于网络赌博的资金结算属于违法行为，所以赌博平台和赌客之间不能通过正规方式进行资金充值与提取，因此常常通过一些非法方式进行洗钱。
- 严重扰乱金融秩序：网络赌博常伴有非法借贷、非法金融机构转移资金的行为，严重扰乱金融秩序。
- 影响企业声誉、扰乱网络秩序：为了达到引流的目的，网络赌博黑产会在各大网络平台大量投放赌博相关信息，破坏平台的健康生态。

2.4.3 诱导引流

伴随着互联网的发展和智能手机等移动终端的普及以及网络服务产品的快速增长，各个互联网平台的私域流量也就成为了“流量蜜罐”，而引流黑灰产正是盘踞在这些流量上的“毒蛇”，依靠向广告、色情低俗、赌博、诈骗等内容引流变现。

常见的引流场景如下所示。

- 账号主页自定义设置引流：通过对个人主页的自定义设置（如简介、背景图、用户头像、用户 ID、定位地点等设置）进行引流，比如放入一些隐晦的暗示词语引诱用户。
- 内容作品引流：通过发布内容作品引流，比如短视频、博文、论坛文章等，在内容作品中嵌入引流信息进行引流。
- 直播引流：通过直播的形式诱导用户，对用户进行洗脑引流。
- 评论引流：通过在热门作品下评论，以热评的方式吸引用户，将用户引流至恶意平台。
- 社交媒体引流：通过在群组或私信中发送恶意信息进行引流。

在实际的安全对抗中，黑灰产为了躲避打击，会采用跨平台、多手段进行引流。常见的黑产引流路径如图 2.8 所示。

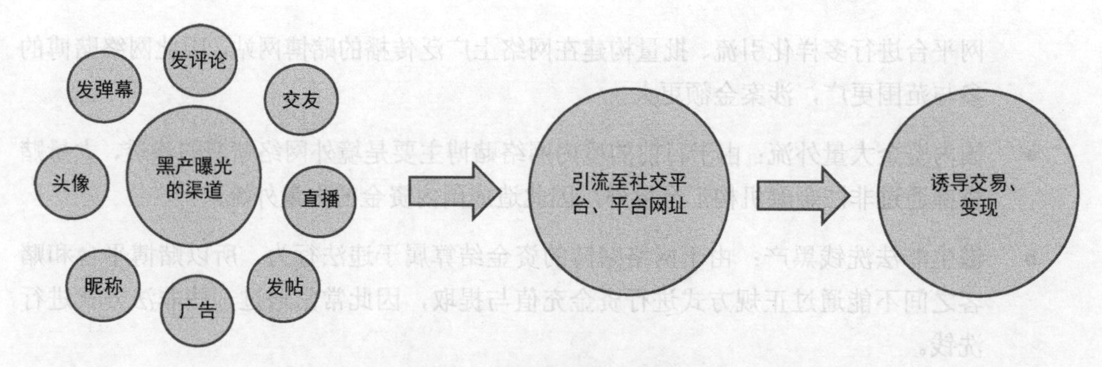

图 2.8　常见的黑产引流路径

例如，黑产在某短视频平台上注册多个账号，随后通过在直播间送礼物打榜、发语音弹幕等方式吸引关注，诱导其他用户点击其个人主页，从个人主页简介、背景图、视频作品中将用户引流至即时通信工具。

恶意引流会助长涉黄涉赌涉诈等网络黑色产业的发展，影响互联网企业的声誉。此外，低俗内容的扎堆出现也会影响互联网平台的内容生态，造成用户流失。

2.4.4　网络洗钱

根据《中华人民共和国刑法》规定，洗钱是指明知是犯罪所得及其收益，通过各种方法掩饰、隐瞒犯罪所得及其收益的来源和性质，使其在形式上合法化的行为。洗钱会助长走私、毒品、黑社会、贪污贿赂、诈骗等严重犯罪，扰乱正常的社会经济秩序，破坏公平竞争，等等。

由于互联网具有高匿名、高自由度等特征，因此一些大规模的洗钱黑产通过网络衍生出各种各样的洗钱手法。主要的网络洗钱方式有以下 4 种。

- 虚假交易：开设虚假网络店铺，利用大量虚假买家账号促成交易。
- 虚拟货币：购买虚拟货币，并转卖给收货商或买家。
- 代开发票：通过注册空壳公司、网上代开发票的方式，利用赃款形成虚假交易，再通过缴税的方式洗白赃款。
- 网络赌场洗钱：一般有两种方式，一是用非法所得资金在境外的赌博网站上匿名开立账户进行赌博，二是通过开立账户，将不同来源的资金汇入到开立账户中，以此作为黑钱的临时屏蔽所，并采用裹挟普通人“跑分”的方式来洗钱。

2.5 本章小结

黑灰产的发展与互联网的进程相伴相生。在与黑灰产的对抗中，黑灰产逐渐形成了规模化、分工明确、合作紧密的黑色产业链，黑灰产从业者是网络世界中的附骨之疽，不仅破坏了互联网的生态秩序，而且对人民生活秩序和社会经济发展都带来了极大的危害。

在当今大数据的时代背景下，互联网产业与网络黑产之间的技术对抗更加激烈，一方面是黑产开发了许多自动化工具，在互联网的细分领域和互联网平台的各个环节上的自动化程度不断提高，另一方面是黑灰产犯罪也进入了智能化时代，黑客通过深度学习等手段升级犯罪方式。之后将详细介绍黑灰产常用的工具，以及与黑灰产对抗的各种方式。

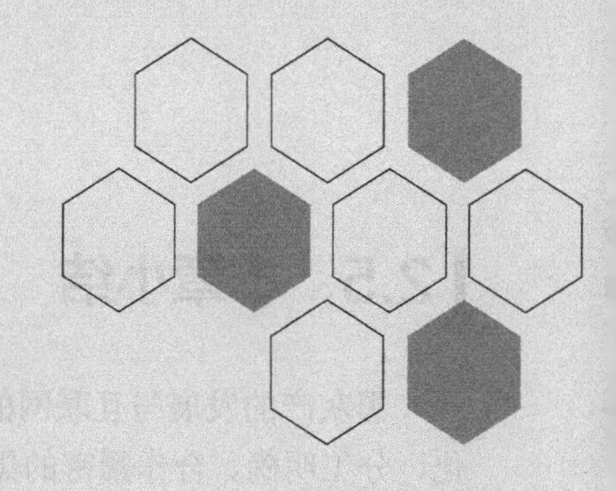

第 3 章 产业工具

随着互联网的快速发展以及互联网技术的普及，传统犯罪产业中所涉及的信息流、技术流、资金流亦都相应地发生了变化，网络黑灰产开始泛滥。中华人民共和国国务院于 2020 年 10 月召开会议，决定在全国范围内开展“断卡”行动，即斩断电话卡、银行卡的买卖链条，冀求从源头遏制网络欺诈行为。然而，“两卡”只是网络黑灰产所涉及的工具的冰山一角，欺诈及非法行为的背后是更大的工具产业链。在当前环境下，网络产业工具按其所处环节，可分为物料供应工具、技术支持工具、推广引流工具、支付结算工具等，这些网络产业工具组成的工具产业链也是大数据安全治理与防范体系中需要被管控的重要环节。本章会对黑灰产常用的产业工具进行归纳介绍，帮助读者了解黑产运作过程。

3.1 养号工具

QQ、微信、陌陌等互联网平台账号是触达潜在受害者的最基础的媒介之一，因而被广泛应用于黑灰产引流和电信诈骗中。网络账号的交易屡禁不止，专门从事其交易的从业者被称为“号商”。“号商”直接向电信网络诈骗、网络赌博、网络水军等犯罪团伙提供网络账号，是网络黑产产业链中游与下游犯罪连接的关键角色。经验丰富的“号商”不仅可以提供白号（刚注册、未实名），还可以提供包装后的社交账号。例如在第 2 章提到的“杀猪盘”诈骗场景中，大量婚恋交友 App 账号和社交账号被定制化售卖。

那么，“号商”是如何获取并运营众多不同类型网络账号的呢？账号获取的过程涉及手机卡、接码平台、群控系统等物料和养号工具。本节将对“号商”使用的各类养号工具进行详细介绍。

3.1.1 猫池

猫池（modem pool）是一种新型网络通信硬件设备。通俗来说，猫池是可以同时让上百个手机卡"活着"并能接收短信、拨号上网的养卡工具。猫池将传统电话信号转换为网络信号，可供上百张手机 SIM 卡同时运作，具有批量通话、群发短信、远程控制、卡机分离等功能。

提到猫池，需要先介绍一下手机卡在其中发挥的作用。当前，用户在互联网平台进行账号注册时，往往需要通过手机号和验证码进行账号绑定。因此，获取足量的可接收验证码的手机号是"号商"养号的基础。黑灰产中用于恶意注册网络账号、收发短信、对外呼叫的手机号码等电话卡可以被称为"黑卡"。这里的"卡"，不仅包括三大运营商的手机卡，而且包括虚拟运营商的电话卡，还包括物联网卡、境外卡。"卡商"则是指那些拥有大量"黑卡"的用户，他们从传统运营商和虚拟运营商处获取大量手机"黑卡"，利用猫池设备同时插入数十至数百张卡进行运营。这些卡通过接码平台接码，提供给中下游的黑灰产从业者，用于网络刷量、网络诈骗等活动。

例如在 2021 年 8 月，深圳龙岗警方打掉一个利用猫池实施电信诈骗的犯罪窝点，抓获一名嫌疑人，缴获猫池设备 96 台，手机卡 5 万余张。如图 3.1 所示，几层架子上密集摆放着正在运行的猫池设备，猫池中插入大量手机卡。通过猫池设备，嫌疑人可以为境外诈骗团伙提供注册微信号、注册 QQ 号、解码及语音呼叫等服务。

图 3.1　猫池设备

3.1.2 接码平台

接码平台，顾名思义是一类用于接收验证码的平台。接码平台使用物联网卡或未经实名认证的手机卡来接收验证码，可以实现批量注册网络账号、绕开账号实名认证、绑定账号、解绑账号等操作，为各类网络犯罪活动提供了极大的便利。从接码平台的功能来看，它作为一个中间平台，上游对接提供各类手机“黑卡”的“卡商”，下游对接批量生产黑账号的“号商”，形成了“手机‘黑卡’-验证码-黑账号”的黑产工具通路。一个接码平台通常有多个上游“卡商”提供手机“黑卡”。具体来说，“卡商”购买猫池及手机“黑卡”后，可以通过 API 等接口连接到接码平台上，在用手机号码注册电商平台或网站之后，“卡商”就会接收到验证码短信，“卡商”将其打码后传送给接码平台，接码平台再传递给下游用户。接码平台采用批量虚拟手机号接码，破坏了互联网实名制环境，成为黑灰产流量滋生的土壤。

从功能角度来看，接码平台直接面向用户，用户可以自行下载和安装接码平台，并在接码平台上注册账号、充值和接收第三方验证码。接码平台甚至可以提供境外国家或地区的号码进行接码，支持社交类、游戏类、购物类、视频类、金融类等接码内容，于是用户可以在大部分手机软件上进行账户注册。同时，接码平台的大部分号码支持多次接码，在实现“一项目多号码”的同时，还可以实现“一号码多项目”。随着攻防升级，除支持接收短信验证码之外，接码平台也可接收语音验证码等。

3.1.3 打码平台

与验证码相关的黑产工具还有打码平台，打码平台可以通过自动或人工的方式识别验证码。验证码可以分为短信验证码、图片验证码、问答验证码和语音验证码等，其中最常见的是 4～6 位的短信验证码。如果接码平台接收到的验证码不是文本形式，就需要打码平台进行配合，返回可用的验证码。

打码平台可以通过图像识别、语音识别等算法进行自动打码。当简单的 OCR 识别工具和机器学习等方法无法识别验证码时，打码平台会将验证码自动转为人工打码，人工打码本质上是真人众包形式的网赚作恶项目，帮助黑产团伙绕过验证码。许多打码平台会与网赚平台达成合作，在网赚平台开设打码专区，吸引想要通过兼职赚取额外收入的用户，让用户间接参与到黑灰产中。

3.1.4 群控和云控系统

群控是一项成熟的技术，在“薅羊毛”、养号、养群、刷量等黑灰产中都有重要应用。以社交平台的群控养号为例，操控者可以通过群控去批量自动完善多个账号的信息，再通过一键添加好友、批量发送消息等功能提高账号活跃度和权重，达到养号的效果。除了社交账号养号，群控常常打着“自动化营销”的旗号。“营销系统”可以通过群控技术进行刷单和刷量，如刷文章阅读量、刷视频播放量、刷粉丝量和刷订单量等，还可以批量进行群营销，甚至还可以在群营销后卖群，干扰了互联网平台的正常生态。

群控系统顾名思义就是批量控制系统，通过一台计算机或者一个客户端就可以批量控制上百台手机，从而模拟真人操作，如滑动、点击、输入文本等。普通群控受到 USB 硬件的限制，计算机和手机之间必须要有单独的服务器和连接数据线，手机才能接收到指令。一个完整的群控系统包含群控软件、服务器、集线器和手机等，其售价根据控制手机数量的不同而有明显区别。

云控系统与群控系统的主要功能类似，都是批量操控手机运行的工具，但是在技术实现上有较大区别。群控系统受到 USB 硬件的限制，必须连接计算机和手机，而云控系统部署在云端，管理员可以在任意地点通过服务器下发指令，再由服务器下发到所有手机的客户端上。同时，当控制运行的脚本需要被更新时，云控系统只需要在云上更新脚本，而群控系统则需要在每一台设备上进行脚本卸载和更新。一般来说，相比于群控系统，云控系统可以控制的手机的数量上限会更高。

3.2 设备工具

为了保障平台的安全性，大部分互联网平台通常都会在用户使用过程中采集用户设备、环境等信息，并根据这些信息进行平台风控。例如，在电商促销活动中，平台常常会对用户的 IP 和设备进行限制，同一个 IP、同一个设备仅允许参加一次活动。对规模化运作的“羊毛党”来说，这样能获取到的收益十分有限。因此，黑产团伙为了大规模获利，会引入大量的设备和 IP 资源，来对抗平台方的风控策略。在这样的场景下，黑产团伙往往需要数十万、数百万的设备资源，如果使用真实的设备机器，那么成本就会大大上升。因此，改机工具等设备工具应运而生。改机工具可以对设备信息、环境信息进行批量修改，而且改机工具成本低，符合黑产团伙的作恶需求。同时，设备工具的广泛使用提升了平台风控的对抗难度，难以溯源并打击到具体的作恶团伙。

本节将对黑产团伙常用的设备工具进行详细介绍，包括改机工具、多开软件、虚拟定位工具、全息备份等。

3.2.1 改机工具

改机工具是黑产团伙大规模作恶所依赖的重要工具，通过改机，黑产可以瞬间改变手机的各种信息，批量伪造新设备，从而逃避业务风控策略。如图3.2所示，改机工具可以修改包括手机品牌、手机型号、手机串号IMEI、IMSI、MEID、IDFA、IDFV、SSID、手机序列号SN码、WiFi的MAC地址、蓝牙地址等设备信息，还可以修改移动网络运营商信息、电话号码、开机时间、root权限、系统版本等信息。改机工具不仅可以维护一套参数，它通常还可以创建多个沙盒环境，用户可以在每个沙盒中自行定义参数，实现一部设备和多套设备环境信息的便携管理。改机工具突破了单台设备注册账号的数量限制，为黑产批量注册、登录、养号提供源源不断的设备资源，极大地降低了黑产团伙在移动端设备上的成本投入。

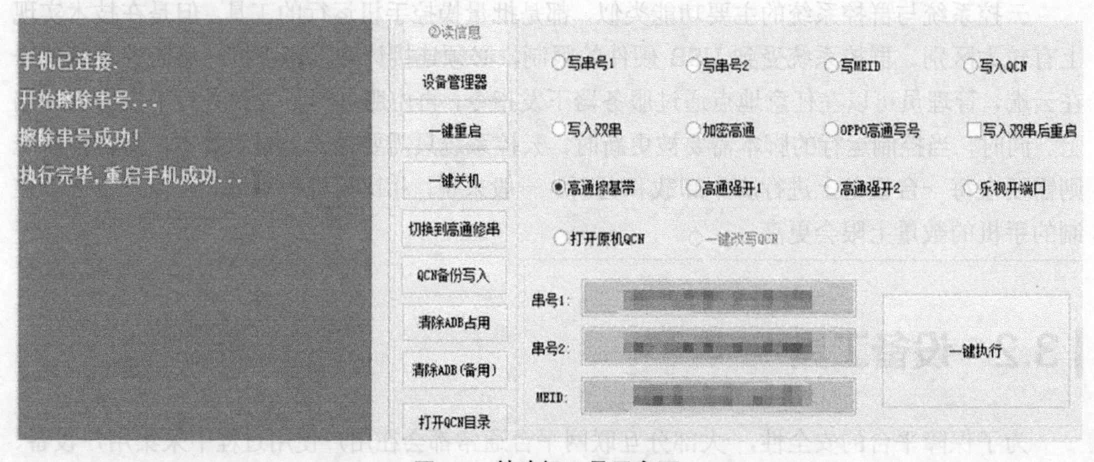

图3.2 某改机工具示意图

当前，Android和iOS都有许多相应的改机工具，大部分改机工具在Android root和iOS越狱的基础上，使用hook框架对系统和设备环境信息相关的API进行扩展，全面监控设备信息接口的相关函数，将返回的内容替换为伪造的系统和设备信息，以达到改机的目的。这种依靠中间层函数进行伪装的改机方式也被称为软改。Android改机主要基于Xposed框架，iOS改机大多基于Cydia Substrate框架。

与软改相对应的改机方式是硬改。硬改技术主要针对Android系统，通过修改操作系统源码，在调用和获取设备信息的函数口处进行替换，并直接修改设备参数，实现手机系统的定制。由于硬改直接修改了设备参数，相较于软改，硬改的稳定性更高，但对开发者的难度也更高。

改机工具的识别一直是风控过程中的热点。由于软改技术仅仅是模拟生成一些设备参数，底层的设备信息并没有发生改变，因此通过检测特定框架（例如 Xposed 框架）等方式，可以较好地识别出设备是否存在改机行为。此外，软改所需的 root 权限/越狱环境也较容易被检测出来。相对于软改，硬改技术较难识别，但是通过对设备底层信息进行逻辑合法性校验，也可以在一定程度上发现改机行为。不管是硬改还是软改，结合设备上的账号行为信息都可以看出异常流量的端倪，及时识别出异常设备。

3.2.2 多开软件

多开软件可以在不具备 root 权限的情况下突破系统限制，在同一台手机上安装多个相同应用，从而实现多个账号间的自由切换。应用多开是一种常见的功能性需求，最初被用于解决生活中多个社交账号同时登录的问题，比如部分人希望在工作和生活中使用不同的账号，此时多开功能可以减少账号切换的时间成本。许多 Android 手机提供了应用双开功能，在系统应用设置中，可以通过开关来决定是否对特定 App 进行双开，双开后的手机桌面上会出现相应 App 的分身图标，可以在分身 App 中登录不同的账号。

系统层面的多开常常只支持两个分身，而应用层面的多开软件可以支持更多数量的分身。由于多开软件使用起来十分便捷，因此近年来多开软件被黑产团伙所利用，用于刷量“薅羊毛”“杀猪盘”社交、多账号欺诈等，大大提升了作恶效率。部分多开软件还集成了设备方面的多种功能，如自定义定位、模拟设备参数等，保证能够便捷使用多开功能的同时，规避业务风控检测，降低账号被封禁的风险。

3.2.3 虚拟定位工具

虚拟定位工具是可以帮助用户自定义地理位置的软件工具。虚拟定位工具在黑灰产中有许多应用，例如在“薅羊毛”场景中，平台方有时会对可以参与福利活动的地区进行限制，此时“羊毛党”通过虚拟定位工具可以伪造自身位置，将位置改到目标地区，从而绕过平台的风控规则。虚拟定位工具也常常被用于引流，尤其是在各类短视频、直播中，从业者将自身定位改到视频受众人群较多的位置，并在视频中加入社交账号的水印，从而完成特定地区、特定人群的引流。此外，虚拟定位工具作为伪造设备环境信息的工具之一，也在电信网络诈骗中有所应用，如在“杀猪盘”诈骗中，诈骗人员使用虚拟定位工具将自身定位到上海、深圳等一线城市，将自己伪装成金融或科技精英，增强身份的可信度，进一步骗取受害人的信任。

基于 Xposed 等 hook 框架进行开发是虚拟定位功能的实现方式之一。该方式一般在手机 root 权限的基础上，利用 hook 框架拦截并获取设备位置信息的 API，伪造位置数据并对原数据进行替换，再回调假数据给用户，从而达到修改位置信息的目的。另一种实现方式是让 App 直接运行在虚拟容器中，依靠 VirtualApp 等插件框架将应用注册到虚拟空间中，不用 root 就能拥有 root 权限，再通过拦截 API 的方式对基于 hook 框架的位置进行修改。此外，借助模拟器提供的位置修改功能，可以修改模拟器的位置信息，所以将 App 安装在模拟器内也可以实现虚拟定位的功能。

3.2.4 全息备份

在批量注册账号、“薅羊毛”等场景里，基本的改机功能已经可以满足设备资源方面的需求。然而，在其他更具有业务连续性的场景里，设备环境前后的一致性则是重要的风控对抗点。例如，“号商”批量新注册的各类互联网账号通常不会被直接投入使用，需要先进行一段时间的养号，而在养号过程中还需要还原每个账号注册时的设备环境，将账号伪装成一直在同一设备上使用，从而提升账号的可信度，绕过平台方的风控。当“号商”养号完毕，将账号卖给下游去变现时，也存在设备更换的问题，此时也需要还原初始注册时的设备环境信息，否则可能由于设备异常而无法使用。

全息备份用于解决设备延续性问题，它可以看作是传统改机工具的延续和升级，在设备一键改机的同时生成相应的设备信息字符串参数。下游通过同一改机工具，使用参数信息实现全套信息恢复。全息备份既可以通过参数记录恢复机型参数等设备信息，又可以备份 App 应用账号和数据，如登录状态、App 设置、游戏存档等。当某种设备环境信息被确认为可以绕过平台方时，黑产团伙就可以通过全息备份进行设备“快照”，在短时间内实现快速复用和业务攻击。

3.3 IP工具

IP 地址（Internet Protocol Address）是指互联网协议地址，它为互联网上的每一个网络和每一台主机分配一个逻辑地址。由于互联网中所有的网络请求都带有 IP 地址信息，因此 IP 地址可以成为访问者的标识之一。在业务流量中，通过对网络请求流水进行分析，可以识别出恶意 IP 地址并及时进行阻断。与设备风控类似，平台方会对同一 IP 地址下的账号数、设备数等进行检测，用以过滤机器流量，例如 1 分钟内同一 IP 地址的请求不能超过 3 次。此外，IP 地址所含有的位置信息可以用于辅助分析网络请求方的位置，业务方可以根据具体场景对 IP 地址进行限制，例如网站只允许特定地区的 IP 地址进行访问。因此，对平台方来说，IP 策略是最基础的安全策略之一。

不管什么样的对抗思路，黑产团伙都会去寻求尽可能多的 IP 地址资源，一方面是寄希望于通过 IP 地址切换来绕过风控策略，另一方面则是减少溯源黑产团伙的可能性。本节将对黑产团伙常用的 IP 工具进行详细介绍，如代理 IP、秒拨 IP 和 IP 魔盒。

3.3.1 代理 IP

在常规网络请求中，本地 IP 用户会发送请求访问网站服务器，网站再返回数据给用户。代理 IP 可以理解为网络请求过程的中转站，本地 IP 用户先访问代理 IP，之后再由代理 IP 访问目标网站。当持续使用不同代理 IP 进行访问时，可以在不暴露本地 IP 的情况下绕过部分风控策略。

可以通过程序扫描端口来收集代理 IP，即对开放端口进行扫描，找出临时代理。这种方式得到的代理数量有限，且稳定性较差。还有一种方式是通过自建服务器来获取代理 IP，这种方式首先需要有可以实现拨号上网的 VPS 服务器，每拨一次号换一次 IP，从而实现不断更换 IP 的目的。拨号 VPS 可用来构建代理 IP 池，具体方式为通过定时执行拨号脚本来换 IP，然后请求远程主机去检测是否拨号成功。可用的拨号 VPS 的主机 IP 会被存入数据库形成代理 IP 池，最后构建 API 接口后就可以获取并使用代理 IP 池中的 IP。

3.3.2 秒拨 IP

用户使用家用宽带拨号上网时，运营商从 IP 池分配 IP 地址给用户，断网时回收 IP 地址，在断线重连时会重新获取一个新的 IP 地址。秒拨 IP 利用了家用宽带拨号的原理和运营商 IP 资源，可以在短时间内不断断线重连，以达到切换 IP 的目的。在秒拨团伙切换 IP 地址后，被回收的 IP 地址随机流转给正常用户进行使用，因此，简单的 IP 封禁手段容易误伤大量正常用户。

除容易误判之外，秒拨 IP 的另一个特点是 IP 池容量大，因为秒拨 IP 在断线重连的过程中可以无限使用区域运营商的 IP 池。也就是说，秒拨团伙的 IP 池容量与正常用户的 IP 池容量相同，IP 资源的价格也随之降低。对黑产人员来说，可以只租用秒拨机来获取大量 IP 地址。混拨是针对单个城市秒拨的升级，将多个省市的秒拨资源打通后，就可以实现混拨，将IP切换到任意城市。

3.3.3 IP魔盒

随着风控策略的升级，新型IP工具层出不穷，如新出现的IP魔盒是一款使用手机卡SIM流量进行IP切换的硬件设备。通过USB与个人主机进行连接，可以在PC端实现4G联网，再配合相关应用驱动，就可进行IP自动化切换。IP魔盒对于SIM卡的选取没有限制，除了支持三大移动运营商的SIM卡，还支持海外SIM卡。IP魔盒实际使用的是运营商移动网络IP池，增加了风控对抗的难度。

3.4 自动化脚本工具

在拥有了基本的账号、设备和IP资源后，黑产人员还会使用自动化脚本工具进行批量工具生成或批量攻击，最终达到大规模作恶的目的。本节将对按键精灵、Auto.js等自动化脚本工具进行介绍。

3.4.1 按键精灵

按键精灵是一种模拟按键操作的工具，在“薅羊毛”、刷量等领域都有广泛的应用。按键精灵的核心是逻辑脚本，通过执行配置好的脚本，可以完成重复性的批量操作，模拟用户行为，实现作恶目的。按键精灵可以模拟输入、点击、滑动等操作，在计算机和手机上均可使用。在日常生活和办公中，按键精灵可以帮助用户提升效率，节省时间。但由于其便捷性，按键精灵也被黑产团伙广泛应用于刷单和刷量中。

3.4.2 Auto.js

Auto.js是一款无须root权限的JavaScript自动化软件，也是常见的自动化脚本工具之一，根据脚本内容便可以自动执行相关的操作。虽然Auto.js已下架，但仍被黑产广泛应用。先下载Auto.js和目标App，再编写相应脚本，就可以实现作恶的目的。对于社交账号，就可以实现批量自动注册、发帖、点赞、关注、收藏、评论、转发等操作。Auto.js与按键精灵相比，Auto.js可直接指定控件并点击，无须识图找坐标。手机开启“无障碍服务”后，黑产人员可以在PC端进行编写和调试，即可实现自动化运行。

3.5 本章小结

本章介绍了黑灰产常用的产业工具，包括养号工具、设备工具、IP 工具等。在国家和平台针对黑灰产业进行风控防御的过程中，各类黑灰产工具也在逐步迭代升级，如“断卡”行动促使手机卡供应从国内卡转变为境外卡，也迫使设备工具和 IP 工具的升级等。这是一个动态对抗的过程，无法一蹴而就，我们需要随时对黑灰产业工具的发展动向进行监控和研究。防控过程是多维的，我们依然可以通过各个维度进行主动防御和发现。例如通过研究黑产团伙的聚集和单设备上的用户行为规律，我们可以构造画像或模型进行检测。在后续的章节中，我们会介绍如何依托于大数据进行安全治理与防范。

第3部分 大数据基础建设

→ 第4章 大数据治理与特征工程

第4章 大数据治理与特征工程

数据是对抗黑产的基石，在缺乏数据的情况下，再巧妙的算法对黑产挖掘行为也无能为力。因此在与黑产大军不断博弈的过程中，从黑产行为数据中挖掘更多具备异常特点的数据至关重要。

随着大数据安全治理的不断积累和完善，大数据安全对抗技术为全面阻击黑产提供了有力的武器。但是如何高效地分析和使用海量的数据成为了大数据治理的难题，这对数据的隐私保证来说至关重要。所以在大数据治理下的反欺诈体系建设中，对于数据从产生、采集、加工、存储、开发、应用到销毁的全过程，都需要引入高质量的平台和运营体系来保证大数据的安全。

海量数据的处理需要依托高质量的数据平台。大数据平台、大数据治理和特征工程的关系如图 4.1 所示。本章首先介绍大数据平台的处理流程、底层框架、存储方式和计算方式，然后介绍如何对收集到的原始数据进行治理，从而输出合规、稳定、准确的高质量数据。在得到高质量数据之后，仍然难以直接使用这些基础数据来构建算法模型，这是因为这些数据对相应业务逻辑的表达还不够充分、直观，所以最后会讲解如何通过特征工程将基础数据处理为更能充分而直观表达业务逻辑的特征。

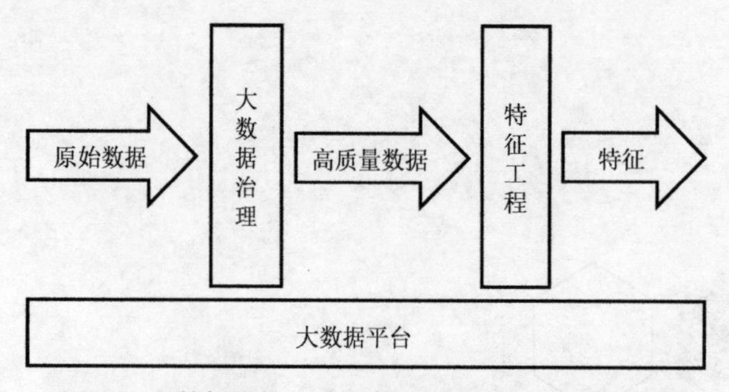

图 4.1　大数据平台、大数据治理和特征工程的关系

4.1 大数据平台

大数据平台起源于2005年的Hadoop项目，早期是为了解决雅虎公司内部的网页搜索问题而出现的，后因其技术的高效性而被开源应用。开源后大数据技术迎来了快速的发展，从早期的分布式文件系统HDFS，分布式计算框架MapReduce到后续通用资源管理和调度系统Yarn，高效分布式协调服务ZooKeeper，分布式数据同步工具Sqoop，面向列的分布式KV存储系统HBase，实现数据表映射的数据仓库工具Hive，海量日志收集、聚合和传输系统Flume，高吞吐量的发布订阅消息系统Kafka，实时大数据处理框架Storm等多种中间件服务或框架，其间也诞生了基于内存计算方式的Spark框架，随着计算实效性要求的提升，又诞生了实时计算框架Flink。大数据平台生态圈的发展历程如图4.2所示。

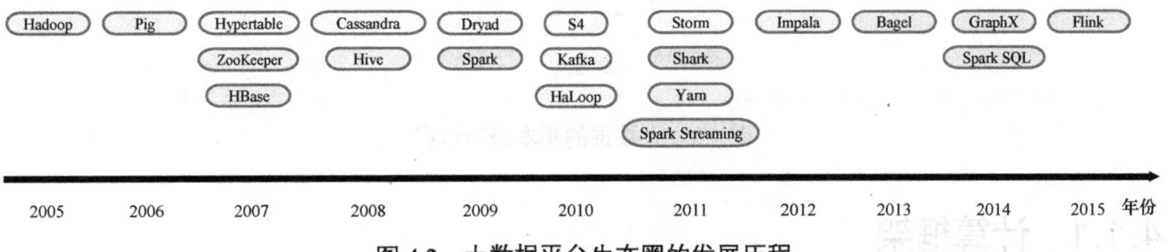

图4.2 大数据平台生态圈的发展历程

大数据平台的核心组成可分为三层：第一层就是底层数据存储，第二层是中间平台的计算，第三层是做数据分析的业务应用。本节首先介绍大数据技术的基本流程，对大数据的生命周期进行拆解和说明；其次介绍主流的大数据计算框架及其发展历程；最后介绍大数据平台的底层数据存储方式和平台计算模式。

大数据是由庞大的数据规模、快速的数据流转和多样的数据类型构成的。大数据在流转中具有明显的生命周期，大数据的基本流转过程如图4.3所示，主要分为5个部分：数据获取和准备、数据存储和管理、数据计算和处理、数据分析和挖掘、数据展示和应用。

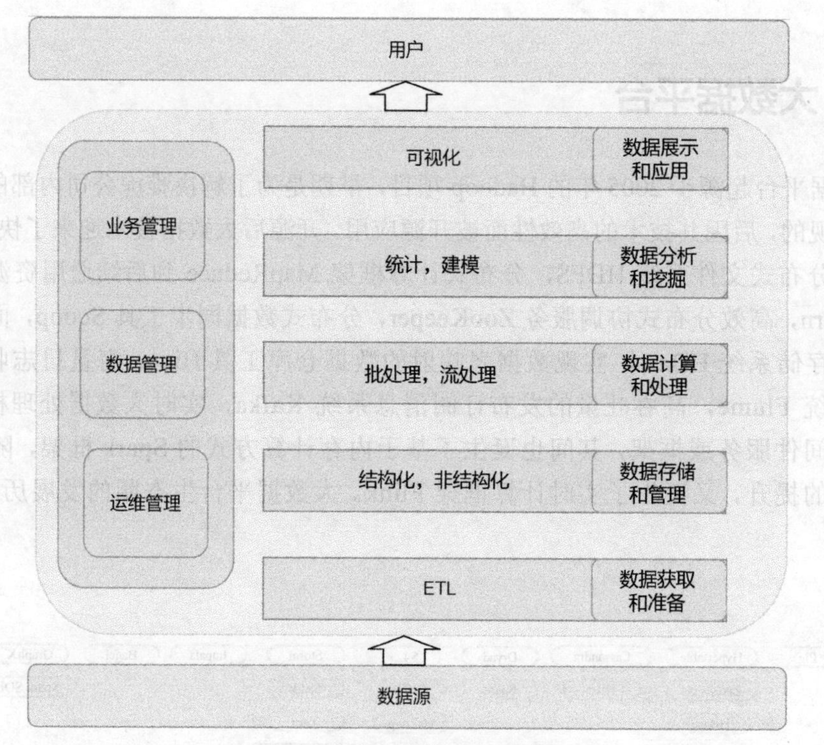

图 4.3 大数据的基本流转过程

4.1.1 计算框架

当下三个经典主流的大数据计算框架分别是 Hadoop、Spark 和 Flink。在这三个计算框架中，最早出现的 Hadoop 是由其创始人在 MapReduce 模型的启发下构建出来的。Hadoop 主要面向批处理任务，可以用来处理海量数据，目前已经成为许多企业主要的大数据解决方案。而 Spark 具有比 Hadoop 更高的执行速度，通过提供许多具有易用性的接口，Spark 在机器学习和图计算中被更广泛地应用。与 Spark 在批处理领域的绝对优势不同，Flink 在流处理领域一枝独秀，其性能也远超其他流处理的大数据计算框架。这三个计算框架的具体区别如表 4.1 所示。

表 4.1 Hadoop、Spark 和 Flink 的区别

框架	计算方式	计算模型	处理速度	迭代处理	开发语言
Hadoop	离线计算	仅支持批处理	慢	不支持	Java
Spark	离线/实时计算	支持微批处理	较快	不支持	Scala
Flink	实时计算	真正支持流处理	快	支持	Java

4.1.2 存储方式

大数据平台的底层数据采用分布式存储的方式进行留存。分布式存储系统将数据分散存储于多台独立设备中，形成统一的资源存储池，可以避免存储读取成为整个系统的性能瓶颈，解决大规模数据在计算存储时的数据可靠性和安全性问题。分布式存储采用可扩展的系统结构，还可以利用多台存储服务器控制负载均衡，在满足业务场景需求的情况下保障了系统的可靠性、可用性和可拓展性。

经典的分布式存储架构主要有采用中间控制节点架构的 Hadoop 分布式文件系统，以及无中心架构的 Ceph、GlusterFS 和 OpenStack Swift 等。此外，从物理存储的角度来看，文件、块、对象存储是三种不同的数据存储格式。总的来说，文件存储具备以文件和文件夹为主的层次结构，块存储一般以大小相同的卷为基本单位，将数据动态划分并存储于其中，对象存储主要应用于元数据，并连接与之关联的数据，从而进行数据管理。

4.1.3 计算模式

从上层数据分析的业务需求角度出发，大数据平台的计算模式可以分为离线计算和实时计算，两种计算模式的流程如图 4.4 所示。

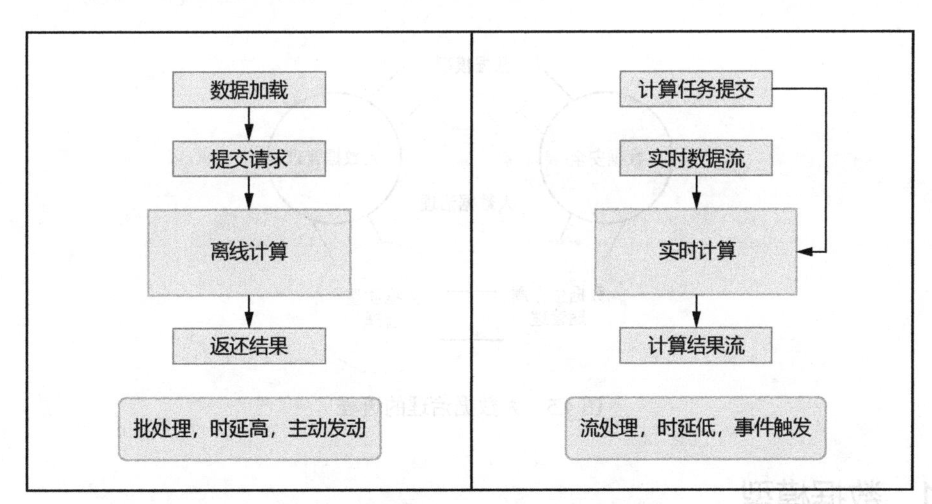

图 4.4 离线计算和实时计算的流程

- 离线计算：将固定的、非变化的所有请求数据输入后，按照计算请求离线计算并产生结果的过程。离线计算描述的主要是和实时计算相对的离线特征，对数据计算的时效性要求不高。

- 实时计算：随着数据量上升和一些以时效性为强需求的场景逐渐增多，离线计算无法满足要求，因此产生了实时计算的概念。实时计算是对计算链路的表达，强调计算特征的实时性，具备快速的计算过程和请求响应速度，从而满足业务的时效性需求。

数据计算的方式主要可以分为批处理、流处理两种。批处理强调对数据进行批量化处理，具有非常驻性、外界触发性，通常不具备实时性，在业务需求方面与离线计算相对应。常驻性、事件触发、实时性是流处理的三大特征，流处理在业务需求层面经常与实时计算相对应。

4.2 大数据治理

大数据治理是对数字资产全生命周期进行管理，包含数据收集、清洗、存储、读取以及展示等过程。大数据治理的目标是为后续的黑产对抗提供合法、合规、准确以及稳定的高质量数据。大数据治理的流程主要可分为数据模型、元数据管理、数据质量管理、数据生命周期管理以及数据安全，如图 4.5 所示。本节重点阐述这五大核心模块。

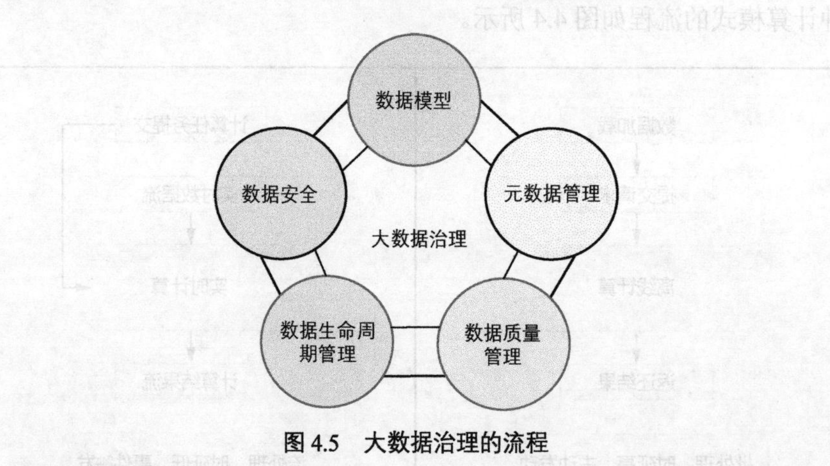

图 4.5　大数据治理的流程

4.2.1　数据模型

数据模型是整个大数据治理中的关键部分，主要是用数据来更加合理而准确地揭示目标的本质，从而帮助我们更好地解决业务问题。数据模型包含三要素，分别为数据结构、数据操作和数据约束。

- 数据结构：作为数据模型中最重要的部分，主要描述数据所属类型、数据内容以及数据对象之间的关系。数据结构是对整个数据系统的静态描述。
- 数据操作：是数据实例所允许的所有操作的集合，包括增加、删除、修改以及查询等操作。数据操作是对整个数据系统的动态描述。数据操作必须有章可循，这样才能保证数据安全及质量。
- 数据约束：包含数据操作时必须遵循的所有规则。

4.2.2 元数据管理

一般企业的数据来源广泛，不同来源的数据格式不统一，这就给数据使用者造成了比较大的困扰，因此我们就需要数据来描述并管理这些数据。元数据是描述数据的数据，元数据是指数据系统所产生的描述、定义以及规则等数据，主要包含对数据的使用用途、结构信息、格式定义、存储方式等多个方面的说明。例如用于描述上映电影的元数据如表 4.2 所示，其中导演、编剧、主演、类型等数据是描述电影的一套元数据。

表 4.2 描述上映电影的元数据

电影名称	《长津湖之水门桥》
导演	徐克
编剧	兰晓龙/黄建新
主演	吴京/易烊千玺/朱亚文/李晨/韩东君
类型	剧情/历史/战争
语言	普通话
上映日期	2022-02-01

元数据管理可以保障数据质量。元数据管理包含三方面的工作，第一是创建元数据，需要抽象出数据的关键因素并将其用元数据进行描述；第二是维护元数据，需要确认元数据的存储形态；第三是建立元数据的模型（也就是元模型），用元模型来管理各个元数据。

4.2.3 数据质量管理

数据质量管理是保证数据质量的重要环节，数据质量问题存在于从数据获取到数据消亡的整个生命周期中，因此需要明确各个阶段的数据质量管理流程及数据质量的度量标准，按照所定义的度量标准进行数据质量检测和规范，并及时进行数据质量治理，从而避免事后回溯，造成业务的损失。

以数据时效性为例，与黑产的对抗分秒必争，因此数据处理的及时性非常重要。图 4.6 展示了对等待和完成时间进行监控的页面，一旦数据超时就会触发告警，并通知到相关的任务负责人，保证数据时效性。

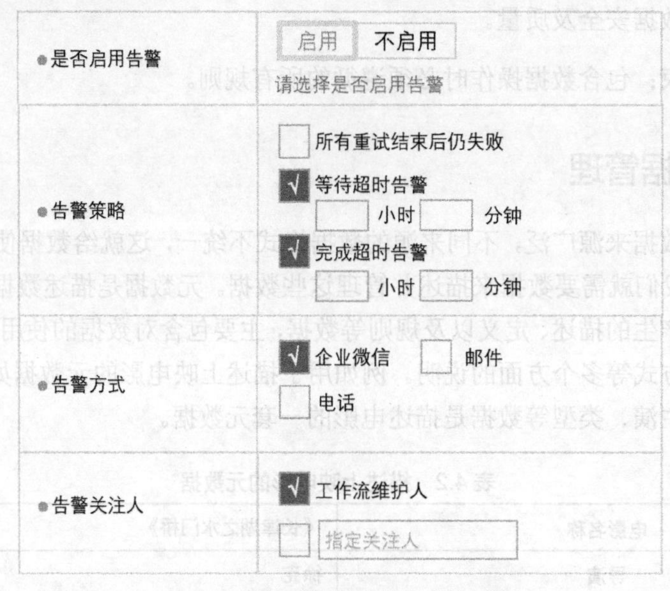

图 4.6　数据时效性监控与告警样例

4.2.4　数据生命周期管理

数据作为对事物客观规律的描述，在事物客观规律形成的初期，数据被采集并被用来表达这种规律。但是，随着客观规律发生变化，数据也会逐渐失效，数据生命周期管理可以提高系统效率、大幅度减少数据存储成本，整个管理过程涵盖了数据的产生、加工、使用、失效以及淘汰。

数据生命周期管理需要根据数据的有效时间来对数据进行分类，并对不同有效时间的数据分别管理，设置相应的存储时长、存储方式、存储规则和注意事项。一方面可以保证数据被有效保存，失效的数据能被及时清除；另一方面也可以对存储资源进行有效划分并合理使用，从而避免了资源浪费。

4.2.5　数据安全

数据安全保证数据能被正常地使用。这里有两层含义，第一层含义是在使用数据时数据是有效的，第二层含义是数据不会被非法利用。无论数据是因为何种原因不能被使用，还是被坏人盗用，都会对业务产生巨大的影响，因此数据安全尤其重要。

4.3 数据清洗

“原始安全大数据是杂乱无章的”，这句话主要讲的是原始数据存在缺失、重复以及错误等问题。数据清洗会对原始数据进行清理，保障数据的完整性、唯一性、合法性、一致性以及权威性。数据清洗的主要步骤包括缺失值处理、异常值处理以及归一化与标准化。

4.3.1 缺失值处理

由于采集端上报数据出错等机器因素，或者用户填报数据时刻意隐瞒不填写等人为因素，数据采集过程中会出现数据缺失的情况。如何处理数据缺失，主要是从两个思路出发。第一个思路是删除数据，如果强行使用缺失较为严重的数据，就会影响后续模型的判断。删除数据后，数据便不会影响到模型。第二个思路就是填充数据，将数据是否有缺失作为特征或采用多种填充方式来填充数据，避免粗暴地删除数据而漏过检测。缺失值填充的常见方法有固定值填充（如默认为 0 或者-1 来标识缺失），还有基于均值、众数、中位数等统计方法，或者基于 KNN、Random Forest 等方法进行填充。缺失值处理方式的使用场景和优点如表 4.3 所示。

表 4.3 缺失值处理方式对比

缺失值处理方式	使用场景	优点
行删除（删除个体）	个体的大部分属性数据缺失	保障模型准确率
列删除（删除属性数据）	属性数据的大部分个体均缺失	保障模型准确率
缺失值填充	数据维度缺失较少	提高模型覆盖率

4.3.2 异常值处理

异常值产生的原因和缺失值产生的原因大同小异，但是异常值的处理和缺失值的处理有明显的不同。缺失值的出现是显而易见的，但是异常值的出现需要先判断异常值是否异常，再进行下一步操作。

异常值的检测方法主要是基础的异常值检测方法、基于统计分布的异常值检测方法和基于聚类的离群异常值检测方法。

- 基础的异常值检测方法

该方法比较简单直接，通常对于一些属性数据，都会有明显的枚举范围，根据维基百科，全世界最长寿的人为 122 岁，于是年龄可以设为 0～130 的整型数字，不在这个范围内的数据就可以直接被判定为异常数据。表 4.4 展示了一些在安全数据中遇到的不符合常识的异常值案例。

表 4.4　异常值案例

数据属性	异常值举例	说明
IPv4 字符串	120.229.48.1001	“1001”超过 0～255 的范围
URL 域名	-qq.com	URL 域名不能以“-”开头
年龄	150、−10	不符合认知的年龄数值

- 基于统计分布的异常值检测方法

以图 4.7 所示的标准正态分布为例，数据约有 99.7%的可能会落在距均值 3 个标准差的范围之内，那么与均值的差不在 3 个标准差范围内的数据可视为异常值。

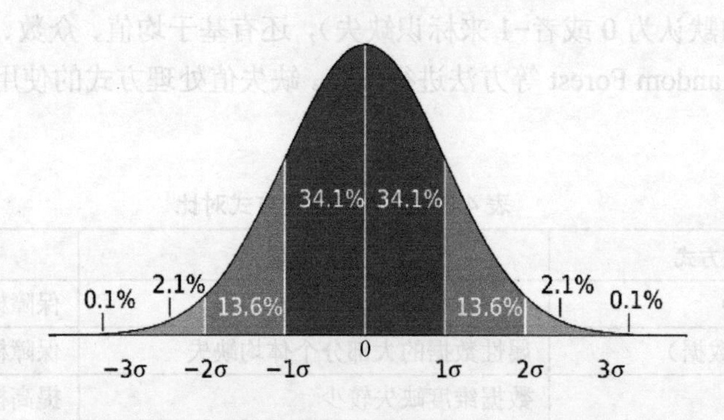

图 4.7　标准正态分布

- 基于聚类的离群异常值检测方法

与基于统计分布的异常值检测方法的出发点类似，基于聚类的离群异常值检测方法会将异常数据视作离群点。通过对所有的数据所在的空间分布进行聚类，可以将数据聚集为大小不等的簇，因为正常数据具有相似性且数量占比较高，所以大簇可视为正常数据，而游离在外的零星分布的小簇可视为离群点，即异常数据。

如图 4.8 所示，c2 和 c4 可以认为是离群的小簇，于是优先把 c2 和 c4 作为异常数据来看待。

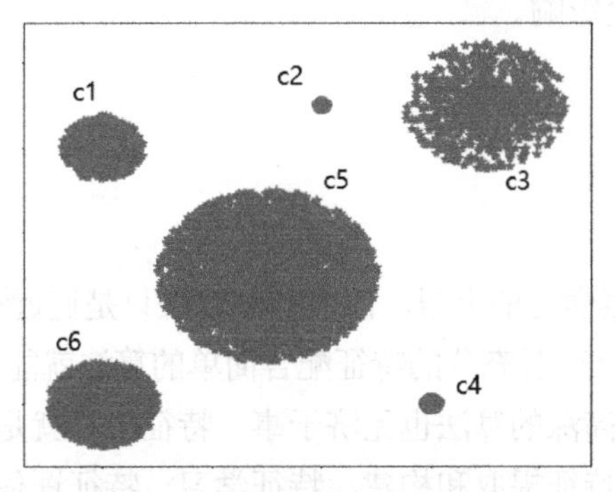

图 4.8 基于簇的孤立点

当检测出异常点后，需要对异常数据进行处理，具体的处理方案以及适用范围如表 4.5 所示。需要强调的是异常值的处理方案没有固定模式，需要根据具体的安全业务场景作具体的分析。

表 4.5 异常值的处理方案对比

处理方案	适用范围
删除	异常值较多且没有办法填充
填补	异常值较少且可用相似群簇的数值替代
特殊标识	异常值本身包含重要信息

4.3.3 归一化与标准化

数据的归一化和标准化都是将数据从原始的空间分布映射到另外一个更加有利于数据分析的分布。但是归一化和标准化是有区别的，归一化是将原始数据在同一量纲下压缩为 0～1 的小数。标准化会使得数据本身的分布发生变化，例如通过 z-score（z 分数）的方法会使映射后的原始数据服从标准正态分布。

从训练模型的角度来看，模型就是通过自身的参数对输入特征数据做映射，使其尽量靠近样本标签，训练模型就是不断迭代和优化参数，使其对标签的拟合效果更好。如果数据之间的量纲差异较大，就很有可能出现奇异样本数据，奇异样本数据的出现会导致训练时间变长，甚至可能会出现模型没有办法收敛的现象。归一化可以将数据归一化到 0～1 的小数，能消除样本数据中的奇异样本数据，从而加快模型训练中的梯度下降速度，同时还可能提高最终的模型精度。

归一化对变量的缩放仅由变量的极值来决定，存在一定的局限性，例如当变量中存在极大值或者极小值时，归一化的效果就不如标准化的效果。在数据标准化过程中，每个样本数据都能对标准化的结果产生影响。

4.4 特征工程

“数据和特征决定了机器学习的上限，而模型和算法只是逼近这个上限而已”，这句话充分说明数据和特征的重要性，准确且充分的特征配合简单的算法就能训练出高精度的模型，相反，若特征的质量较差，配合再高深的算法也无济于事。特征工程就是基于相关知识将原始数据处理成特征的过程。本节通过特征提取和构建、特征学习、特征评估与选择三个方面来阐述特征工程。

4.4.1 特征提取和构建

本节讲解的特征提取和构建都是基于基础统计学知识和业务经验的方式，这种提取和构建特征的方式比较直接且可解释性强。在一些需要说明模型预测结果的场景下，这些具有可解释性的特征就可以作为证据来解释模型判定的结果。

根据学历代码，学历一般分为小学、初中、高中、专科、本科、硕士和博士。学历数据直接使用中文字符是不能被模型所识别的，需要将其构建为学历特征。如表 4.6 所示，one-hot 编码和简单的数字编码可以实现特征构建。one-hot 编码的优势在于不用考虑学历之间的关系，先给每个学历单独分配一个唯一的 one-hot 编码，然后交给算法去学习。数字编码可以通过简单的数据（从 1 到 7）对学历进行编码，使用和理解起来较为简单，且特征本身也被赋予了含义：学历越高，编码数值越大。

表 4.6 学历数据的不同编码方式对比

学历	one-hot 编码	数字编码
小学	1000000	1
初中	0100000	2
…	…	…
博士	0000001	7

4.4.2 特征学习

然而，大数据安全领域的对抗非常激烈，即便紧跟黑产发展变化，也时常会滞后于黑产的变化，因为基于业务认知的统计特征从底层逻辑上来说存在一定的滞后性。因此我们希望能通过样本取得学习特征，或者通过数据本身的规律去自发地挖掘特征。本节会通过有监督的特征学习和无监督的特征学习来讲解特征学习。

- 有监督的特征学习

有监督的特征学习是指在特征学习中引入样本信息，借助于样本信息，从原始数据中整合出有效的特征。通过计算 TGI 指数来查看不同样本的偏好分布，然后从原始数据中提取出 TGI 指数较高的基础属性来构建特征。

TGI（target group index）指数，是反映目标群体在特定研究范围内的强势或弱势的指数。TGI 指数的计算公式如下所示，TGI 指数等于 100 为平均水平，说明该类样本与整体样本没有任何区分性；TGI 大于 100 代表该类样本在这个数据上的标签是高于整体的，数值越大说明高于整体的趋势越明显。TGI 的取值范围及含义如表 4.7 所示。TGI 的计算公式如下：

$$\mathrm{TGI}=\frac{percent_{target}}{percent_{total}}\times 100$$

表 4.7 TGI 的取值范围及含义

TGI 的取值范围	含义
TGI＞200	随着数值变大，目标群体对该标签的倾向性越强
100＜TGI≤200	目标群体对该标签存在一定的倾向性，但不明显
TGI=100	与全体用户相比目标群体对该标签的倾向性基本没有差异
0≤TGI＜100	随着数值变小，目标群体对该标签的倾向性越来越弱

有监督的特征学习在构建特征中借助了样本的信息，所以特征对样本的区分度较好，但同时特征的泛化能力较弱，当线上实际数据发生迁移时，特征对样本的区分能力下降明显。而无监督的特征学习在构建特征的时候只考虑数据本身的规律而不借助样本信息。

- 无监督的特征学习

无监督的特征学习主要强调挖掘数据本身的规律。在实际的业务场景下，时序规律就是一个很明显且很好被挖掘的数据本身的规律。挖掘文本时序规律的算法比较多，其中一个有名的算法是 Tomas Mikolov 于 2013 年提出的 word2vec（word to vector）。word2vec 是一种通过训练浅层神经网络来学习文本表示的算法，采用的模型包含 CBOW（Continuous Bag of Words）模型和 Skip-gram 模型，两种模型的区别主要是在神经网络语言模型的输入和输出的不同，两种模型的目的都是学习词向量表示。其中，CBOW 模型使用当前词的上下文词汇作为输入，输出为当前词；Skip-gram 模型则与之相反，输入为当前词，输出为当前词周围的上下文词汇。CBOW 模型和 Skip-gram 模型的原理如图 4.9 所示。

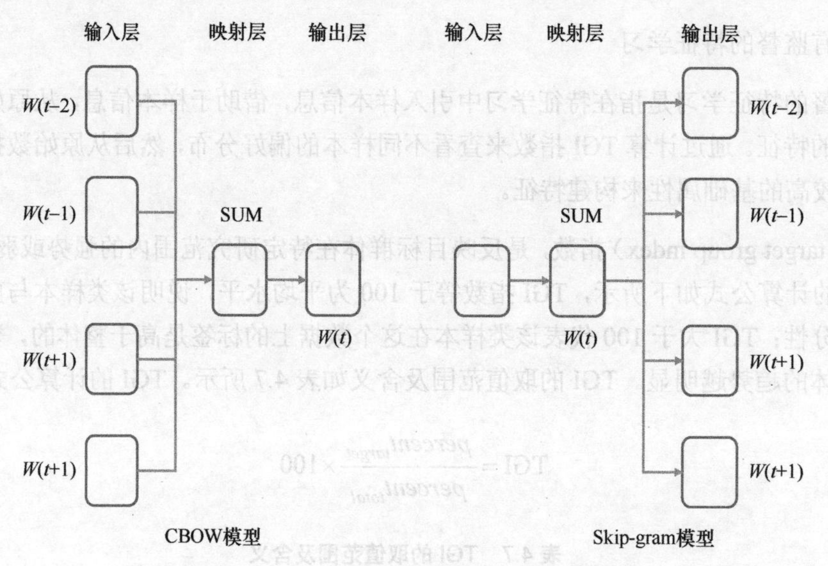

图 4.9　CBOW 模型和 Skip-gram 模型的原理

以黑灰产 URL 特征为例，如果把 URL 的 HTML 文本当作长文本，把里面的关键词当作词，那么词与词之间也会存在着上下文关系，于是就可以采用 word2vec 里的 Skip-gram 模型。通过单个关键词去预测上下文的关键词，最终得到的隐向量就是这个关键词的 Embedding 表示，然后通过对 URL 的多个文本关键词做池化就可以构建出黑灰产 URL 的特征。

此外，常用的无监督算法还有 AutoEncoder 算法，其原理如图 4.10 所示。AutoEncoder 算法的架构是一种特殊的神经网络架构，其中输入和输出的组成是相似的，分别包括了编码器和解码器。首先我们将 HTML 文本中的 URL 关键词转换为 one-hot 编码，然后将 one-hot 编码输入到 AutoEncoder 算法的网络架构中，通过编码器将其降维成低维空间数据，也就是 Embedding 向量。在 AutoEncoder 算法中，如果使用解码器将 Embedding 向量解码为重构数据，重构数据与输入是相似的，那么就可以认为这个编码到低维空间的 Embedding 向量几乎没有信息损失，也就是说这个 Embedding 向量对这个 URL 关键词的信息表达是充分的。

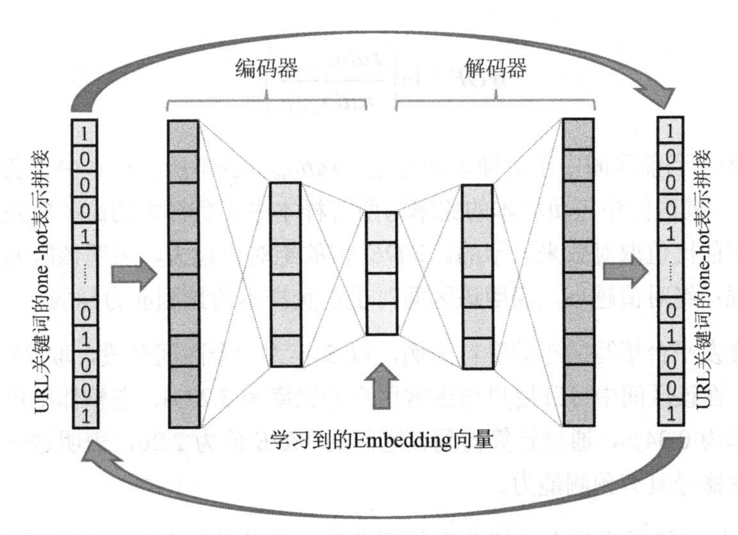

图 4.10 AutoEncoder 算法的原理

4.4.3 特征评估与选择

在使用多种方式构建了大量的特征后，直接通过这些特征去训练模型是有问题的，一方面训练开销会比较大，另一方面特征太多会产生模型训练的收敛速度慢等问题。所以在训练模型之前，我们需要对特征进行初筛，先过滤掉一些没用的特征，然后在筛选之后的特征上进行模型的训练。

特征选择主要有三类方法，分别为：过滤法、包装法和嵌入法。其中过滤法是对每个特征独立进行评估，这样对于 N 个特征我们只需要评估 N 次就可以了。过滤法首先需要去评估每个特征，然后量化每个特征的有效性，再通过量化的值对特征进行排序，最终按照需要截取排序靠前的特征进行建模。过滤法的评估复杂度较低，但是不会考虑特征之间的叠加作用。与过滤法不同，包装法会考虑特征之间的叠加作用。

对于特征，可以使用分箱计算证据权重（weight of evidence）值的方法来确定特征区分情况。首先将连续特征划分为多个区间，可以固定区间长度，从最小取值开始，依照固定步长来划分；也可以固定区间个数，对整个置区范围进行平均划分。随后对于分箱得到的每一个区间，计算该区间范围内的 *WOE* 值，其计算方法如下：

$$WOE = \ln\left(\frac{ratio_{group}}{ratio_{total}}\right)$$

其中 $ratio_{group}$ 表示当前区间中正负样本的比率，$ratio_{total}$ 表示所有样本中正负样本的比率。故 *WOE* 值表示当前区间中正负样本的比率与所有样本中正负样本的比率的差异。这个差异是用这两个比率的比值取对数来表示的。*WOE* 值的绝对值越大，表明该区间对于正负样本的预测能力越强；绝对值越小，表明该区间对于正负样本的预测能力越弱。

以用户在交友平台填写的年龄资料为例，以 5 年为一个区间分段，取 25～30 岁的用户区间进行计算。在该区间中可疑用户与正常用户的比率为 3.27%，在整体用户中可疑用户与正常用户的比率为 0.34%，通过计算得到该区间的 *WOE* 值为 2.26，表明这一年龄取值区间对于是否为诈骗账号具有预测能力。

然而 *WOE* 值只能说明某个特征分段的区分性，评估特征整体的区分度需要借助于 *IV* 值（information value）。*IV* 值是计算出每个特征与样本标签的相关性，其中 *IV* 值越大说明相关性就越强。因此我们可以通过 *IV* 值对特征进行排序，将 *IV* 值比较小的特征过滤掉，但同时需要警惕 *IV* 值比较大的特征，这部分特征往往存在标签泄露的情况，也是需要被剔除的。具体的 *IV* 值的取值范围及其预测能力如表 4.8 所示。*IV* 值的计算公式如下：

$$IV = \sum_{i}\left(p_{yi} - p_{ni}\right)\cdot\ln\left(\frac{p_{yi}}{p_{ni}}\right)$$

其中，p_{yi} 代表当前区间中正样本在所有正样本中的比率，p_{ni} 代表当前区间中负样本在所有负样本中的比率。

表 4.8　*IV* 值的取值范围及其预测能力

IV 值的取值范围	预测能力
$0 \leqslant IV \leqslant 0.02$	几乎没有，可以删除
$0.02 < IV \leqslant 0.1$	弱
$0.1 < IV \leqslant 0.3$	中等
$0.3 < IV \leqslant 0.5$	强
$IV > 0.5$	极强，需要谨慎使用

通过计算每个特征的 *IV* 值来进行特征筛选会存在一个问题，那就是考虑不到特征的共线性，于是有可能造成特征之间的作用相互抵消，导致原本重要特征的重要性降低，这对模型的解释性会有影响。这时就需要使用基于皮尔逊相关系数的方法来剔除特征共线性，皮尔逊相关系数的取值范围及其相关性如表 4.9 所示。我们会计算两个特征之间的皮尔逊系数，当发现两个特征之间的皮尔逊系数大于 0.8 时，会考虑将其中一个特征剔除掉，从而降低高相关性的特征对建模的影响。

表 4.9　皮尔逊相关系数的取值范围及其相关性

皮尔逊相关系数 r 的取值范围	相关性
$\|r\|<0.3$	低度线性相关
$0.3\leqslant\|r\|<0.5$	中低度线性相关
$0.5\leqslant\|r\|<0.8$	中度线性相关
$0.8\leqslant\|r\|<1$	高度线性相关

但是过滤法没有考虑到特征组合的作用，有些特征单看 *IV* 值比较低，过滤法会直接将这种特征过滤掉，但是这种特征可能和其他特征组合在一起的效果比较好。因此我们这里需要用包装法来做特征选择，包装法的思路是每次都去选择一个最重要的特征或者剔除一个最不重要的特征，然后在已有特征集的基础上迭代“选择一个最重要的特征或者剔除一个最不重要的特征”，最终选出最优的特征子集。

还有一种方法是先不选择特征，直接将所有的特征给到算法来训练模型，在训练好模型后，最终由算法选择哪些特征可以入模。这样做一方面可以初探模型主要是依靠哪些特征来做判别，通过对这些特征的思考也能加深对业务的理解，同时也可以从这些方面入手迭代特征的建设，从而进一步提高模型的精度；另一方面也可以通过特征检验模型，如果发现一些贡献很大但是难以理解的特征，那么就说明样本的选取有问题，通常就需要检验样本的分布来进行修正。图 4.11 为 XGBoost 模型训练完之后给出的特征重要性排序图，这里采用了默认计算方式 importance_type='weight'，主要计算某个特征作为分裂节点出现的次数。从图 4.11 中可以看出，特征 f10、特征 f12 和特征 f781 对模型的贡献较大，从特征含义上来讲，特征 f10 和特征 f12 对问题本身有一定的说明性。

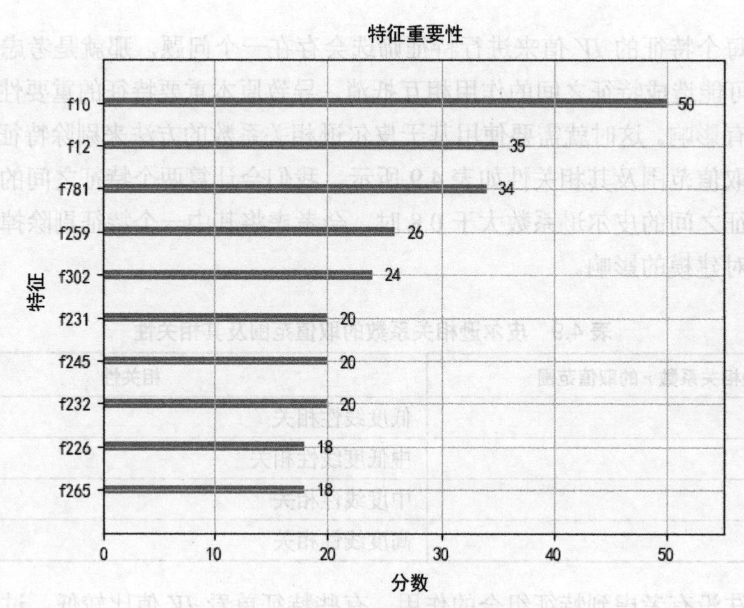

图 4.11 特征重要性排序图

4.5 本章小结

本章主要讲如何利用大数据治理与特征工程将原始数据处理为模型直接可用的有效特征，首先介绍了大数据处理所用到的大数据平台，其中提到了大数据平台的整体计算框架、主流存储方式以及不同业务需求下的各种计算模式，然后介绍了大数据治理的 5 个核心模块，接着阐述了数据清洗阶段的主要步骤，最后介绍了特征工程中构建特征的不同方法，以及如何进行特征评估与选择。

第4部分　大数据安全对抗技术与反欺诈实战案例

第 5 章 基于流量的对抗技术

近年来，随着互联网业务流量快速增长，黑产流量也迎来了爆发式增长。从上游的营销推广等场景下的广告流量作弊，到中游的营销活动等场景下的“羊毛党”作弊，再到下游的营销结算等场景下的交易、支付作弊，黑灰产对流量的攻击隐藏在互联网业务的各个环节。从用户角度考虑，流量威胁严重影响到用户的产品使用体验；从企业角度考虑，流量威胁严重影响到企业的口碑和收益，轻则导致企业损失巨大利润，重则导致企业倒闭。无处不在的黑灰产流量威胁问题愈演愈烈，甚至上升成为社会问题，因此流量威胁问题亟待解决。

当前流量威胁下的反欺诈体系面临多重挑战。从内部变化来看，行业基础设施建设发生了巨大变革。一方面，作为流量风险筛查关键要素之一的设备标识体系发生了变化。原来的智能终端和由操作系统主导的设备标识体系已不再适用，取而代之的是国内各大厂商各自构建的去中心化的 OAID（Open Anonymous Device Identifier，开放匿名设备标识符）设备标识体系，而新的 OAID 设备标识体系无法对设备指纹进行验证校准，也无法验证真伪。另一方面，行业普遍采用的用户身份标识 IMSI（International Mobile Subscriber Identity，国际移动用户识别），也由于操作系统的升级而不再适用，因此在某些流量场景中无法进行身份验证和流量威胁识别。

从外部变化来看，黑产对抗不断升级。黑产从最初的“单兵作战”，逐渐演变为有分工、有组织的“团队作战”。只要业务存在漏洞，黑产团伙就会蜂拥而上，在短时间内对业务造成严重损失。等业务方发现后，黑产早已转身离场。黑产也早已用上了最新的 AI 技术，攻防双方已进入博弈的深水区，愈演愈烈。

本章从流量威胁的现状出发，基于流量威胁的相关业务场景，体系化阐述流量威胁的反欺诈体系建设方案，流量威胁的整体反欺诈体系建设方案如图 5.1 所示。

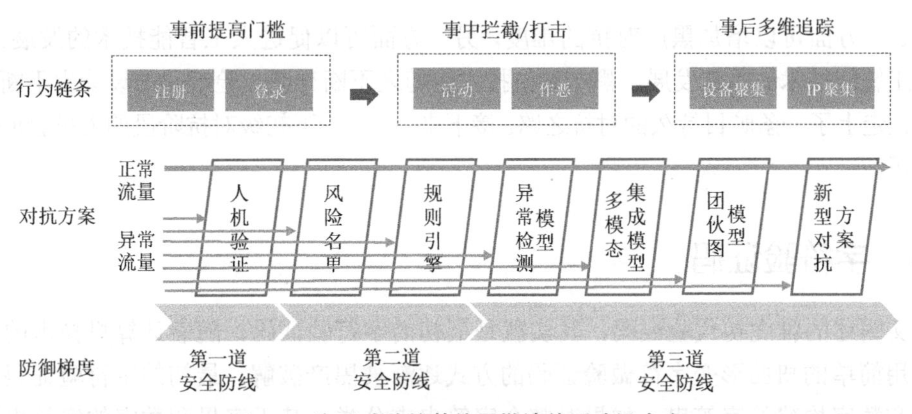

图 5.1 流量威胁的整体反欺诈体系建设方案

5.1 人机验证

人机验证作为抵御互联网业务流量威胁的第一道安全防线至关重要。人机验证方案最早出现在 2000 年左右，当时的互联网巨头雅虎公司作为最重要的邮件服务提供商，发现大量黑产利用雅虎邮件服务发送各种垃圾邮件，严重影响到了雅虎邮件用户的体验。图灵测试是用来测试机器是否具备像人类一样思考的能力，而雅虎公司面临的这个问题正好相反；需要验证互联网的访问者是真人还是机器。为了解决这个问题，雅虎公司请来了当时还是学生的 Luis von Ahn 博士等人设计算法来验证互联网的访问者是真人还是机器，这刚好与图灵测试的思想相反。

基于逆图灵测试的思想，Luis von Ahn 博士等人设计了一款最初的人机验证程序——雅虎初代验证码，如图 5.2 所示。雅虎初代验证码的主要功能是可以随机生成一串变形或者扭曲的字符，用户必须基于看到的这串字符正确输入辨识的结果才能通过。辨识这样歪斜的字符，对人来说很容易做到，对当时的计算机技术来说却很难实现，所以可以很好地防御黑产的批量机器人攻击。

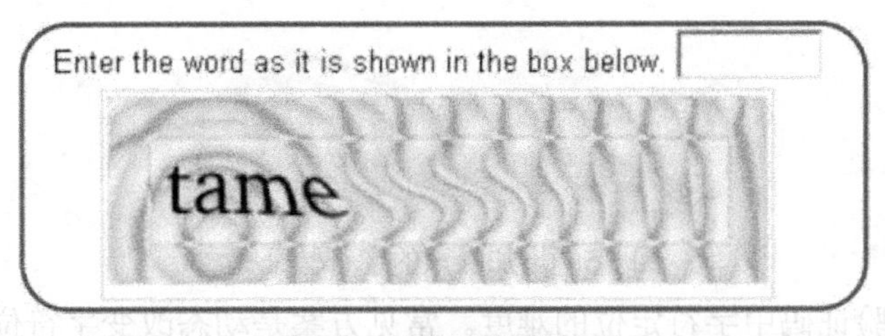

图 5.2 雅虎初代验证码

验证码设计的一个重要依据是将当前人工智能技术没有解决的问题，应用在验证码的设计上。一方面可以增加黑产对抗的难度，另一方面可以促进人工智能技术的发展。然而，随着人工智能技术的不断发展，黑产对抗技术也随之不断升级，验证码的设计也不断升级，人机验证走上了一条旷日持久的对抗之路。接下来，介绍一下初级对抗阶段的人机验证——字符验证码。

5.1.1　字符验证码

前文阐述的雅虎初代验证码，其实就是最初的字符验证码。随着计算机技术的发展，这种采用简单的扭曲形变字符做验证码的方式逐渐被黑产破解。最初的字符验证码主要是由字母和数字构建的字符串，如果对整个字符串来分类，基于字母和数字的字符串组合形式会有几十万种，黑产分类识别难度大。但是字母和数字加起来一共才 36 种，如果将字符串切割成单个字符来分类识别，那么分类数就会降低好几个数量级，于是字符验证码就很容易被黑产攻破。

为了提高黑产识别字符验证码的难度，字符验证码进一步升级。

- 提高字符验证码被切分成单个字符后的识别难度。常见方案是减少字符间距，增加字符间的粘连甚至使字符部分重叠，如图 5.3 所示。
- 增加字符验证码中字符元素类别的数量。常见方案是增加中文字符，如图 5.4 所示。

图 5.3　粘连的字符验证码

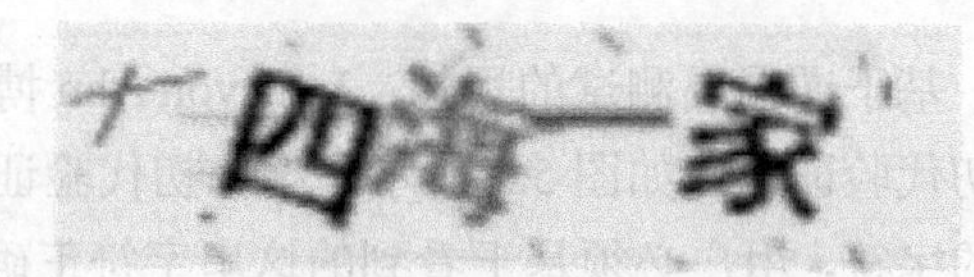

图 5.4　带中文字符的字符验证码

- 提高字符验证码中去噪的难度。常见方案是增加噪声干扰，如图 5.5 所示。

图 5.5　增加噪声的字符验证码

- 提高字符验证码中字符定位的难度。常见方案是动态改变字符位置。

在字符验证码时代，从流量安全的整体防御角度，单纯对验证码模式进行升级还不够。

因为不管业务方如何升级字符验证码，黑产都能通过反复试探和摸索对抗方式攻破字符验证码。基于历史对抗经验，从一套新的验证码模式出现，到黑产成功破解该验证码模式，再到集成自动化黑产工具流入黑市，整个过程需要一定周期。如果前端对字符验证码的更新快于黑产的破解，就能在很大程度上提高被黑产攻破的门槛。

5.1.2 行为验证码

在传统字符验证码和黑产之间长时间的攻防战后，随着图片识别等机器学习技术的不断发展，光学字符识别技术（OCR）逐渐成为黑产对抗字符验证码的利器。无论是破解准确率还是破解速度，黑产对抗字符验证码都达到了新的高度，于是基于传统字符验证码的安全防御面临着前所未有的挑战。

面对黑产破解技术的革新，亟须一种打破传统字符验证码设计思路的新型验证码，让黑产破解思路失效。于是，基于行为验证方式的新型验证码——行为验证码出现了。行为验证码摒弃了多年来对字符的依赖，采用图像作为验证码载体，为验证码的构建提供了更多可发挥的空间。其中，出现了一种常见的行为验证码——滑块拼图验证码，如图 5.6 所示。用户在验证码验证过程中，如果滑块被拖动到正确的拼图位置，且移动过程的轨迹符合人类的行为习惯，就可快速通过。相比传统字符验证码，滑块拼图验证码更安全，且对用户更友好。

图 5.6 滑块拼图验证码

滑块拼图验证码并不是无懈可击，随着人工智能技术的进一步发展，黑产基于目标检测和模拟人类习惯的滑动轨迹，最终攻破了这种验证方式。

业务方为了进一步提升行为验证码的安全性，在滑动拼图验证码的基础上，又做了一些变化，出现了点选图形验证码，如图 5.7 所示。用户在验证码验证过程中，需要按照指定的文字顺序依次点击图中的文字，才能通过验证。相对于滑动拼图验证码，点选图形验证码增加了文字区分的功能和对点击顺序的要求，所以安全性大幅提升。

有些点选图形验证码甚至引入语义理解，如图 5.8 所示，让用户从语义角度，选择正确的文字点击顺序，从而进一步提升被破解的难度。

图 5.7　点选图形验证码

图 5.8　基于语义理解的点选图形验证码

至此，流量威胁的安全对抗从“死磕”字符类验证码的困境中脱身，开辟了一个新的“战场”，进入了行为验证码的时代。

5.1.3　新型验证码

随着时间的推移，新型验证码层出不穷。目前，比较新颖的验证码有智能推理验证码、无感验证码等。

智能推理验证码，主要融入了人类的逻辑推理以及多维空间的元素辨别能力。用户需要按照提示，基于推理找出答案，并正确点击图中元素，如图 5.9 所示。此类验证码的优点是安全性更高，缺点是增加了操作难度，用户体验不够友好。智能推理验证码适用于银行等高安全需求的流量威胁场景。

无感验证码是基于用户行为信息、环境信息以及设备指纹等多维度信息，综合进行智能人机识别的新型验证方式，如图 5.10 所示。无感验证码可以根据用户的风险程度，自动弹出不同难度的二次验证方式，正常用户只需轻点即可通过验证。该类型验证码的优点是安全性高且用户无感知。

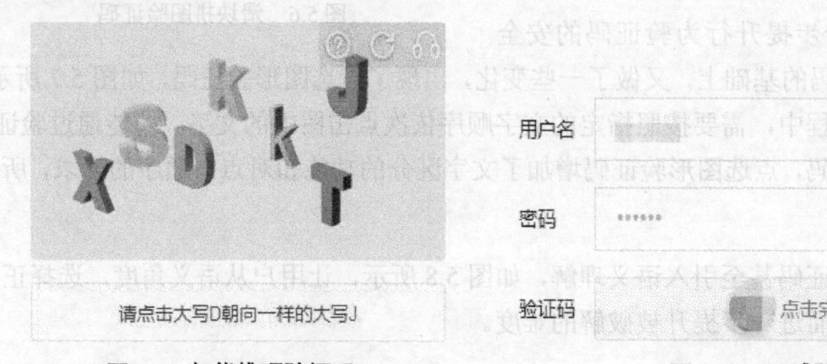

图 5.9　智能推理验证码　　　　图 5.10　无感验证码

5.2 风险名单

人机验证只能对明显异常的偏机器人或者自动脚本的流量进行初筛，而对于模拟正常用户的生物行为的流量威胁，人机验证却无能为力。此时，我们可以利用多方风险名单进行风险筛查。

如果说人机验证是流量威胁场景的第一道安全防线，那么风险名单绝对是前置风险筛查中不可或缺的关键环节。

5.2.1 风险名单的意义

风险名单主要应用在流量威胁的前置风险筛查环节。黑产资源具备有限性，黑产会在多个业务平台反复使用自己掌控的黑产资源，直到被大部分平台封禁为止。所以，业务方可以收集或者沉淀多方黑产风险数据，用于自身业务场景的安全防控。尤其对于新业务或者新平台，如果在冷启动过程中还没有累积足够的业务数据来构建风控模型，缺少完备的风控体系，就可以快速部署上线基于自身业务累积或者其他跨平台跨业务的风险名单，在黑产对抗中发挥关键作用。

5.2.2 风险名单的设计

从风险等级角度，风险名单可以分为黑名单、灰名单和白名单；从业务场景角度，风险名单可以分为不区分业务场景的通用风险名单和区分具体业务场景的业务风险名单。

1. 从风险等级角度设计

（1）黑名单

黑名单是指会对业务明确造成高风险后果的对象的集合。在流量威胁场景下，黑名单可以直接用于拦截或处罚。黑名单主要基于黑产作恶所涉及的有限资源角度来构建，如 IP、设备、手机号、账号等维度。黑名单的参考范围如表 5.1 所示。

表 5.1 黑名单的参考范围

黑名单维度	黑名单参考范围
IP	业务历史黑 IP、秒拨 IP、恶意代理 IP、机器人 IP 等
设备	虚假设备、模拟器、群控设备等
手机号	业务历史黑号、接码平台黑号、虚拟运营商黑号、空号等
账号	业务历史处罚账号等

（2）灰名单

灰名单主要是指偏可疑的对象的集合，灰名单中的资源除了黑产会使用，正常用户也会使用。比如虚拟运营商号码，由于其在线获取门槛低和价格低廉而被黑产青睐，主要被用于垃圾注册等场景，但正常用户（如外卖员）也会使用虚拟运营商号码。再比如代理IP，黑产主要使用在批量“薅羊毛”等场景，用于绕过业务方的频控限制，但正常用户（如留学生）也会使用代理IP访问国外网站。所以，对于黑产和正常用户都会使用的可疑资源，若基于业务暂时无法直接判定为恶意，可以先纳入灰名单用于可疑监控，后续结合其他维度进行风险判断。灰名单的参考范围如表5.2所示。

表5.2 灰名单的参考范围

灰名单维度	灰名单参考范围
IP	可疑代理IP、高风险地区IP、可疑服务器IP等
设备	改机设备、多开设备、hook框架设备等
手机号	可疑虚拟运营商号、物联网卡号、多头风险号等
账号	业务历史可疑账号等

（3）白名单

白名单是指需要重点保护且明显为白的对象的集合。比如，游戏中通常会把高级玩家、头部主播玩家加入白名单进行重点保护。白名单在流量威胁场景中主要用于保护高质量用户。白名单的参考范围如表5.3所示。

表5.3 白名单的参考范围

白名单维度	白名单参考范围
IP	基站IP、企业WiFi IP等
设备	业务重点保护设备等
手机号	正常活跃号码、重要保护号码等
账号	高质量账号、业务重点保护账号等

2．从业务场景角度设计

（1）通用风险名单

黑产掌握的资源，大部分是在各业务场景中作恶所共用的。比如黑产常用的秒拨IP主要用于绕过业务频控，没有具体业务指向。因为秒拨IP在广告作弊、垃圾注册、“薅羊毛”等场景都会出现，所以在新业务还没有积累自身的业务风险名单之前，可以引入第三方的通用风险名单，并将其快速部署上线，从而防控风险。通用黑名单的参考范围如表 5.4 所示。

表 5.4　通用黑名单的参考范围

黑名单维度	通用黑名单参考范围
IP	秒拨 IP、恶意代理 IP、机器人 IP 等
设备	虚假设备、模拟器、群控设备等
手机号	接码平台黑号、虚拟运营商黑号、空号等

（2）业务风险名单

仅有通用风险名单并不够完备，可以基于具体业务场景，进一步沉淀积累各业务自身的风险名单。比如在广告作弊场景中，可以积累历史上被检测到的黑设备，形成业务风险名单，用于加强后续防控。业务黑名单的参考范围如表 5.5 所示。

表 5.5　业务黑名单的参考范围

黑名单维度	业务黑名单参考范围
IP	广告作弊 IP、垃圾注册 IP、“羊毛党”IP、游戏开挂 IP 等
设备	广告作弊设备、垃圾注册设备、“羊毛党”设备、游戏开挂设备等
手机号	垃圾注册黑号、“羊毛党”黑号、贷款欺诈黑号等

5.2.3　风险名单的管理

一旦风险名单被设计好并部署上线后，就需要根据具体业务的外网处罚和投诉情况，进行线上实时效果监控。因为风险名单具有时效性，如果不及时对旧的名单数据进行淘汰，可能导致线上误处罚。接下来以手机号维度的风险名单来举例说明。

当黑产掌握的手机黑号被大部分业务检测到并加入黑名单后，一旦被黑产发现这批手机黑号基本失效，就会被放弃使用。而运营商对手机号有严格的管理机制，对于长期未使用的手机号，会先进行回收然后再重新放号，所以重新获得这些黑产使用过的号码的用户可能是正常用户。此时，如果业务方的手机号黑名单没有及时更新、淘汰旧的黑号，就会造成线上误处罚，所以风险名单淘汰机制的建立很有必要。具体可以从两个方面进行设置：一方面设置固定时间窗口，主动淘汰旧的名单数据；另一方面通过监控线上实时投诉率，及时淘汰旧的名单数据。

5.3　规则引擎

在流量威胁场景中，风险名单只能拦截历史上有被判黑过的欺诈账户，而对于未在风险名单中的欺诈账号，需通过专家规则来进一步识别。专家规则的优点是简单易用且解释性强。专家规则可以根据业务通用性分为基础通用规则和业务定制规则。其中，基础通用规则主要是基于大部分业务都涉及的 IP、设备、账号三要素来构建；业务定制规则主要是基于业务自身情况而量身定制。

5.3.1　基础通用规则

黑灰产为了降低成本和提高收益，在流量欺诈过程中，通常会使用黑灰产工具进行批量操作，而批量操作的前提是绕过业务方的频控，例如同一个 IP/设备/账号在固定时间内的访问次数不能超过一定次数。基础通用规则主要从三方面构建，即 IP、设备和账号，技术方案如图 5.11 所示。

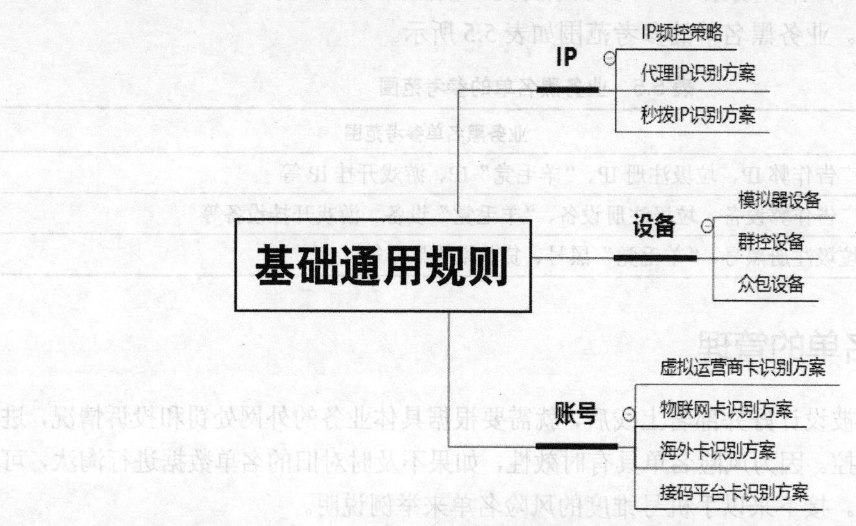

图 5.11　基础通用规则技术方案

1. IP 异常检测规则

IP 是网际协议中用于标识发送或接收数据报设备的一串数字。当设备连接网络时，设备将被分配一个 IP 地址用作标识。通过 IP 地址，设备间可以互相通信。IP 的主要特性如下所示。

（1）IP 资源紧张

IP 地址分为 IPv4 和 IPv6 两大类，其中，IPv4 可以使用的 IP 地址数最多为 4 294 967 296 个。据中国互联网络信息中心发布的第 41 次《中国互联网络发展状况统计报告》显示，全球 IPv4 地址已于 2011 年 2 月分配完毕，自 2011 年开始，我国 IPv4 地址总数基本维持不变，截至 2017 年 12 月，共计有 33 870 万个。由于互联网的快速发展，在人手一台计算机和手机的情况下，截至 2017 年 12 月，我国网民规模已达 7.72 亿，IPv4 已明显不够用，IPv6 的出现就是为了解决 IP 资源紧张的问题。

（2）IP 分配的动态性

由于 IP 资源紧张，为了节省 IP 地址，IP 分配采用动态分配机制。用户在局端设备上配置好地址池，当一个用户发出上网请求时，通过验证后的设备会从地址池中按照某种规则选择一个空闲的 IP 分配给发出请求的用户；当该用户下线时，设备会将这个用户使用过的 IP 自动收回，并等待分配给下一个用户。

（3）IP 不能随意伪造

由于 HTTP 协议基于 TCP 协议，而 TCP 协议存在握手机制，因此无法伪造 IP 进行连接。

基于 IP 特性、属性、运营商策略和常见的黑产使用方式等，风险 IP 识别和对抗策略如下所示。

（1）IP 频控策略

黑产为了获利，往往会进行批量操作，例如批量注册、批量抢票等。此时，业务方的防御比较简单，限制 IP 访问的频率即可，如同一个 IP 在固定时间内的访问次数不能超过一定次数。

（2）代理 IP 识别

IP 频控策略只能应对技术割裂、工具化程度低的初级黑产手法。当黑产对抗升级后，黑产利用代理 IP 访问业务，从而隐藏自己的真实 IP，一方面能绕过频控策略，另一方面能隐藏自己的真实位置，且代理 IP 获取成本低廉，所以代理 IP 成为了黑产常用工具。根据代理 IP 获取途径的不同，具体的对抗方案如下所示。

- 代理 IP 黑库方案。对于从互联网上通过爬取、扫描等方式免费获取的代理 IP，由于这部分代理 IP 被共用，且作恶使用次数过多，因此业务方通过收集或者积累代理 IP 黑库就可以封堵这些代理 IP。
- 代理 IP 协议检测方案。黑产通过代理 IP 商购买获取的代理 IP，由于是代理商通过扫描获得的或者自建的高质量 IP，这些 IP 具有私密、短时和高匿的特点，所以通过简单的代理 IP 黑库来识别的难度大。针对这一部分代理 IP，一种方式是通过构建 IDC IP 黑库拦截，另一种方式是通过不同类型代理协议（比如 HTTP 协议）检测其常用端口（比如 8080 端口），进而识别代理 IP。

（3）秒拨 IP 识别

黑产对抗升级后，代理 IP 技术升级到了秒拨 IP 技术。秒拨 IP 主要是利用家用宽带拨号上网的原理，每次断电重启即可获取新的 IP。而黑产通过掌握大量宽带线路资源，利用虚拟技术和云技术将其打包成了云服务，并利用 ROS（软路由）对虚拟主机以及宽带资源做统一调配和管理。这种通过云服务交付给黑产用户的其实就是云主机（俗称“秒拨机”）。

大部分代理 IP 来源于 IP 可疑池，而秒拨 IP 来源于正常用户 IP 池，当黑产使用完毕后，这些秒拨 IP 会在正常用户中流转，所以区分秒拨 IP 和正常用户 IP 会遇到非常大的挑战。但从设备维度来看，秒拨 IP 会在设备维度上呈现短时间内多 IP 聚集的现象，因此可以通过设备维度的多 IP 聚集来识别秒拨 IP。

既然可以通过设备维度识别黑产使用的秒拨 IP，那接下来就继续从设备维度进行全面分析，进一步提升对黑产的覆盖能力。

2. 设备异常检测规则

设备是承载账号的硬件载体。为了降低硬件成本，黑产会以最少的硬件设备批量登录更多的账号，以实现利益最大化。为了绕开业务风控，黑产从业者通常会对设备进行篡改或者伪造。下面介绍三种常见的设备对抗方式。

（1）模拟器/改机-假机假用户识别

黑产为了绕过业务方对设备登录账号数的限制，通过伪造假机和使用黑产账号来绕过风控，即假机假用户行为。黑产伪造的假机主要有两类，一类是基于 PC 使用模拟器虚拟多台设备，另一类是篡改真机的 IMEI 等参数，达到以假乱真的效果。根据假机类型的不同，具体识别方法有如下两种。

- 模拟器类型识别。对于通过模拟器虚拟设备的伪造方式，主要通过提取模拟器软件的底层特征信息与真机对比，从特征层识别模拟器类型。比如提取机型、CPU 等底层特征信息与真机进行对比识别。
- 改机类型识别。目前手机硬件识别码分为两大标准体系，旧体系是 IMEI（国际移动设备识别码，International Mobile Equipment Identity），新体系是 OAID。IMEI 有标准的命名规则，通过对 IMEI 的分析和校验可以初步识别改机类型，例如基于 IMEI 自带的第 15 位 CD 验证码（由前 14 位数字进行 Luhn 算法计算得出），可以实现 IMEI 合法性校验识别。OAID 是各大厂商构建的、去中心化的设备唯一 ID，本身没有含义，所以需要通过其他方案来识别改机类型。

（2）群控-真机假用户识别

由于假机假用户行为的痕迹比较明显，容易被识别，所以黑产转而使用真机群控和黑产账号来对抗，即真机假用户行为。其中最典型的就是设备农场，如图 5.12 所示。

图 5.12 设备农场

黑产为了降低成本，设备农场的真机一般是批量购买的廉价旧手机，因此针对设备农场的真机，假机识别方案已失效。业务方可以基于群控软件、廉价旧机型、手机电池状态等特征来综合识别设备农场这类真机假用户行为。

（3）众包设备-真机真用户假动机识别

虽然黑产通过使用真机替代假机，提高了识别难度，但还是存在对抗漏洞。于是黑产使用基于众包的模式，通过众包平台或者兼职群等渠道，将批量任务分发给兼职用户进行操作，然后给这类兼职人群返回一定的金钱，即真机真用户假动机行为，借此来绕过业务方严格的风控机制。众包模式的识别难度较大，目前主要通过检测众包相关的软件使用行为来识别。

3. 账号异常检测规则

账号是流量威胁场景中黑产作恶的关键要素之一，已形成规模化的黑灰产账号产业链，在黑灰产生态中流转。黑产想要批量获取平台方的业务账号，就必须通过业务方的短信验证码核验。对于黑产批量使用的账号，有如下四种常见检测方式。

（1）基于虚拟运营商卡的异常识别

虚拟运营商卡主要是以 170、171、165、167 等号段开头的电话卡。这类电话卡的办卡门槛低，线上即可办理，可以在一定程度上绕过实名认证，因而被黑产青睐，批量用于垃圾注册等场景。针对这类黑卡，可以通过黑库规则来对抗。甚至有些平台仅通过手机号前 3 位号段就可识别，从而直接限制这类黑卡的注册。

（2）基于物联网卡的异常识别

物联网卡是由三大运营商（移动、联通、电信）提供的、基于物联网专网的纯流量卡，物联网卡用来满足智能硬件的联网、管理以及集团公司的移动信息化应用需求，主要是以146、148 等号段开头的卡。由于物联网卡的套餐资费比较便宜，因此受到黑产的青睐。针对这类黑卡，大部分平台业务主要通过号段来识别，从而直接限制这类卡注册。

（3）基于海外卡的异常识别

当国内的虚拟运营商卡和物联网卡被业务方封堵后，黑产开始转而使用海外卡进行批量注册。针对这类黑卡，可以通过累积的黑库和海外地理位置的风险程度来综合识别。

（4）基于接码平台卡的异常识别

无论黑卡来源于什么渠道，大多黑卡最终会出现在各大接码平台上，并以付费服务的形式提供给黑产。所以业务方可以监控和收集接码平台的黑号，并搭建出黑号库，进一步实施打击。

5.3.2 业务定制规则

基础通用规则主要是从风控三要素的基础维度来构建的，对抗的门槛相对较低。而业务定制规则需要从业务的各维度中抽象规则，对大部分业务来说，涉及的业务维度成百上千，如果仅依靠人工分析制定，人力成本就会很高。在对抗激烈的情况下，业务定制规则容易被坏人绕过，需要频繁更新策略，最终导致风控人员疲于应对，且效果有限。因此，为了在快速应对坏人对抗的同时也能降低人力成本，我们需要构建标准化的业务规则自动生成系统。

业务规则自动生成系统如图 5.13 所示，总共分成 5 个模块：输入自动预处理模块、规则自动生成模块、规则自动评估模块、规则自动上线模块和规则线上实时监控模块。

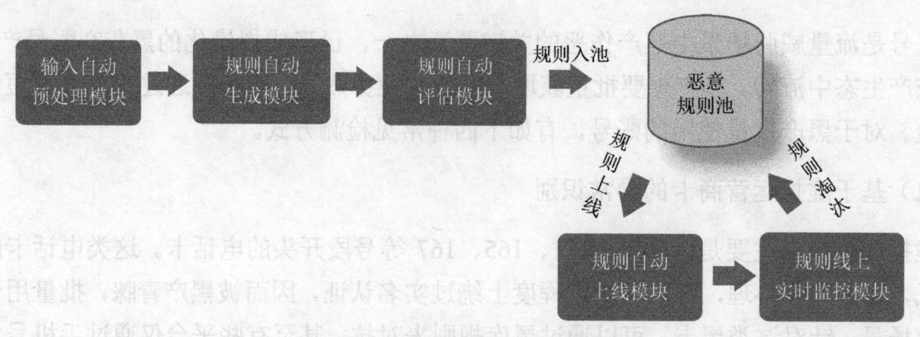

图 5.13 业务规则自动生成系统

（1）输入自动预处理模块

由业务产生的原始日志字段繁多且格式多样。在输入规则自动生成系统前，需要进行字段裁剪、空值填充和字段取值预处理等数据清洗操作，从而达到输入标准化的目的。

（2）规则自动生成模块

第一步：基于 1-gram 进行规则维度初筛。

基于输入的标准化格式字段，通过计算单一维度聚集群体的属性值来判断该维度的风险程度。比如计算群体的业务历史黑名单比例、白名单比例、投诉比例等属性值，剔除聚集群体风险比例低的维度，从降维的角度减少后续规则生成过程中的计算量。

第二步：基于 n-gram 规则进行自动组合。

根据第一步初筛后的维度，基于 n-gram 进行维度组合，形成 n-gram 的规则 key，然后通过这些规则 key 聚集用户群体。

（3）规则自动评估模块

基于上述自动生成的规则 key，进一步计算聚集到的用户群体的属性值（业务历史黑名单比例、白名单比例、投诉比例等）。然后基于各用户群体属性值的经验阈值，筛选出高可疑群体对应的规则 key，将 key 作为打击规则，将可疑程度较低群体对应的规则 key 作为监控规则。

（4）规则自动上线模块

基于业务线上系统，通过灰度方式，将自动评估模块筛选出来的恶意规则池中的规则 key 上线，并进行实时处罚或监控。

（5）规则线上实时监控模块

针对上线的规则 key，需进一步构建线上规则淘汰机制，主要从两方面进行，一是设置规则过期的时间窗口，进行主动淘汰；二是构建线上实时监控，对每个处罚规则 key 的投诉比例进行实时统计，一旦触发投诉比例阈值，就让规则 key 的处罚失效，然后从恶意规则池中剔除规则 key。

5.4 异常检测模型

基于规则的范式对于检测已出现的流量欺诈模式有不错的效果，而对于检测变异后或者新出现的欺诈模式却显得捉襟见肘。随着大数据、人工智能技术的不断发展，利用机器学习模型的泛化性，可以主动发现变异或者新出现的欺诈模式，因此机器学习在异常检测领域的应用也越来越广泛。

基于机器学习的异常检测模型主要可以分为无监督模型和半监督模型，接下来先从传统统计检验开始介绍。

5.4.1　传统统计检验

互联网的流量大数据主要是基于广大用户的访问习惯形成的，所以从整体上来看，正常流量一定是遵循特定分布形式的，而异常流量往往存在背离常理的分布。例如根据正常作息时间来看，用户访问互联网业务的时间集中分布在白天，而凌晨访问的用户很少。如果某个用户的访问时段分布集中在凌晨，而且还伴随其他异常行为，就很可疑了。所以可以基于统计校验来识别异常行为的流量，有如下两种常见统计模型。

1. 基于 3 Sigma 准则识别异常流量

假设某互联网业务场景的访问流量（在访问时间维度）服从正态分布，如图 4.7 所示，依据分布的特性可知，访问流量的分布关于均值 μ 对称，分布在区间（$\mu-\sigma$，$\mu+\sigma$）内的概率为 68.3%，分布在区间（$\mu-3\sigma$，$\mu+3\sigma$）内的概率可达 99.7%，而访问流量只有 0.3%的概率会落在（$\mu-3\sigma$，$\mu+3\sigma$）之外，从整体上来说，这是一个小概率事件。所以考虑到访问流量的安全，可以将落在（$\mu-3\sigma$，$\mu+3\sigma$）之外的这部分访问流量作为可疑流量进行识别监控，再结合其他业务维度加深识别。

虽然基于 3 Sigma 方法能从一定程度上识别出可疑流量，但是该方法是以假定业务场景流量服从正态分布为前提的。实际大部分业务场景的流量往往并不严格服从正态分布，而正态分布中的参数 μ 和 σ 也对异常值敏感，所以从非正态分布的业务流量中判断出的异常值，实际对异常检出的覆盖有限。针对这个问题，可以用 Tukey 箱型图法解决。

2. 基于 Tukey 箱型图法识别异常流量

Tukey 箱形图不同于 3 Sigma 方法，Tukey 箱型图法对于业务场景流量的分布没有特殊要求，它主要是基于四分位距（IQR）的思想来构建箱型图。构图方法为：先找出业务场景流量数据中的最大值、最小值、中位数和两个四分位数；接着，连接两个四分位数画出箱体；再将最大值和最小值与箱体相连接，中位数在箱体中间。例如某业务场景访问流量的 Tukey 箱型图如图 5.14 所示，其中 Q1 和 Q3 分别为该业务场景下访问流量数据的第 1 个四分位数和第 3 个四分位数，则四分位距 IQR = Q3−Q1，占 50%的业务流量数据。此时，若业务流量落在（Q1−1.5×IQR, Q3+1.5×IQR）范围内，则被视为正常流量，在此范围之外则被视为异常流量。

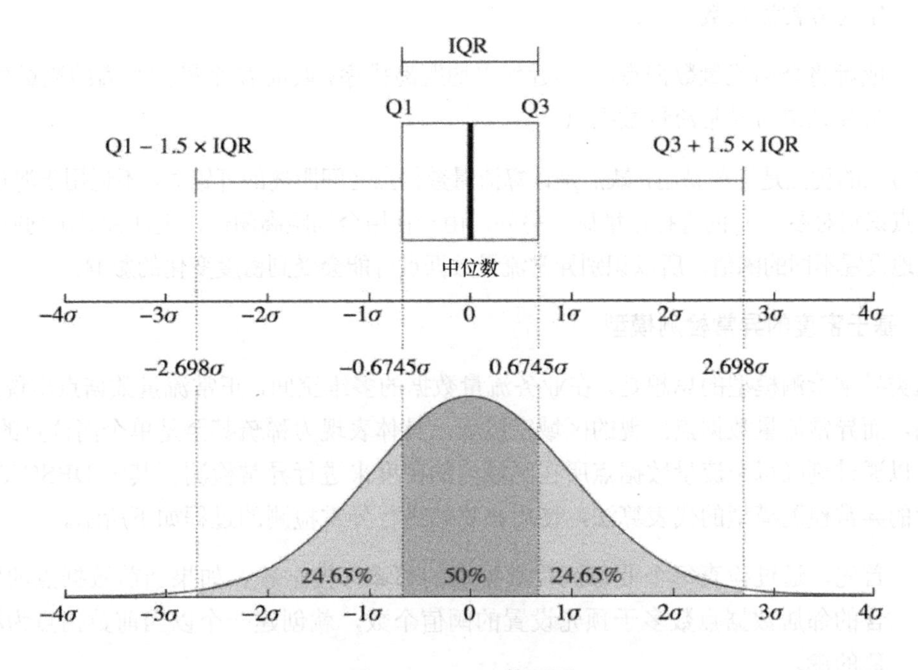

图 5.14 Tukey 箱型图

由上述可知，箱型图是基于四分位数的计算来判断业务流量异常区域，而四分位有 25% 的区域，基本可以忽略异常值的扰动，所以箱型图可以比较客观地识别异常业务流量。

5.4.2 无监督模型

传统统计检验方法主要从单维度对业务流量进行异常检测，而实际中的业务流量数据往往是多维的。于是，无监督模型开始在多维异常检测中用来识别可疑流量，接下来逐一阐述常见的无监督异常检测模型。

1. 基于距离度量的异常检测模型

这类异常检测模型的思想是，在业务流量数据的多维空间，异常流量数据点往往以离群点的方式出现，而正常流量数据点以簇的方式高度聚集，所以可以通过计算每个流量数据点之间的距离来判定异常流量数据点。其中 KNN 是基于距离度量的异常检测模型的代表算法，使用该算法进行异常检测的过程如下所示。

- 通过计算每个流量数据点的 K-近邻平均距离（注：距离计算方式可以是欧几里得距离或者其他度量方式），并与预先设置的距离阈值进行比较，若大于阈值，则判定为异常流量数据点；
- 或者将全部流量数据点的 K-近邻平均距离排序，取前 *N* 个最大距离的流量数据点，将其判定为异常流量数据点。

此方法的优点是简单易用，缺点是计算流量数据点之间距离的开销大，不适用于海量数据，且异常点识别对参数 K 的选择很敏感。另外，由于使用全局距离阈值，无法针对不同密度区域细粒度地设置不同的阈值，所以识别异常流量数据点可能会受到密度变化的影响。

2. 基于密度的异常检测模型

这类异常检测模型的思想是，在业务流量数据的多维空间，正常流量数据点出现的区域密度高，而异常流量数据点出现的区域密度低，具体表现为稀疏甚至是单个离群点的形式，所以可以通过刻画每个流量数据点所在区域内的密度来进行异常检测。其中 DBSCAN 是基于密度的异常检测模型的代表算法，使用该算法进行异常检测的过程如下所示。

- 首先，通过检查每个业务流量数据点的邻域来搜索簇，如果当前数据点的邻域包含的邻居数据点数多于预先设置的阈值个数，就创建一个以当前数据点为核心对象的簇。
- 然后，不断迭代和聚集从这些核心对象直接密度可达的其他对象，此过程可能涉及一些密度可达簇的合并。
- 接着，当没有新的点被添加到任何簇时，该过程结束。
- 最后，稀疏区域中未形成簇的点，即被识别为异常流量数据点。

DBSCAN 算法的优点是不用预先指定簇数，且可以在发现任意形状的聚类簇的同时，找出异常点。该算法的缺点是当数据量增大时，内存等开销很大。

3. 基于降维思想的异常检测模型

虽然上述模型能检测出异常，但是高维特征空间的处理开销很大，尤其是处理海量的业务流量数据时，不得不考虑计算开销。而通过降维方式，将高维特征空间转换到低维特征空间进行处理，可以很好地解决计算开销问题。

这一方面的典型代表就是 PCA 异常检测模型，其原理如图 5.15 所示。PCA 在做特征值分解之后得到的特征向量反映了原始数据方差变化程度的不同方向，特征值为数据在对应方向上的方差大小。所以最大特征值对应的特征向量为数据方差最大的方向，最小特征值对应的特征向量为数据方差最小的方向。原始数据在不同方向上的方差变化反映了其内在特点。如果单个数据样本与整体数据样本表现出的特点不太一致，例如在某些方向上与其他数据样本偏离较大，可能表示该数据样本是一个异常点。PCA 的主要优点是减少高维数据的计算开销，缓解“高维灾难”。

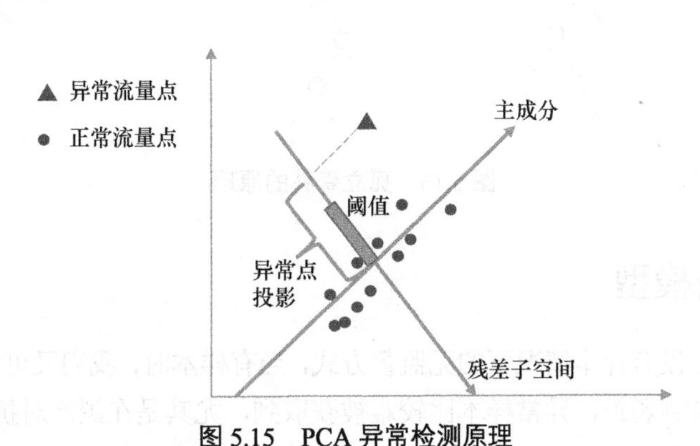

图 5.15 PCA 异常检测原理

4. 基于集成学习思想的异常检测模型

这类异常检测模型的主要代表模型是孤立森林（Isolation Forest）。它的主要思想是，对于正常流量数据点，由于是高度聚集的密集区域，因此需要被切割很多次才可以将每个流量数据点划分开；而异常流量数据点处于稀疏区域，每个数据点很容易被划分开。

孤立森林的异常检测原理和随机森林类似，如图 5.16 所示，孤立森林是由多棵决策树组成的集成模型。但不同点是，孤立森林在决策树节点分裂过程中，每次随机选择特征和特征分割点来进行划分，不需要信息增益去评估划分结果的好坏，因为孤立森林的目的只是把每个数据点划分到叶子节点。在决策树划分过程中，如果一些流量数据点每次都能很快划分到叶子节点，即这些数据点从根节点到叶子节点的平均划分路径短，那么这些数据点就很可能是异常流量数据点。平均划分路径距离短表示这些数据点远离高密度的正常流量数据点，很容易被区分，所以可以通过计算流量数据点在所有决策树划分路径中的平均长度来检测异常流量数据点。

不同于前面几种算法，由于孤立森林不需要计算距离、密度等指标，所以该算法计算开销小、速度快。

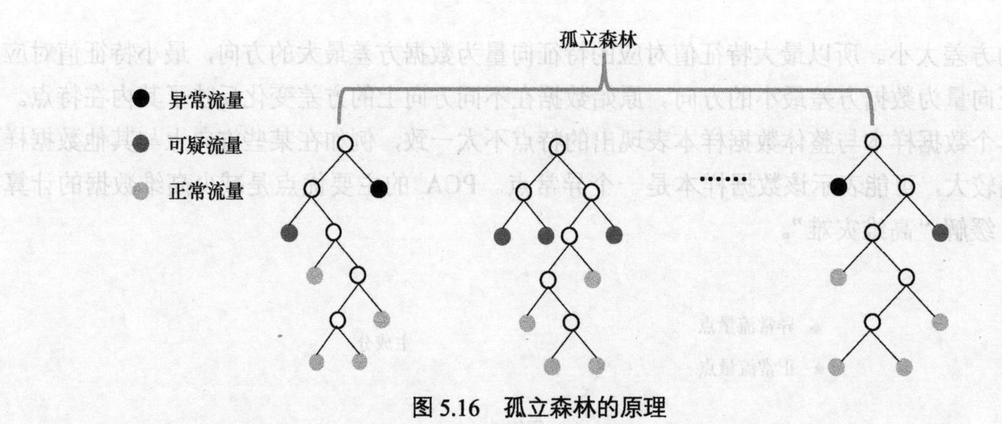

图 5.16　孤立森林的原理

5.4.3　半监督模型

上述模型主要是没有样本情况下的无监督方式，当有样本时，我们又可以进一步升级模型。然而对于流量异常检测场景，异常样本比较难被获取到，尤其是在黑产对抗激烈的情况下，异常样本的数量相对正常白样本的数量更少，此时训练二分类模型比较困难。此问题可以通过半监督机器学习异常检测模型来解决，典型算法有单分类 SVM 模型和 AutoEncoder 模型。

1. 单分类 SVM 模型

SVM 的思想是在正常流量与异常流量间寻找一个超平面，可以把正常流量和异常流量分开。而单分类 SVM 是在缺少异常流量样本的情况下，基于一类样本训练得到的超球面，替代了 SVM 中的超平面，即通过正常流量样本学习到正常流量的球形边界，在边界之内的样本为正常流量，边界之外的样本为异常流量。其中要注意的是，单分类 SVM 对问题的优化目标进行了改造，与二分类 SVM 略有差异，但仍然很相似。具体原理如图 5.17 所示。

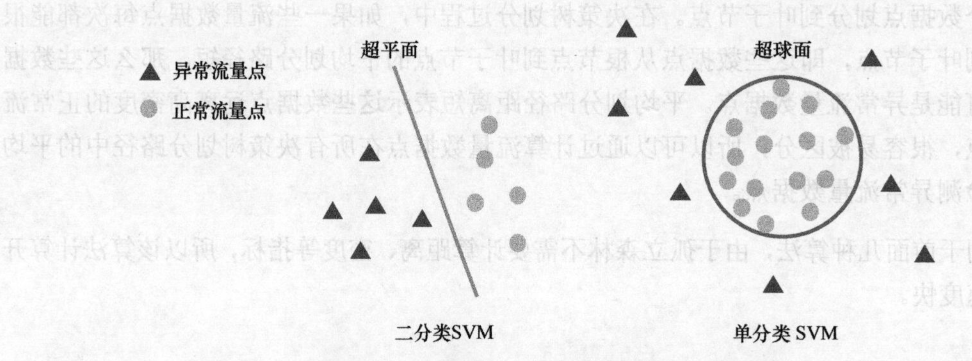

图 5.17　二分类 SVM 和单分类 SVM 的原理

单分类 SVM 模型的优点是不需要异常样本即可训练模型，适用于高维业务流量场景。该模型的缺点是计算核函数时速度慢，不太适合海量业务流量场景。

2. AutoEncoder 模型

AutoEncoder 模型的算法原理详见 4.4.2 节。由于编码器和解码器是基于正常业务流量样本训练和构建的，学习到的是正常业务流量样本的范式，所以对于正常业务流量样本可以正常重构还原，而异常业务流量样本在重构过程中误差较大，无法较好地还原，从而可以作为异常样本识别出来。

5.5 多模态集成模型

上述介绍的机器模型都属于单模态检测，对黑产的覆盖能力有限。相比单模态模型，多模态集成模型可以利用多模态数据之间的信息互补关系，提升模型的泛化性，并进一步提升对黑产的覆盖能力。

5.5.1 多模态子模型

从黑产作恶的整个行为链条来看，业务流量场景产生的恶意痕迹是多种多样的。例如在批量注册和登录环节，恶意痕迹表现为账号、设备、IP 等介质之间的复杂网络关系图谱异常；在活动环节，黑产又会在文本、图片、视频、语音等模态信息中留下恶意痕迹。因此，黑产的恶意痕迹表现形式是以多种模态来呈现的，如果还是基于传统单一模态的思维去检测，就势必会有覆盖盲点。所以，通过多种模态联动集成，产生“1+1>2”的效果，才是黑产对抗方案的发展趋势。

多模态子模型主要有如下 4 种。

1. 关系图谱子模型

在注册或者登录环节，可以基于账号与账号之间、账号与设备之间、账号与 IP 之间的复杂网络关系图谱，利用标签传播等社区类算法、metapath2vec 等节点表示类算法以及 GraphSAGE 等图神经网络类算法，构建贴合具体业务场景的关系图谱子模型，具体的图神经网络算法将在第 7 章详细介绍。

2. 文本子模型

在黑产活动环节，基于活动过程产生的垃圾评论、黄赌等引流文本或欺诈类文本，可以利用 fastText、TextCNN、LSTM、BERT 等自然语言处理算法，构建贴合具体业务场景的文本子模型。具体的文本模型算法将在第 6 章介绍。

3．图像子模型

在黑产活动环节，主要基于活动过程中产生的黄赌类、贷款诈骗类、刷单诈骗类、虚假支付类等图片，利用卷积神经网络等深度学习算法，构建贴合具体业务场景的图像子模型。具体的图像模型算法将在第 6 章介绍。

4．其他模态子模型

黑产还可能产生视频、语音等形态数据。在合规和脱敏的情况下，也可以构建相应模态子模型。

5.5.2 多模态集成模型

基于上述构建的多个模态的子模型，提取各模态子模型输出的子模型分特征作为高阶特征，再结合基础画像特征，利用常见的 XGBoost 模型融合输出综合决策结果分，具体方案如图 5.18 所示。

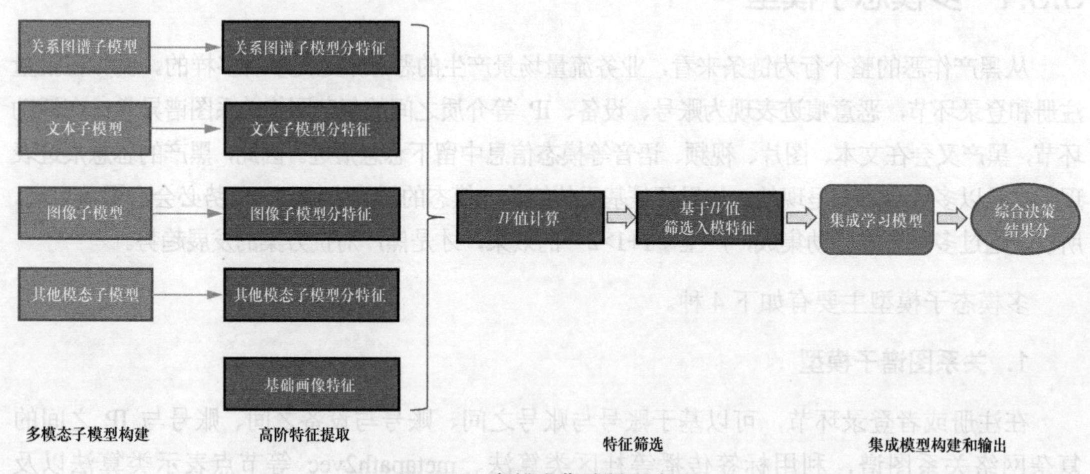

图 5.18　多模态集成模型方案

相比单模态的流量异常检测模型，多模态集成模型的准确度和覆盖效果均有很大提升。为了进一步召回更多的黑产流量，需要从团伙的角度挖掘黑产，具体分析详见第 7 章。

5.6 新型对抗方案

前面涉及的几种对抗方案，均为常规流量威胁场景下的应用。当遇到特殊流量威胁场景（例如外挂小样本场景、跨平台联防联控场景）时，就需要引入迁移学习、联邦学习等新型对抗技术方案。

5.6.1 小样本场景问题

在某些业务类型的黑产对抗后期，很难及时捕获到恶意流量痕迹并获取到相应样本，例如游戏外挂在对抗激烈的情况下，会绕过上报机制，从原本有内容上报转变成无明显内容上报。对于有内容上报场景，我们可以通过进程名、模块名等信息来比较容易地获取到样本；对于无内容上报场景，只能获得内核、驱动等偏底层的信息，获取样本困难，仅有投诉举报等少数样本。而机器学习模型只有获取到足够多的样本，才能训练出泛化性较好的模型。因此，可以通过引入迁移学习来解决流量风控中的小样本场景问题。

迁移学习是从已学习的相关任务中转移知识来改进学习的新任务。根据迁移方法的不同，可以分成如下 4 类。

- 基于样本的迁移（Instance-based TL）：通过权重重用源域和目标域的样例而后进行迁移。
- 基于特征的迁移（Feature-based TL）：将源域和目标域的特征变换到相同空间。
- 基于模型的迁移（Parameter-based TL）：利用源域和目标域的参数共享模型。
- 基于关系的迁移（Relation-based TL）：利用源域中的逻辑网络关系进行迁移。

以外挂小样本场景为例，由于外挂无内容和有内容上报场景都是在识别恶意，预测目标基本一致，所以迁移学习适合于该场景。将有比较多样本的外挂内容上报场景作为源域，将小样本的外挂无内容上报场景作为目标域，而源域与目标域存在部分相同的特征维度，源域和目标域可以共享模型参数，所以基于模型的迁移方式更适合于外挂小样本场景。具体方案如图 5.19 所示。

第一步：基于源域（外挂内容上报场景）的大样本预训练模型，得到预训练的模型参数。

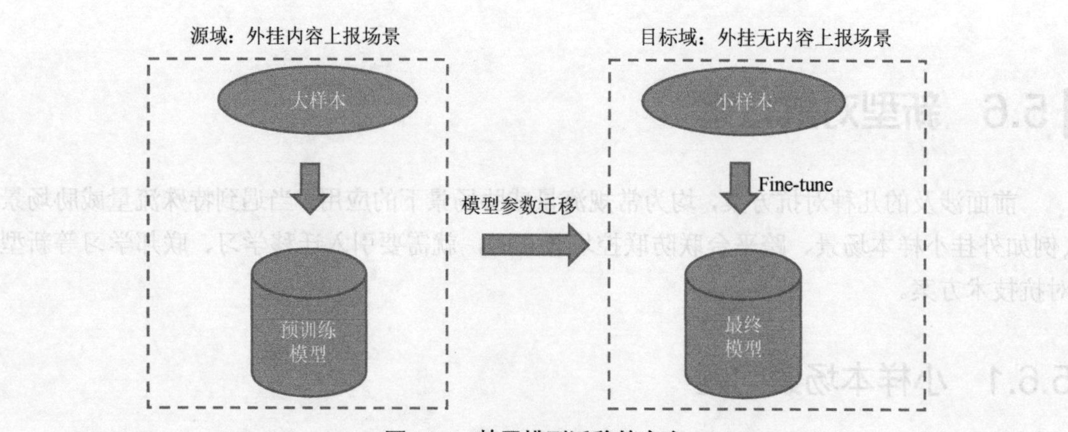

图 5.19 基于模型迁移的方案

第二步：基于预训练的模型参数，利用目标域（外挂无内容上报场景）的小样本，进行 Fine-tune 的模型微调，得到目标域的最终模型。

第三步：将最终模型上线应用到目标域（外挂无内容上报场景），进行流量欺诈识别。

5.6.2 跨平台联防联控问题

流量欺诈过程中，黑产为了降低作恶成本或收益最大化，同一批黑号会在多个平台同时作恶。如果各平台只关注这些黑号在自己业务上的历史行为表现，就很难提前感知到黑号的风险，而跨平台联防联控方式有助于业务侧更早地感知和管控黑产流量。

对比直接使用第三方 SaaS 的抽象结果，多平台业务特征联合建模在准确率和召回率上均有不错的提升。但由于涉及多平台或者公司的数据融合，用户隐私保护是无法被绕开的问题。用户是原始数据的拥有者，在没有用户授权的情况下，公司或者平台间严禁交换数据。因此，数据合规性会导致即使在同一个公司内的不同业务平台中，数据往往以“孤岛”形式出现。

联邦学习的诞生，正是为了解决各平台面临的“数据孤岛”和数据隐私的问题。联邦学习是一种机器学习框架，能让两方或多方数据不出本地也能被共同使用和建模。“孤岛数据”具有不同的分布特点，主要可以归纳为以下三种情况：

- 两个数据集中用户特征（X1, X2, …）的重叠部分较大，而用户（U1, U2, …）的重叠部分较小；
- 两个数据集中用户（U1, U2, …）的重叠部分较大，而用户特征（X1, X2, …）的重叠部分较小；

- 两个数据集中用户（U1, U2, …）与用户特征（X1, X2, …）的重叠部分都比较小。

根据以上三种“孤岛数据”的特点，联邦学习解决方案可以分成三大类，即横向联邦学习、纵向联邦学习与联邦迁移学习。具体原理如图 5.20 所示。

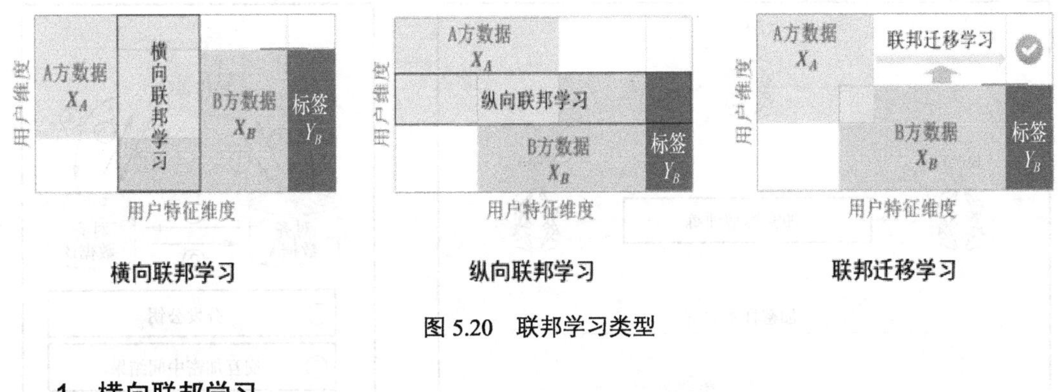

图 5.20 联邦学习类型

1. 横向联邦学习

在两个数据集的用户特征重叠部分较多而用户重叠部分较少的情况下，将数据集横向（即用户维度）切分，并取出双方用户特征相同而用户不完全相同的那部分数据进行训练。这种方法叫作横向联邦学习。

2. 纵向联邦学习

在两个数据集的用户重叠部分较多而用户特征重叠部分较少的情况下，将数据集纵向（即特征维度）切分，并取出双方用户相同而用户特征不完全相同的那部分数据进行训练。这种方法叫作纵向联邦学习。

3. 联邦迁移学习

在两个数据集的用户与用户特征重叠部分都较少的情况下，不对数据进行切分，可以利用迁移学习来解决数据或标签不足的问题。这种方法叫作联邦迁移学习。

流量欺诈场景的不同业务平台有两个特点：一是黑产交集比例高，主要是因为各业务平台作恶的黑产总是那些人；二是业务特征重叠少，主要是因为各平台业务不一样，业务特征差异大。所以流量欺诈场景比较常用的是纵向联邦学习，目的是在加密的状态下，通过融合多个业务平台的不同特征维度，提升对黑产的识别与覆盖能力，达到跨平台联防联控的效果。以金融流量反欺诈场景为例，如图 5.21 所示，两家企业分别是互联网企业 A 和银行企业 B，其中银行企业 B 因为业务特征维度受限于自有业务，最近遭受了大量欺诈流量申请贷款的损失，而这批欺诈流量之前正好在互联网企业 A 的业务平台上出现过，但由于跨行业跨平台原因，银行企业 B 无法感知到这批欺诈流量在互联网企业 A 的业务平台上的行为，因此错过了提前感知风险的时机。

为了减少流量欺诈导致的损失，银行企业 B 联合互联网企业 A，通过纵向联邦学习联合建模方式，实现跨行业跨平台联防联控。具体方案如图 5.21 所示。

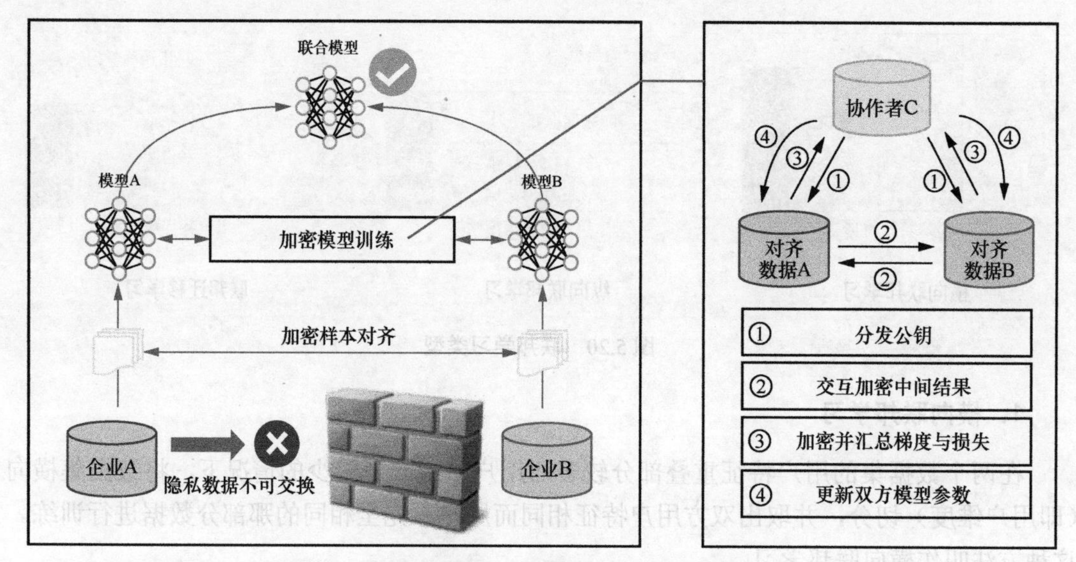

图 5.21 基于纵向联邦学习的跨平台联防联控方案

首先是加密样本对齐。由于两家企业的用户群体并非完全重合，系统可以基于加密的用户样本对齐技术，在企业 A 和企业 B 不公开各自数据的前提下确认双方的共有用户，并且不暴露不互相重叠的用户，以便联合这些用户的特征进行建模。

其次是加密模型训练。在确定共有用户群体后，就可以利用这些数据训练机器学习模型。为了保证训练过程中数据的保密性，需要借助第三方协作者 C 进行加密训练。以线性回归模型为例，训练过程可分为以下 4 步。

第一步：协作者 C 把公钥分发给企业 A 和企业 B，用来对训练过程中需要交换的数据进行加密。

第二步：企业 A 和企业 B 之间以加密形式交互，用于计算梯度的中间结果。

第三步：企业 A 和企业 B 分别基于加密的梯度值进行计算，同时企业 A 和企业 B 根据其标签数据计算损失，并把这些结果汇总给协作者 C，协作者 C 根据汇总结果计算总梯度并将其解密。

第四步：协作者 C 将解密后的梯度分别回传给企业 A 和企业 B，企业 A 和企业 B 根据梯度更新各自模型的参数。

迭代上述步骤直至损失函数收敛，这样就完成了整个训练过程。在样本对齐和模型训练过程中，A 和 B 各自的数据均保留在本地，且训练中的数据交互也不会导致数据隐私泄露。因此，银行企业 B 最终通过纵向联邦学习方案解决了跨平台联防联控问题，提升了欺诈流量的风险感知能力。

5.7 本章小结

本章主要基于互联网流量威胁场景，体系化地阐述了安全对抗方案，帮助读者掌握流量威胁对抗的体系化知识。首先介绍了互联网流量威胁的第一道安全防线（人机验证）的演变过程；然后随着黑产对抗的升级，引入了风险名单、规则引擎、异常检测模型以及多模态集成模型等多维度进行对抗，不断提高黑产作恶成本，有效降低黑产对业务带来的损失；最后介绍了近几年比较新颖的对抗方案，帮助读者构建大数据安全前沿领域的新知识。

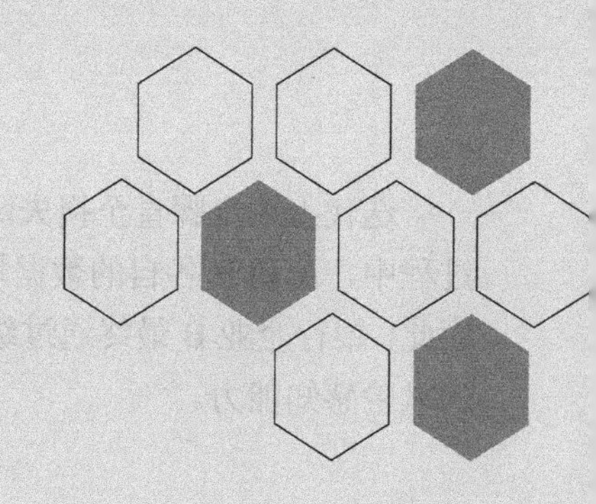

第 6 章 基于内容的对抗技术

随着互联网产品的内容发展从早期的文本信息形态，到图文信息形态，再到音视频（短视频）信息形态，内容的媒介和载体越来越丰富，存储和处理的数据量也越来越大。面向未来 Web3.0 的全真互联网时代，信息的载体会越来越多，信息的表达形式会越来越丰富。

互联网用户每时每刻都在生成、传播丰富的内容。同时黑产也在使用这些内容从事违法违规行为，已经形成了一套完整的内容生成、分发、应用的黑产产业链。对安全对抗业务来说，如何从海量内容中识别出恶意信息，已经成为大数据时代最重要的难题之一。

本章主要介绍在内容安全对抗中，通过自然语言处理、计算机视觉以及多模态技术，来完成内容安全的反欺诈体系建设，从而对大规模的内容数据中的恶意信息进行检测和识别，保障大数据时代背景下的内容安全。

6.1 业务场景与风险

在大数据时代，多媒体内容在各个应用场景中无处不在。对安全对抗来说，不同的业务场景与内容特性，可能面对的业务风险与黑产手段都大相径庭。因此，本节从不同场景出发，来分析对应内容的风险特性及应对思路，从而构建出内容安全整体框架。图 6.1 展示了当下互联网中内容风控的数据来源、存在风险和信息载体。

内容风控的数据来源主要分为如下 3 类。

- 用户生成内容：由用户上传的内容，包括作品、博客、评论等。这些内容由用户控制，很容易被黑产伪装利用，因此存在较大的内容安全风险。
- 第三方传播内容：从第三方引入的内容，例如新闻报道、二维码、外部网站的访问链接、投放的广告内容等。正规平台会针对这部分内容有一定的审核机制，但黑产仍然可以通过劫持篡改、诱导引流等方法，向用户提供恶意内容。对于黑产自身搭建的平台，如赌博平台、色情平台、诈骗平台等，也会借此渠道进行传播，所以内容安全问题也比较严重。

- 应用生成内容：由应用方或服务提供方自行生成的内容，例如启动图像、说明文本、内置地图等。这些内容较为固定且可控，产生恶意信息的概率较小，只需对可能的疏忽进行防范。

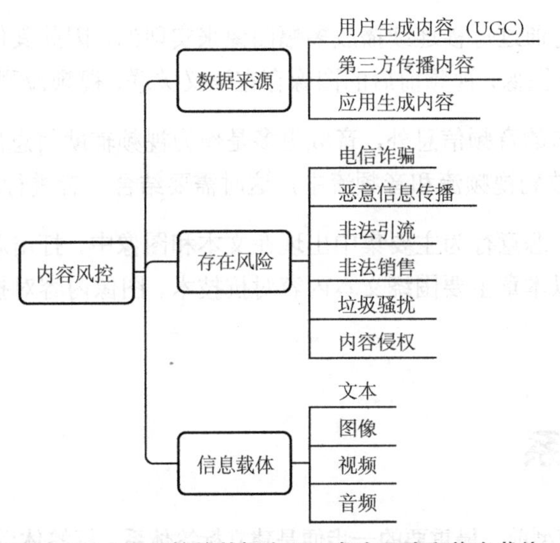

图 6.1　内容风控的数据来源、存在风险和信息载体

从数据来源出发，用户生成内容和第三方传播内容是内容风控的“主战场”。如果从存在风险来看，内容风控的主要风险类别可以分为以下 6 种。

- 电信诈骗：通过虚假内容误导用户，从而骗取用户的钱财或隐私信息。
- 恶意信息传播：通过多种途径传播恶意信息。
- 非法引流：通过诱导等不正当手段引导用户到非法平台。
- 非法销售：宣传法律法规禁止的物品，或者销售网络禁售的产品。
- 垃圾骚扰：发送和传播大量包含垃圾广告、违规推广信息等骚扰用户的内容。
- 内容侵权：传播侵犯版权、肖像权、知识产权等内容。

还可以根据业务需要对风险类别进行更细致地划分。如果从信息载体来划分，可以分为以下 4 种。

- 文本：文字是信息交流最基本的形态。文本具有特定的语法结构，可以通过自然语言处理技术理解文本语义或提取摘要，进而构建文本判别模型。同时，黑产对文本也存在替换谐音字、生僻字、变体字、黑话或切换语言等对抗手段。

- 图像：与文本相比，图像包含更多的信息，为用户带来了形状、色彩等感官上的体验。图像可以表达出丰富的内容，这也使得黑产可以基于图像变化出非常多的对抗手段，例如亮度极化、添加特殊纹理、马赛克和图像模糊等。
- 视频：视频是通过每秒连续播放多幅图像来实现的，因此其信息量远大于图像的信息量。相比于图像，视频前后的图像存在语义关联，视频检测模型的复杂度也更高。
- 音频：除特殊的音频信息外，音频更多是作为视频辅助信息出现的。有些黑产将恶意信息拆分放到视频流和音频流中，这时需要结合二者进行综合判断。

当前内容风控中，恶意行为主要集中出现在文本和图像中，打击恶意音视频需要借助多模态模型来进行，所以本章主要围绕文本内容对抗技术、图像内容对抗技术和多模态内容对抗技术进行详细介绍。

6.2　标签体系

在建立内容安全模型前，最重要的一步便是建立标签体系。标签体系依赖于安全业务的场景和目标，是后续人工标注的标准和模型训练的依据。在安全业务中，一个合理的标签体系要兼顾实际恶意内容的类型和恶意内容的特性。恶意内容的类型代表了模型识别的目标，恶意内容的特性代表了模型识别的依据。接下来将由浅入深介绍大数据安全治理中与内容安全相关的标签体系。

6.2.1　黑白标签体系

最简单的标签体系就是黑白标签，黑标签代表内容涉及安全违规信息，白标签代表内容正常，这种方式一般适用于只关注内容是否违规，而不关注具体恶意行为的业务。黑白标签体系具有规则简洁明了、搭建快速的特点，这使得在标注审核时内容不容易被误标。在构建模型时，架构设计也更加简单，输出层仅需一个神经元，可以通过输出值来对内容的标签进行判别。这种标签体系一般适用于简单风控需求的业务场景，其输出结果也可以用于复杂风控模型前期的数据筛选。

6.2.2　类别细分体系

不同恶意类型有着不同的表现形式，对用户的危害程度也不一样，在风控业务中，需要根据情况采用不同的对抗手段来应对。例如，在很多图像风控业务场景中，不仅需要确定图像是否恶意，更需要确定恶意图像的恶意类型，以便采取对应措施。在应对赌博和色情类型图像时，需要严格禁止其传播；在应对广告营销类型图像时，则需要限定其传播量，避免对用户造成影响。

对于分类而治的业务需求，需要建立类别细分体系。首先确定一个恶意维度的大类，然后根据业务需求确定是否要对同一个大类下的标签进行细分，最后可以不断对类别标签进行细分，从而建立系统的标签体系。

从大类到细分小类的等级、每个细分类别的个数，都可以根据实际业务情况进行划分，这使得类别细分体系可以灵活适应不同的业务形态。同时自上而下的树状划分体系也为标签细分提供良好的层次结构，有利于标签体系的管理与维护。

6.2.3 多标签体系

虽然类别细分体系可以提供清晰的标签结构，但自上而下的类别细分体系要求标签之间必须是互斥的，某一子类标签必须从属于其父类标签，这使得父类标签之间模糊地带的样本难以被界定。在实际安全业务中，非法内容也会包含多类需要进行表征的恶意信息，此时需要将其分类为多标签，例如引流图像中往往会同时出现赌博和色情元素，但是将其划分到某一个大类都不合适。

多标签体系并不限制恶意内容只能属于某一类别，而是允许使用多个类别对恶意内容进行描述。同时，类别之间的划分也允许有一定程度的重叠，这就赋予了多标签体系更大的自由度。当标签体系要面向不同的安全业务时，多标签体系就可以对标签进行灵活的调整。

在多标签体系下，同一标签之间的关系都是平等的。根据业务需求的不同，标签之间也可以重叠，例如对于同时包含色情和赌博元素的引流图片，可以同时打上色情引流和赌博引流两种标签。在建模时，可以使用多个类别建立多标签模型，也可以按照需求灵活选取某个类别建立单标签模型。

完成标签体系的建立后，也就为内容样本的审核和标注确立了标准。基于这个标准投入人力进行审核，就可以为后续的模型训练建立数据集。

6.3 文本内容对抗技术

文本是互联网信息的主要载体之一。为了躲避风控的打击，黑产人员借助于大量的账号、群控设备、挂机软件，可以快速地生产、传播恶意对抗文本。面对技术日益高超、分工产业化的黑产，如何快速精准地识别恶意文本、打击不良信息的传播，是各个互联网平台共同面临的巨大挑战。文本内容对抗的三大特点如图 6.2 所示。

图 6.2 文本内容对抗的三大特点

- 对抗激烈：中国的语言和文字博大精深而变化无穷，黑灰产可以通过对违规文本进行变形来规避平台方的打击。由于文本变形具有门槛低、成本低的特点，因此文本对抗异常激烈。
- 高实时性：为了达到迅速曝光恶意内容的目的，黑灰产会在短时间内通过操纵机器、运行脚本的方式迅速地在平台发布恶意文本。为了获得更多的曝光量，黑灰产往往会在高热度或推荐的内容下发布恶意文本。如果平台方不能及时发现并迅速拦截，就会让恶意文本在从发布到被拦截的这段时间内的曝光数迅速增长。
- 高准确率：在与黑产的激烈对抗中，为了防止正常用户被误拦截，平台方对恶意文本的识别与打击就需要非常高的准确率。若不能保证高准确率，错误识别了正常用户发布的正常内容，小则影响用户体验，大则引发社会舆论，会给平台带来被投诉和公关的压力。

在这样的黑产对抗背景下，文本内容对抗方案的架构如图 6.3 所示。

在大数据时代，平台业务每日产生的文本数据量非常大。为了提高模型计算的效率、降低系统的负载，可以通过策略筛选出可疑的文本数据范围，然后根据实际的业务场景，再结合用户的账号、行为、设备等多种维度共同筛选，从而缩小数据集。接着，经过筛选后的文本数据会进入到预处理层，进一步完成数据清洗、文本归一化、分句和分词等操作，最后向下输入到风险识别层。风险识别层一般包含三个模块：风险规则、风险模型和风险感知。

- 风险规则模块：风险规则模块主要是为了实现两个目标。一个目标是通过积累的敏感词库、文本特征库、违规样本库、专家规则库等快速打击历史上已出现的违规文本。这种方式的优点是打击效率高，可以保证实时性，不过缺点也很明显，因为违规样本库需要维护，且随着时间的积累，违规样本库的存储空间会递增，文本匹配的时间开销也会增加，并且因为违规样本库中包含历史上已出现的违规样本，因此在对抗较为激烈的场景中，会存在种子失效率高的问题。另一个目标是对风险规则模块筛选出的未知违规及违规类型的可疑数据进行更精准地判定。

- 风险模型模块：风险模型模块是最为核心的模块，同时也是贯穿整个风险识别层的基础模块。该模块主要负责三个功能。一是通过抽取违规样本的文本特征、提取敏感词等方法，向风险规则模块提供新的种子，并通过文本相似度算法等方法匹配违规种子库以达到打击违规样本的目的。二是通过文本聚类模型向风险感知模块输出新型可疑对抗文本。三是通过文本相似度、文本聚类和文本分类等多种方法来判定样本是否违规及违规样本的类型，并依据判定的标签来实现文本内容的分级管理。
- 风险感知模块：风险感知模块主要就是为了能及时监控新出现的违规样本，便于及时预警并补充风险规则模块中的违规样本库，以及监控线上模型和策略的准确率等。

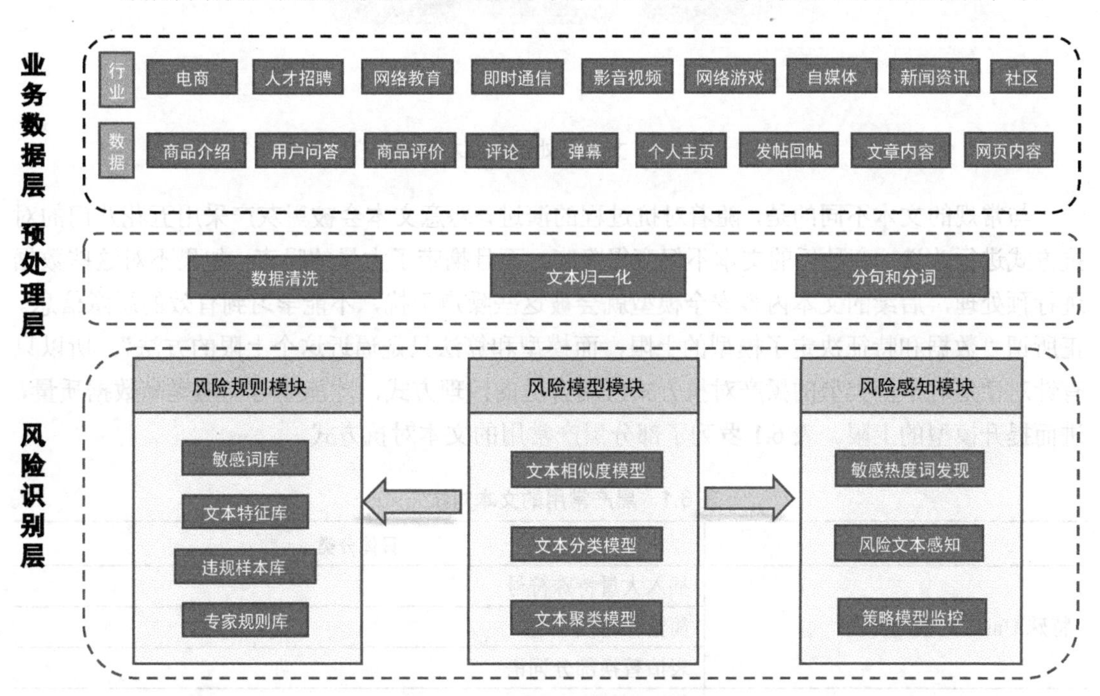

图 6.3 文本内容对抗方案的架构

在实际生产环境中，文本内容对抗方案中的敏感词库、文本特征库、违规样本库、专家规则库等风险规则库，以及文本相似度模型、文本分类模型、文本聚类模型等风险模型都各有优势和其局限性，需要协同起来才能发挥最佳的实际效果。

本节首先介绍常见的黑灰产文本对抗方案，以及针对这些方案如何进行文本预处理，然后介绍如何利用文本相似度模型、聚类模型等文本无监督模型对恶意文本和可疑文本实现快速打击，最后介绍目前监督模型中常用的文本分类模型。

6.3.1 文本预处理

文本预处理是构建文本模型的第一步，核心目标是将人类理解的文字转变为机器能理解的表达形式。图 6.4 展示了文本预处理的基本流程。

图 6.4 文本预处理的基本流程

与常规的文本不同的是，随着对抗过程的演进，恶意文本会被黑灰产采用五花八门的对抗方式进行改造，变种后的文本不但变得隐晦，而且携带了大量的噪声，如果不对这些数据进行预处理，后续的文本内容安全模型就会被这些噪声干扰，不能学习到有效的恶意信息。正所谓"数据和特征决定了模型的上限，而模型和算法只是逼近这个上限的方法"，所以只有针对性地对不同类型的黑产对抗方式采用合适的治理方式，才能尽可能地提高数据质量，进而提升模型的上限。表 6.1 罗列了部分黑产常用的文本对抗方式。

表 6.1 黑产常用的文本对抗方式

对抗方式	具体分类
特殊 Unicode 编码替换	插入大量特殊符号
	简繁体转换
	表情替换部分词语
读音替换	拼音替换
	同音字替换
	形音字替换
字体结构变种	形近字替换

续表

对抗方式	具体分类
字体结构变种	抽象字替换
	字体拆分
语义改造	大量正常文本填充
	句子结构变种
	打乱字词顺序
	使用大量暗语替换

针对文本预处理，虽然有一套常规的流程，但是在某种程度上并不具有普适性，精确的模型是针对具体的业务场景和更为明确的目标而去量身打造的。本节将结合文本内容对抗的特点来介绍文本预处理的方法。

1. 数据清洗

数据清洗针对的是平台方因传输、存储和处理等流程或者系统设计上的问题而产生的数据杂质。数据清洗方法详见 4.3 节。

2. 文本归一化

文本归一化的目的是处理黑产对抗后的变异文本，将随机出现的组合文本、无意义符号等各种文本还原成更标准的文本，以便下游模型能够输出更准确的结果，常见的文本归一化方法主要有以下 5 个。

- 正则提取：根据实际业务需要，配置正则规则来提取需要的文本。这种方式可以将杂乱的文本恢复成相对标准的文本。
- Unicode 字符规范化：对于黑灰产通常采用 Emoji、繁体字以及特殊符号去填充、替换部分语句的对抗方式，可以采用 Unicode 字符规范化的方法来还原文本。通过构建特殊字符、Emoji、繁体字等 Unicode 字符编码映射表，或者在 Unicode 生成字符编码的算法基础上，通过一些标准算法倒推原始 Unicode 编码。
- 文本内容拼音化：这种方式主要是应对同音字、形音字的替换，将中文内容以字粒度或词粒度的方式转化成拼音，从而对拼音形成的文本序列做后续判别。
- 构建恶意词语映射词典：这种方式是应对恶意对抗文本最常见的手段。针对多种作恶手段，如恶意词汇拼音化、同音形音字替换、形近字替换、抽象字替换、字体拆分以及大量暗语替换等，可以通过构建用于映射替换的恶意词语映射词典来还原文本。但这种方式的弊端也很明显，一是为了构建和维护恶意词语映射词典，需要投入大量的人力去做校准；二是构建的词典相对滞后于线上黑产的对抗，当黑产发现相关词语被打击之后，会迅速创建并使用新的恶意词语；三是随着积累的词语越来越多，遍历词典的效率将会变得十分低下。

- 构建文本纠错模型：文本纠错模型一般是用来自动纠正文本中的错别字，使行文更流畅，但是在安全领域中，文本纠错模型很好地应对了字形、字音、字义替换关键词汇的对抗方式。目前主流的文本纠错模型主要有三种，如表 6.2 所示。

表 6.2　主流的文本纠错模型

纠错模型	代表方法	主要思想	优点	缺点
基于规则	n-gram	检测+纠正+恶意词语混淆集	速度快	需要人工干预设定大量的规则
基于 seq2seq	seq2seq BERT	端到端纠错，基于生成模型来生成纠错文本	无须人工提取特征，语义特征学习能力强	可解释性差且生成的文本与原文本差别较大
基于 BERT	Soft-Masked BERT SpellGCN	利用预训练的语义信息帮助模型纠错	效果较好	输出文本必须与原文本长度相同，而且资源消耗较高，很难适用于大规模线上数据

在实际的业务应用中，一般会结合应用场景、文本数据及下游任务所选择的具体模型来确定合适的文本归一化方法。

3. 分句和分词

在挖掘中文文本的过程中，分句和分词是不可或缺的一步。语言具有层次结构，字组成词，词组成句，句组成段落，最后段落组成文章。在很多的文本处理模型中，最小的粒度是字或词，因此我们要在中文句子的词与词之间加上边界标记，即分词。随着深度学习的崛起，越来越多的文本任务模型都是以端到端的方式来训练。但在实际的安全业务场景中，出于对运算资源和计算效率的考虑，轻量级的模型仍旧不可或缺。

常见的分词原理包括最短路径分词、*N* 元语法分词、由字构词分词、循环神经网络分词、Transformer 分词。在实际操作中，一般可以使用现成的分词工具，常用的分词工具包括 jieba、HanLP、FoolNTLK 等。

在完成文本预处理后，下文开始阐述如何构建恶意文本对抗模型。

6.3.2 文本无监督模型

在安全对抗场景中，常见的文本无监督模型主要有文本相似度模型和文本聚类模型。模型设计流程如图 6.5 所示，首先是设计科学的文本相似评价标准，其次是提取文本特征，然后是相似度模型的计算环节，最后通常是在前面模型的基础上应用聚类模型。

图 6.5 常见文本无监督模型的设计流程

相似度模型和聚类模型都能应用在文本内容对抗上的一个前提，是不同类型的违规文本在某个评价维度上是相似的，与线上占比更多的正常文本是有区别的。大部分违规文本为了达到迅速曝光的目的，会在某一时间段内被大批量、多次、多账号、多渠道发布，而且为了规避风控策略，黑产会对内容进行小幅度的修改。但不论内容如何变化，同一类恶意类型往往具有相同的模式。通过一定的方法将该模式作为恶意样本后，相似度模型就可以通过违规样本库迅速识别并匹配恶意类型，并在线上实时地将具有相同模式的恶意内容一网打尽，而聚类模型则主要用于监控可疑内容和新增恶意样本。

本节将首先介绍文本相似评价标准，然后介绍常见的文本特征提取方法和相似度计算方法，最后介绍聚类方法在文本内容对抗中的应用。

1. 文本相似评价标准

判断两个文本是否相似，常见的文本相似评价标准有字面相似和语义相似两种。

- 字面相似：在诸如恶意引流、广告轰炸、水军刷评等场景中，为了加深阅读印象，黑灰产团队会强化恶意信息（恶意文本的用词、使用符号等）。表 6.3 展示了某平台评论区的恶意引流文本，字面上高度相似。字面相似的优点是仅通过字面相似便可以迅速识别出一大批相似的变形文本，缺点是仅靠字面相似会容易将语义相反而字面相似的文本认定为相似。

表 6.3 字面相似的非法文本内容样例

序号	示例
1	砖.叶.達.沈.带.你.买.菜.提.共.专.页.方.按每天稳定 1000+以上详情+群 1000000000**
2	砖.叶.送.沈.带.你.买.菜.提.供.专.页.方.按每天稳定 1000+以上详情+群 1000000001**
3	砖.叶.送.沈.带.祢.买.蔡.提.供.专.页.方.按每天稳定 1000+以上详情+群 1000000002**

- 语义相似：在赌博、色情、欺诈、SEO 引流等场景中，恶意文本的字面不一定相似，但其所描述的主题及语义高度相似。

文本内容对抗策略和模型构建的主要目的都是让恶意文本与正常文本之间的相似度尽可能地低，同时让恶意文本之间的相似度尽可能地高，从而能及时发现并正确识别恶意文本。不同文本特征提取方法的衡量维度也不相同，因此需要结合业务的实际需求来选择合理的文本特征提取方法，这对最终结果的输出来说非常重要。

2. 文本特征提取

在文本内容对抗中，文本特征提取主要解决如下 4 个方面的问题。

- 如何有效提取并合理表示文本信息。
- 如何保证抽取的特征具有区分恶意文本与正常文本的能力。
- 如何尽可能避免或有效解决黑产对抗带来的干扰。
- 如何在不损失文本核心信息的情况下尽量减少需处理的单词数，以此来降低向量的空间维数，从而简化计算、提高文本处理的速度和效率。

而在实际的业务需求中，除了考虑上述 4 个方面，文本特征提取方法还会考量如图 6.6 所示的 4 个维度。

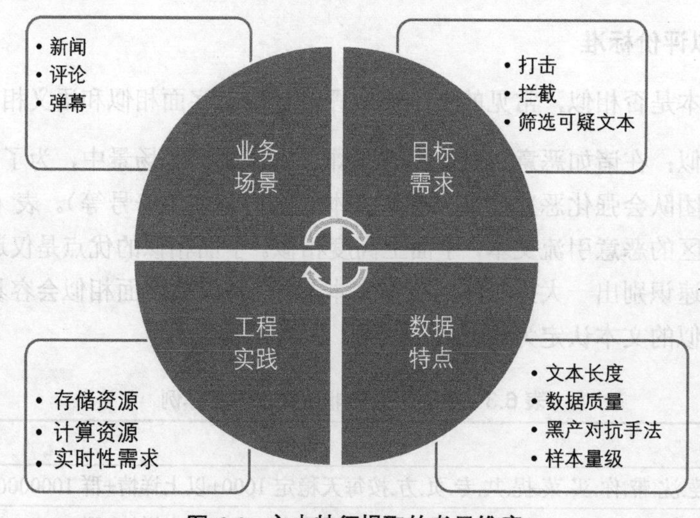

图 6.6　文本特征提取的考量维度

- 业务场景：不同的业务场景会导致数据具有不同的特点。比如对于新闻类、自媒体类的文本，由于这类文本较为正式，因此其语义比较完整。在风控领域中，更多的是针对垃圾文章、涉政、暴恐、色情描述等文本的识别，在评论、弹幕等场景下更偏向于口语化表达，会出现大量表情替代文字或者使用一些新兴网络用语的情况，比如“十动然拒”一词就存在着语义严重缺失的情况。

- 目标需求：不同的业务场景对恶意文本的实时性和准确率有一定要求。例如针对色情、恶意诈骗等强恶意文本，一般要求实时打击，且准确率要求高；而针对垃圾文章等文本，则对其实时性和准确率的要求相对较低。当然判定恶意文本类型的标准取决于平台业务方。
- 数据特点：由于在不同场景中收集到的文本数据长短不一，因此文本的恶意对抗方式也会有很大的区别。例如社交软件、评论、弹幕等场景中的文本长度较短，黑产更偏向于使用符号、暗语、同形同音替换、表情替换等方式绕过检测；而博客、论坛文章、自媒体文章等文本的长度较长，黑产更偏向于采用语义改造等方式进行对抗。
- 工程实践：由于每日的线上数据流非常庞大，因此需要考虑存储资源、计算资源以及实时性的需求。

基于上述 4 个维度的常量，可以结合文本特点来综合选择合适的文本特征提取方法，这样往往能达到事半功倍的效果。下面介绍在黑灰产对抗实战中 7 种常用的文本特征提取方法。

（1）one-hot

one-hot 是一种离散化的文本特征提取方法。其基本思路是构造一个包含文本中所有词语的字典，并根据这个字典将数字编码映射到对应词语，接着将文本集中的词语提取出来，得到一个大小为 D 的词汇表，然后用一个 D 维的向量来表示一个句子或文档，向量中的第 C 维上的 1 表示词汇表中的第 C 个词语出现在这个句子或文档中，而词袋模型中第 C 维上的数字则代表词汇表中的第 C 个词语出现在这个句子或文档中的次数。

词袋模型忽略了文本信息中的语序信息和语义信息，认为词语与词语之间互相独立，没有关联，因此也无法区分“你帮我刷单”和“我帮你刷单”两个句子的区别。虽然 one-hot 在一定程度上可以识别黑产打乱字词顺序后的文本变异攻击，但是这种方法存在数据稀疏、维度过大、不能体现词语的重要性、存在语义鸿沟、需要消耗极大的存储空间及计算资源的问题，因此在 one-hot 的实际应用中，往往会结合业务场景进行改造。例如通过维护一个违规词典来查看文本内容是否命中词典，从而形成对应的违规词向量。

（2）TF-IDF

TF-IDF（Term Frequency–Inverse Document Frequency，词频-逆文档频率法）解决了词袋模型无法体现词语重要性的问题。TF-IDF 在词袋模型的基础上通过对词语出现的频次赋上 TF-IDF 权重来体现词语的重要性。TF-IDF 的权重代表了词语在当前文档和整个语料库中的相对重要性，它的主要计算逻辑是词语的重要性与它在文件中出现的次数成正比，但与词语在语料库中出现的频率成反比，因此这种方式适合语料库较为全面且数据充足的场景。

在实际业务中，恶意文本的占比较低，但恶意文本中的恶意关键词的占比却有可能较高，在这种情况下，就需要提高恶意关键词的 TF-IDF 权重。但这种方式的弊端也很明显，首先词语的语义问题没有得到解决，其次这种方式会极大地受到恶意关键词的对抗手段的影响，如通过形音、同音等方式将恶意关键词替换成正常词语或者注入大量正常文本等，最后，由于文本数据量过大，因此这种方式不仅不能保证高权重的词语就一定是恶意关键词，而且还会出现维度爆炸的问题。

（3）word2vec

one-hot 及 TF-IDF 这类词袋模型的弊端之一就是不能解决语义问题，比如“赌博”与“博彩”在常规认知里是相似的词语，而“赌博”与“慈善”则不相似，但在词袋模型中，这三个词语在语义上没有任何区别。此外词袋模型还存在维度爆炸的问题，然而 word2vec 算法不仅可以将高维度的文本映射到低维度、稠密的向量空间，而且还可以体现出语义的相似性，其算法原理详见 4.4 节。

以 word2vec 中的 CBOW 模型为例，由于该模型的中心思想是用周围的词语表示关键词，因此对于“色情”与“涩晴”两个词语，其周围的词语极有可能是相似的，于是由“色情”与“涩晴”计算得出的词向量也是相似的。此外，通过在训练语料中加入拼音以及基于字符去训练，能极大地丰富词语的语义信息，有效对抗同音字、形音字替换的黑产手段。

（4）word2vec 结合 SIF 算法

word2vec 主要实现的是字、词维度的向量化，在获得各个词语的词向量之后，句向量应该如何形成呢？最直接的思路是将句子中的所有词向量求平均，但这种方式对长文本来说，会导致非法词语等重要信息的权重降低。所以在 word2vec 的基础上，可以引入 SIF（平滑逆词频）算法来优化长文本的向量化过程，从而提高恶意信息的权重。

SIF 算法的核心在于两个部分：一是加权平均的权重项估计；二是对词频高的词语进行下采样，使得其权值更小。权重调整可以降低重要性较低的词语的影响，从而凸显恶意信息词语的高权重。

（5）doc2vec

通过对 word2vec 词向量进行加权或求平均等方式可以获得句向量，但这种方法忽略了单词的顺序关系。以“赌博可耻，不会赚钱”和“赌博赚钱，不会可耻”为例，通过 word2vec 求平均词向量的方法所获得的句向量是一致的，doc2vec 可以解决这个问题。doc2vec 是在 word2vec 基础上的改进，在训练中考虑了词语之间的语义信息和单词的排列顺序。

与 word2vec 一样，doc2vec 也有两种模型，分别是 Distributed Memory（DM）模型和 Distributed Bag of Words（DBoW）模型。DM 模型可以在给定上下文和文档向量的情况下预测词语的概率，类似于 word2vec 中的 CBOW 模型；DBoW 模型可以在给定文档向量的情况下预测文档中一组随机词语的概率，类似于 word2vec 中的 Skip-gram 模型。

以训练 DM 模型为例，从每一个经过分词的句子中滑动取出一定长度的词语，将其中一个词语看作预测词，其他的词语看作输入词。输入词的词向量和本句对应的句向量将被相加或相加后求均值，从而构成一个新向量。在对 doc2vec 滑动截取的一小部分词语进行训练的过程中，句向量在同一个句子的若干次训练中是共享的，因此，随着每次滑动并取出若干词语来对模型进行训练，句向量表达的含义会越来越准确。

（6）ELMo

word2vec 等技术方法获得的是静态的词嵌入表示，其本质是当模型训练好之后，在不同的上下文语境中，单词的词嵌入表示是一样的，无法解决一词多义的问题。因此，在一些使用正常词语作为暗语替换恶意词语的对抗方式中，word2vec 的对抗效果就会受限。为了解决一词多义问题，2018 年 Peters 等人首次提出了 ELMo 模型，该模型可以考虑上下文语境而选择不同语义。

ELMo 模型与静态的词嵌入表示不一样。ELMo 首先通过语言模型进行学习，得到单词的词嵌入表示，然后在实际使用词嵌入时，根据上下文单词的语义再去调整单词的词嵌入表示，最终使得单词在不同的上下文语境中有不同的词嵌入表示。ELMo 模型的原理如图 6.7 所示，其网络结构采用了双层双向 LSTM 网络。

（7）局部敏感哈希

尽管基于神经网络训练出的文本向量在文本表示上取得了极大的成功，但是如果处理的对象是比句子更长的长文本序列（比如篇章），为了降低模型复杂度，一般会采用层次化的方法。首先得到句向量，然后以句向量为输入，最后得到篇章的表示。在网络世界中每日产生的文本内容量非常庞大，常规文本表示模型的计算都需要消耗大量的资源，并且时效性也无法保证，而主要应用在高维海量数据的快速近似查找中的局部敏感哈希（LSH）解决了这个问题。

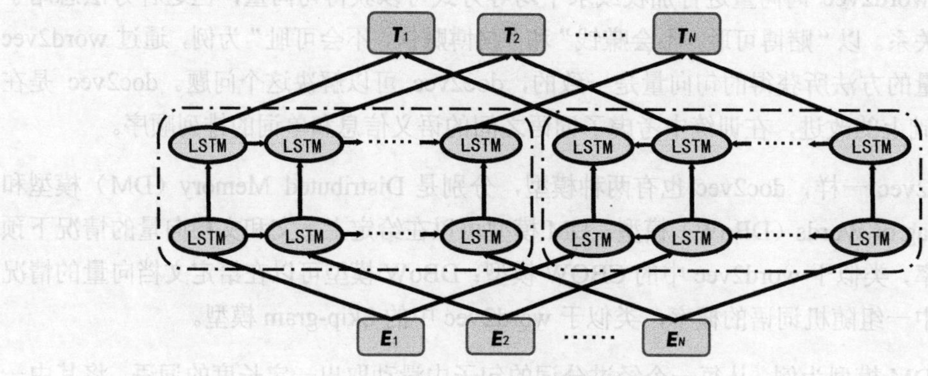

图 6.7　ELMo 模型的原理

哈希是在数据处理过程中经常被使用的一种映射操作。局部敏感哈希的思路是，在保留数据相对位置的条件下，将原始数据映射到一个碰撞率较高的新低维空间中，从而降低下游任务的计算量。其中 simhash 算法在针对海量文本的相似度计算及文本去重的任务中表现极佳，因此在文本内容风控中经常使用 simhash 算法。simhash 算法是将文本数据映射为固定长度的二进制编码的哈希算法，可以达到降维的目的。图 6.8 是 simhash 算法的计算流程。

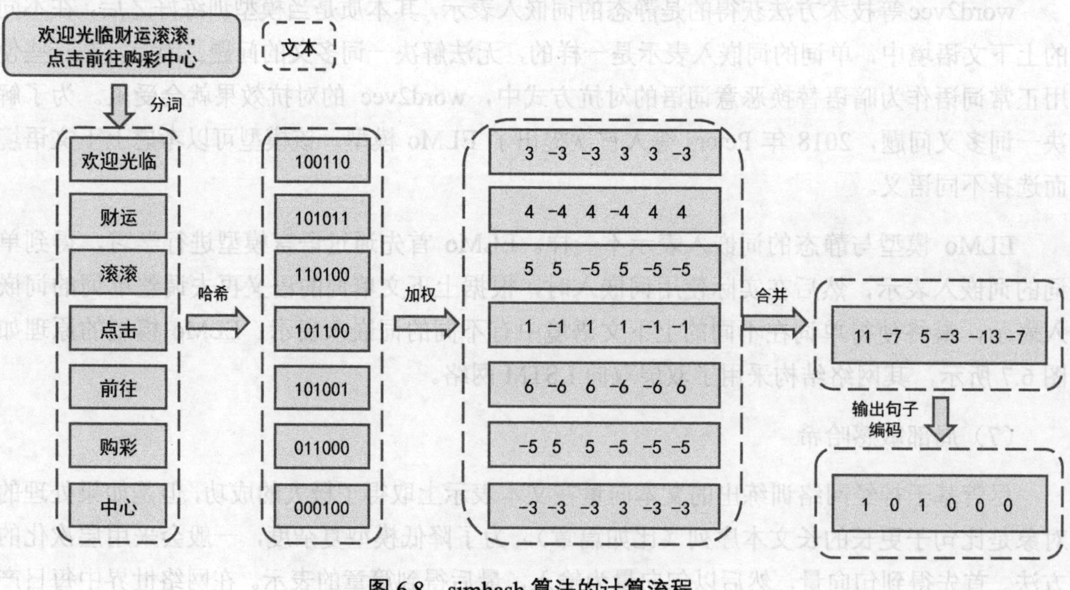

图 6.8　simhash 算法的计算流程

第一步：分词。

第二步：哈希，通过哈希算法把词映射为二进制编码。

第三步：加权，权重的计算方式有多种，常见的是 TF-IDF 加权，通过加权可以增大恶意文本的权重，同时减小正常文本的权重。

第四步：合并，将第三步中加权后的所有词语的特征向量累加成一个序列串。

第五步：输出句子编码，将序列串中大于 0 的数字置为 1，小于 0 的数字置为 0，最终形成 *n* 位的二进制序列串。

尽管 simhash 算法能在海量文本中快速去重、计算相似度，但它的局限性也非常明显，由于存在合并这一步骤，因此 simhash 算法更适用于计算长文本相似度。

本文只介绍了 7 种比较典型且在安全对抗业务中常用的文本特征提取方法，各个文本表示模型各有优劣，实战中需要结合实际的业务场景来做选择。在选取了合适的相似度评价标准以及业务适用的特征提取方法后，接下来讲解如何计算相似度。

3．相似度计算方法

将文本处理成计算机可以理解的数值以后，需要通过数值的计算来表示两个文本之间的相似程度，相似度计算方法需要根据数据形态和选用的文本特征提取方法来选择。常用的相似度计算方式如下所示。

（1）余弦相似度

余弦相似度的基本思想是用向量空间中两个向量夹角的余弦值来衡量两个个体间差异的大小。相比距离度量，余弦相似度更加注重两个向量在方向上的差异（而非距离或长度间的差异），这种方式更适用于 word2vec 等模型的向量化数据。

（2）欧几里得距离

欧几里得距离是最常用的距离计算公式，衡量的是多维空间中各个点之间的绝对距离，当数据稠密并且连续时，欧几里得距离是一种很好的计算方式。因为欧几里得距离的计算基于各维度特征的绝对数值，所以需要保证各维度指标在相同的刻度级别，一般需要先对特征进行归一化。

（3）闵可夫斯基距离

欧几里得距离和曼哈顿距离是闵可夫斯基距离的特殊化。闵可夫斯基距离的计算适合

TF-IDF 向量化后的数据或者提炼出来的主题模型数据。

（4）Jaccard 相似系数

Jaccard（杰卡德）相似系数主要用于计算符号度量或布尔值度量的样本间的相似度。Jaccard 相似系数关注的是样本间共现的特征，比较适合词集模型的向量化数据。

（5）海明距离

在信息论中，两个等长字符串之间的海明距离（Hamming distance）是两个字符串对应位置的不同字符的个数。换句话说，海明距离就是将一个字符串变换成另外一个字符串所需要替换的字符个数。海明距离常常和 simhash 算法结合使用，先用 simhash 算法得出固定位长的二进制编码，再通过比较两个二进制编码的异或位数来得出海明距离。一般来说，如果海明距离控制在 3 以内，那么用 simhash 算法所处理的两个字符串就高度相似。

4．聚类方法

相似度计算方法主要解决的是判断两个文本是否相似，聚类方法解决的则是给定一批文本，如何把相似的文本划分到同一个类别中，不相似的文本划分到不同类别中。聚类方法最核心的难点在于如何划分类别，以及当一个文本与多个类别的文本均相似时，该将其划分至哪一个类别中。

在安全对抗业务中，常见的聚类方法如下所示。

- 划分式聚类方法（partition-based methods）：首先随机对样本进行划分，然后通过算法将原始划分逐步向“类内距离最小，类间距离最大”的方向进行迭代，直到达到某一预定指标为止，常见的划分式聚类方法有 k-means、k-means++等算法。
- 基于密度的聚类方法（density-based methods）：从某个核心点出发，不断向密度可达的区域扩张，从而得到一个包含核心点和边界点的最大化区域，常见的基于密度的聚类方法有 DBSCAN 算法。
- 层次化聚类方法（hierarchical methods）：在迭代的过程中，在前一层聚类的基础上生成后一层聚类，最终将数据集划分为一层一层的聚类。常见的层次化聚类方法分为两种，即自底向上（bottom-up）的层次聚类方法和自顶向下（top-down）的层次聚类方法。

文本聚类在内容对抗中的主要用途如下：

- 用于半监督模型中的标签扩散，减少人工标注的成本；
- 剔除失效文本，用于数据清洗；

- 线上实时聚类，可以监控新出现的可疑文本，用于情报分析、可疑样本种子库扩充等。

本节主要介绍文本无监督模型，随着各个场景中对抗样本的积累，监督模型开始发挥重要的作用。6.3.3 节重点介绍对抗场景中常见的文本监督模型。

6.3.3 文本监督模型

当有了足够的样本后，可以训练文本监督模型。对比文本无监督模型，文本监督模型的准确率会更高，因此在风控业务中得到了广泛应用。接下来从样本打标和模型选型两方面来详细介绍文本监督模型的应用过程。

1. 样本打标

在正式训练恶意文本识别模型之前，需要准备一批精确的有标签样本作为模型的训练集和测试集。这里需要依据具体的场景要求和标签体系进行文本样例的人工审核标注，审核标准和严格程度也需要根据场景的敏感性需求进行定义。例如，在只需要区分正常邮件和垃圾邮件的二分类场景中，如果需要将垃圾邮件归属到具体细分类别，就需要在人工审核标注时对样本进行多分类标记。

2. 模型选型

根据文本分类算法的发展历程，文本分类算法可以分为传统机器学习分类算法和深度学习分类算法两大类。

（1）传统机器学习分类算法

早期文本分类算法以传统机器学习算法为主，首先需要应用 6.3.2 节中的方法，从原始文本中提取特征，随后再输入浅层文本分类模型中进行判定，常见的分类算法如 LR、SVM、决策树、KNN、朴素贝叶斯分类等。此外，还可以将不同模型进行集成，从而提高模型预测的精度，常见的算法如随机森林和 XGBoost 等。

通常这类模型在使用过程中需要手动提取特征，且模型的表达能力有限。随着词向量技术的兴起，深度学习分类算法得到了广泛应用。

（2）深度学习分类算法

深度学习网络结构可以自动挖掘文本深层特征的表达能力，能够实现端到端的学习，无须手动提取特征，因此更适用于对抗激烈的安全风控场景。

在实战中，会根据待分类的文本特点、时效性、机器资源等方面来综合选择文本分类方法，常见的深度学习分类算法如图 6.9 所示。

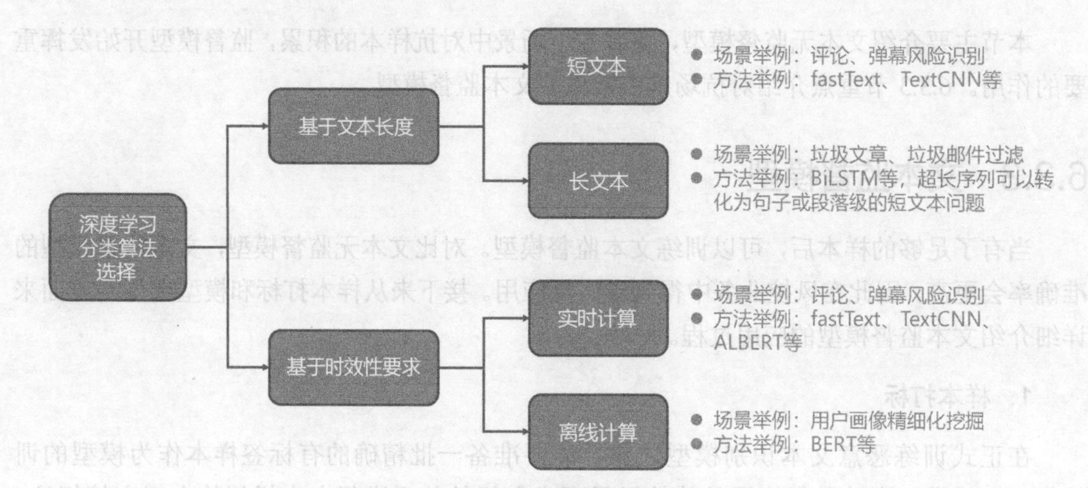

图 6.9 常见的深度学习分类算法

接下来，针对业务场景中常见的短文本分类算法、长文本分类算法和对时效性要求较高的复杂网络模型，逐一介绍其应用过程。

1）常见的短文本分类算法

业务安全对抗中的文本分类大多是短文本分类，例如黑灰产会在应用商店评论区、商品评论区、视频弹幕区等区域发送赌博、色情等非法文本，这些文本的长度一般不会超过 150 个字，且对时效性有着较高要求。针对这类需求，常用的算法有 TextCNN、fastText 等。

TextCNN 网络结构通过将词语转为词向量，并在词向量上使用长度不同、宽度等于词向量长度的卷积核进行卷积，再对每个过滤器的结果进行最大池化处理，最后将结果进行拼接送入全连接层进行预测。这里的词向量既可以使用预先训练好的词向量，也可以先使用随机初始化词向量，然后在后续训练过程中进行学习调整。由于其结构简单、训练预测速度快以及性能优越，因此 TextCNN 在文本安全对抗中被广泛应用。

在实际风控对抗业务中，可以根据实际情况来选择字符级别的模型或词级别的模型。字符级别的模型的准确性往往稍低于词级别模型的准确性，但由于黑产常通过变换形近字、拆字等方式绕过风控，因此有时字符级别的模型有较高的覆盖率。图 6.10 所示的是一个字符级的刷单引流 TextCNN 模型结构，引流文本经过文本预处理后，使用预训练好的词向量或随机初始化的向量形成文本矩阵，经过卷积层和池化层，再加上全连接层和 softmax 层来完成分类任务。

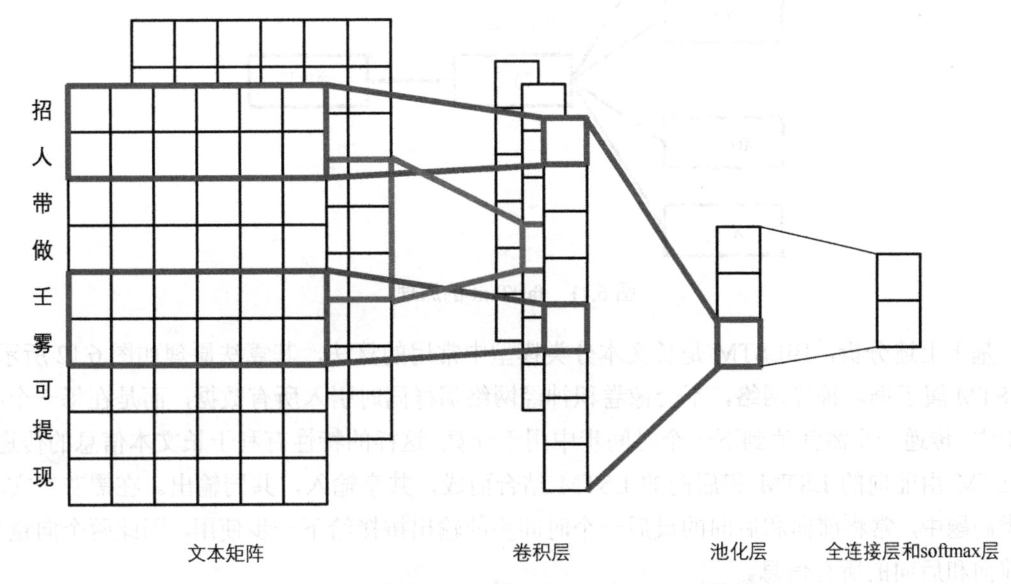

图 6.10 字符级的刷单引流 TextCNN 模型结构

严格意义上来说，fastText 是一种浅层神经网络，只有一层隐层和一层输出层，并不是“深度”模型。但其训练速度非常快，与其他深度学习方法相比，fastText 在文本分类任务上的精度并不逊色。例如，在单 CPU 上训练同样的任务，TextCNN 的训练时长为数小时，而 fastText 只需要几分钟就可以完成训练，并且两者的精度差距不大。因此，在黑灰产文本对抗中，fastText 可以快速地部署到线上生成环境中，以完成实时检测。将字符向量简单相加会丢失文本局部单词的顺序，为了解决这个问题，fastText 在词向量的基础上，增加了 n-gram 特征，把它也作为一个词添加到词向量中。在此基础上进行训练，模型就保留了基本的词序信息。图 6.11 为 fastText 的原理。fastText 对 n-gram 特征进行训练，所有的词向量和 n-gram 向量会被累加求平均，接着作为隐层的输入，通过非线性变化获得输出层的标签。

2）常见的长文本分类算法

在长文本的对抗场景中，常见的恶意长文本有垃圾邮件、垃圾文章等。由于 fastText 的运行速度快，通常会被用作基准模型。由于卷积层的限制，TextCNN 无法解决长距离依赖的问题，因此在长文本分类任务中 TextCNN 不是首选。虽然通过堆叠多个卷积层的多层 CNN（如 DPCNN）的性能强于 TextCNN，但是弱于 BiLSTM。

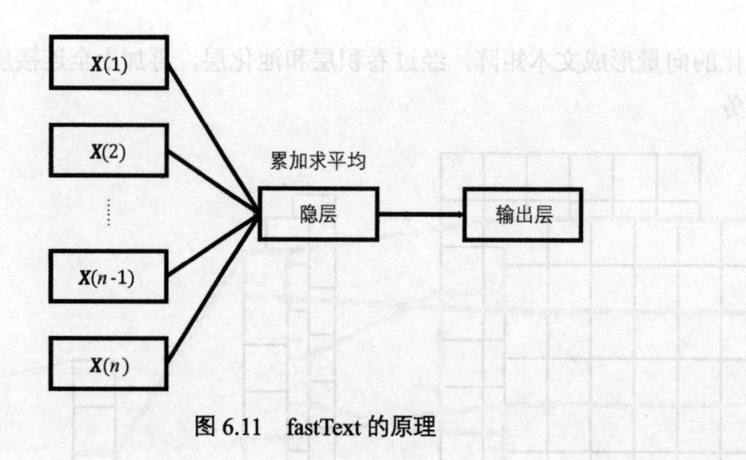

图 6.11　fastText 的原理

基于上述分析，BiLSTM 是长文本分类模型中常用的算法，其算法原理如图 6.12 所示。BiLSTM 属于循环神经网络，不会像卷积神经网络那样同时引入所有数据，而是在每一个时间步中，传递一个激活值到下一个时间步中用于计算，这样的特性有利于长文本信息的传递。BiLSTM 由前向的 LSTM 和后向的 LSTM 结合而成，共享输入，共同输出。在黑灰产文本分类问题中，常将前向和后向的最后一个时间步的输出拼接给下一步使用，因此两个向量包含前向和后向的所有信息。

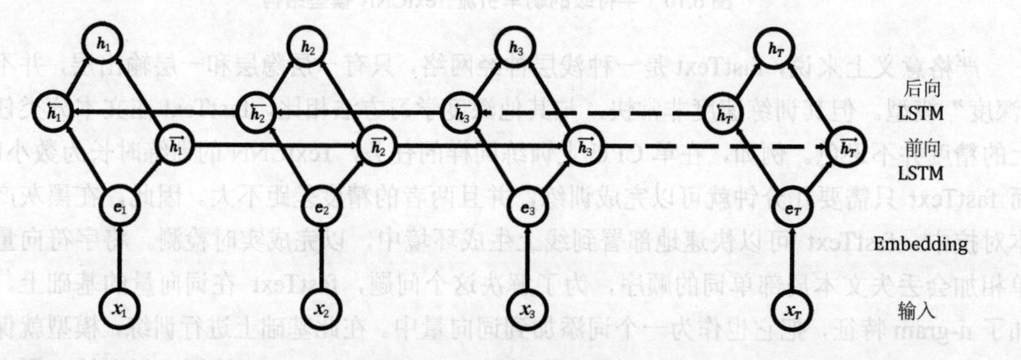

图 6.12　BiLSTM 的原理

当然，循环神经网络的信息传递不是无尽的，例如对于一万个词语以上的超长序列，BiLSTM 并不一定能取得良好的效果。在具体业务中，我们常常会将超长序列切分为句子级、段落级的文本后再进行分类，最后根据场景进一步汇总分类结果。因此，将长文本分类转化为短文本分类，也是一种解决问题的思路，当长文本问题转变为短文本问题后，BiLSTM 同样也可用于短文本分类。由于循环神经网络为串行运行，因此从运行效率上看，循环神经网络没有卷积神经网络等模型高效。所以在实际业务中，需要综合考虑精度和耗时，从而选择适合的分类模型。

3）进阶的复杂网络模型

随着黑灰产对抗问题的升级，在保证一定时效性的情况下，可以通过深度学习模型来解决。在众多深度学习模型中，BERT 模型是在实战中应用最多的模型之一。

BERT 模型是谷歌开发的一种基于 Transformer 编码器的预训练语言模型，刷新了句子关系判断任务、分类任务和序列标注任务等 11 项自然语言处理任务的性能记录。BERT 模型可分为两个阶段，第一阶段是预训练语言模型，第二阶段是对下游任务采用 Fine-tuning 的模式来处理。图 6.13 是 BERT 模型的架构，对 BERT 模型的输入文本而言，每个词语都可以用 3 个部分来表示，这 3 个部分分别是字向量、分段向量和位置向量。

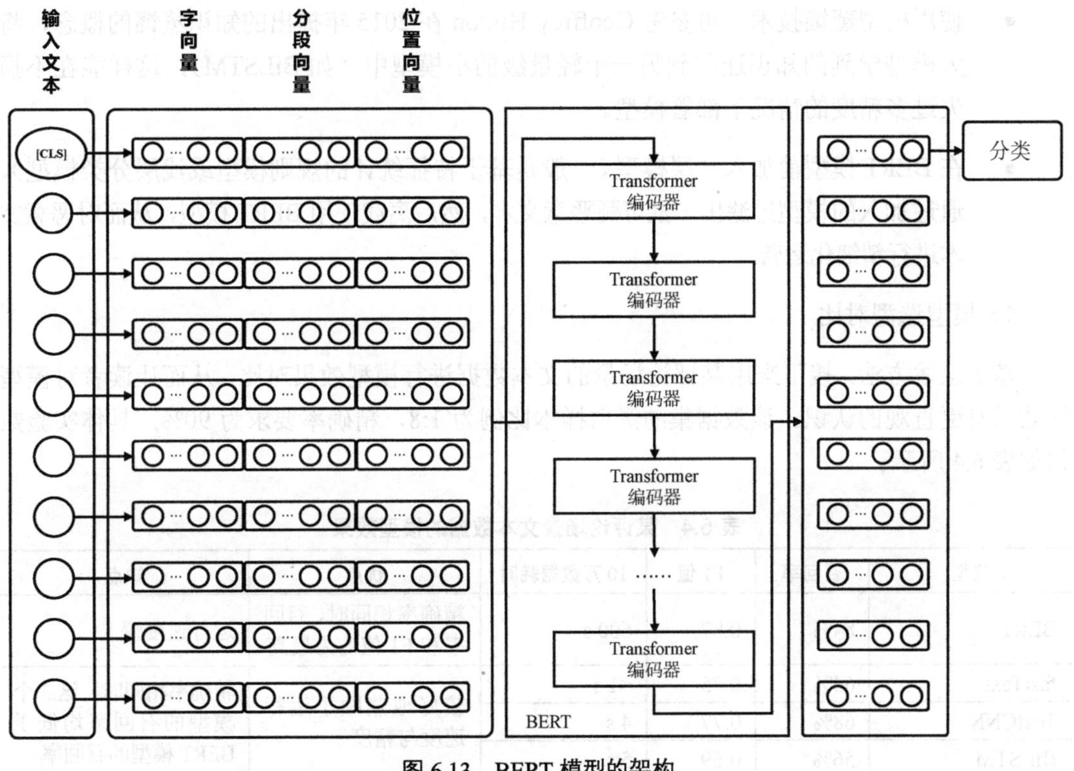

图 6.13　BERT 模型的架构

由于黑灰产文本没有固定的范式，变化速度快，不仅语言有明显的网络化和口语化倾向，而且会使用大量的谐音字、异形字和表情替换来绕过风控策略。作为一个预训练语言模型，BERT 模型使用的是新闻、百科等较书面化的文本材料，因此预训练语言模型中的文本信息并不能完全适配目标场景。在工程落地的过程中，平台方可以自己整理黑灰产语料进行预训练，让预训练语言模型学习到目标场景的语言信息。

准备好预训练语言模型后，对于黑灰产文本分类任务，BERT 模型会在文本前插入一个[CLS]记号，并将该记号对应的输出向量作为整个文本的语义表示，即用无明显语义信息的记号来对文本中的信息进行融合。在具体的应用中，将输出的[CLS]位置向量输入全连接层，调整维度以适配分类类别数，之后便可进行输出和训练，平台方可基于自己的数据对预训练的 BERT 模型进行微调。

由于 BERT 模型的参数量巨大，因此模型的预测时间较长，存储需求大。在安全实践中，我们通常使用以下三种方法来解决模型的性能瓶颈。

- 使用参数量削减的 BERT 变种模型，比如 ALBERT。
- 使用模型蒸馏技术，可参考 Geoffrey Hinton 在 2015 年提出的知识蒸馏的概念，将大模型学到的知识迁移到另一个轻量级的小模型中（如 BiLSTM），这样能在不损失过多精度的情况下部署模型。
- 在 BERT 模型前加入一层模型（一般是基于特征统计的规则模型或浅层分类模型），通过加入的模型过滤出一批可疑恶意文本，然后离线使用 BERT 模型，从而对恶意文本进行精细化运营。

4）模型选型对比

基于上述方法，接下来用某评论场景的文本数据进行模型效果对比，从而让读者对模型的效果有更直观的认识。该数据集的黑白样本比例为 1:8，精确率要求为 90%，具体实验数据如表 6.4 所示。

表 6.4　某评论场景文本数据的模型效果

<table>
<tr><th>模型</th><th>召回率</th><th>F1 值</th><th>10 万数据耗时</th><th>优点</th><th>缺点</th></tr>
<tr><td>BERT</td><td>84%</td><td>0.87</td><td>600 s</td><td>精确率相同时，召回率和 F1 值均为最高</td><td>运行速度慢</td></tr>
<tr><td>fastText</td><td>64%</td><td>0.75</td><td><1 s</td><td rowspan="3">较好地兼顾了运行速度与精度</td><td rowspan="3">精确率相同时，这 3 个模型的召回率均低于 BERT 模型的召回率</td></tr>
<tr><td>TextCNN</td><td>68%</td><td>0.77</td><td>4 s</td></tr>
<tr><td>BiLSTM</td><td>56%</td><td>0.69</td><td>5 s</td></tr>
</table>

从表 6.4 中可以得知，在 90%精确率的要求下，BERT 模型的召回率最高，在深度挖掘文本上具备较大的优势。但 BERT 模型的运行速度慢，不经过处理无法直接用于线上实时任务，而 fastText、TextCNN、BiLSTM 模型较好地兼顾了效率与精度。所以在选择实际算法时，需要结合业务和大数据平台现状来综合考量。

6.3 节系统地介绍了常见的文本内容对抗技术。随着互联网的发展，图像的应用场景越来越广，且图像表达的信息丰富而直观，所以图像也是黑灰产青睐的一种信息媒介。6.4 节将系统介绍内容安全领域的图像内容对抗技术。

6.4 图像内容对抗技术

与文本相比，图像所表达的信息更丰富，可以传递更多内容，这也意味着图像内容领域产生的恶意内容更加丰富，安全对抗方法也更加复杂多变。

本节首要介绍图像内容中遇到的风险类型以及对抗方法，随后针对黑产内容的对抗，讲解需要对图像进行的预处理操作。接下来在图像内容安全模型中，首先讲解无须大量样本标注的半监督模型，以帮助企业在安全业务初期快速建立识别能力。随后进一步构建基于大规模样本训练的监督模型，以提升对抗能力，帮助企业更加准确地识别恶意内容。然后针对安全业务误判要求少和可解释性要求高的特点，介绍图像模型的可解释性方法。最后针对内容的长期对抗，介绍主动学习的模型持续迭代方法。

6.4.1 图像预处理

黑产往往会在图像内容中使用对抗手段来对图像内容进行模糊、变形等处理，所以在建立图像内容安全模型前，需要对图像进行一定程度的预处理，消除黑产对抗的一部分干扰，并使图像转换为统一的规范格式，帮助后续图像内容安全模型更好地捕捉恶意信息。

在进行预处理之前，首先要了解黑产常用的对抗手段，图像黑产常用的对抗手法如下所示。

- 图像文本：在正常图像中插入恶意文本，一方面通过采用图像的对抗方式，可以规避文本内容安全模型提取文本内容；另一方面通过正常的图像内容，可以误导图像内容安全模型对恶意信息的判断。
- 内容缩放：通过将图像中的恶意内容缩放到极小的局部区域，来降低恶意信息在模型判别中的权重占比，从而提高恶意图像内容绕过图像内容安全模型的概率。
- 亮度极化：通过人为大幅度调高、调低图片整体或局部的亮度，使图片的原有色彩大幅度偏离正常区间，干扰图像内容安全模型对恶意信息的识别能力。
- 噪声干扰：通过随机在图片中添加噪声，包括噪声点、线条、图形等，来对图像内容进行噪声干扰，从而影响图像内容安全模型的识别能力。

- 遮罩及马赛克：通过模糊或马赛克方法，对图像的关键部位进行遮挡和模糊。在不影响语义的前提下，对关键信息进行隐藏，从而避免被图像内容安全模型捕获。

针对这些对抗手段，我们可以通过对图像进行预处理来消除或减少干扰，尽量将图像还原到真实情况，从而减少对后续模型的影响。接下来会详细介绍各种黑产对抗手段，以及对应的预处理方法。

1. 图像文本

对于图像内容场景中的恶意文本内容，可以使用光学字符识别（optical character recognition，OCR）方法进行提取，然后使用文本模型对提取内容进行判别。OCR 技术包含两个主要的部分，分别是检测定位和字符识别。

- 检测定位：检测定位会确定图像中字符的位置，其目的是将包含局部字符的图像提取出来，从而进行后续的字符语义识别。
- 字符识别：针对得到的具体字符图像，将其中的字符识别为对应的文本字符编码形式，最终得到文本字符串。

在安全对抗实践中，对于主流的 Faster R-CNN、YOLO-V3 等检测框架，采用 ICDAR、COCO-Text、MSRA-TD500 等开源文本检测数据集进行训练，从而得到一个输入为图像，输出为图像中文本字符位置的 OCR 检测模型。字符识别可通过通用的图像分类模型（例如 VGG、ResNet、GoogleNet 等），来建立识别单个字符的能力。

在安全内容风控的初期，自行从头到尾训练一个光学字符识别模型的时间、资源和人力成本都较高，难以满足高效、低成本搭建系统的需求。在这种情况下，可以考虑直接购买公有云 AI 服务，让企业快速地具备图像文本识别能力，例如腾讯云、阿里云、百度云等，都提供通用光学字符识别的功能，以及识别定制化场景的需求。图 6.14 为某图像云服务提供的光学字符识别结果，可以看到该服务同时标明了文本位置和识别结果。

2. 内容缩放

对于缩小到局部的恶意信息，可以通过缩放和裁切找到图像的各个部分，再通过对局部图像进行判别，弥补整张图像恶意内容过少的问题。常见的裁剪方法有滑动窗口裁剪方法和区域分割方法。

（1）滑动窗口裁剪方法

如图 6.15 所示，滑动窗口裁剪方法会首先将图像放大，然后将一个原图大小的滑动窗口按照一定的步长进行滑动，最后将窗口中得到的每一个图像作为待检测图像，输入到模型中进行安全检测。

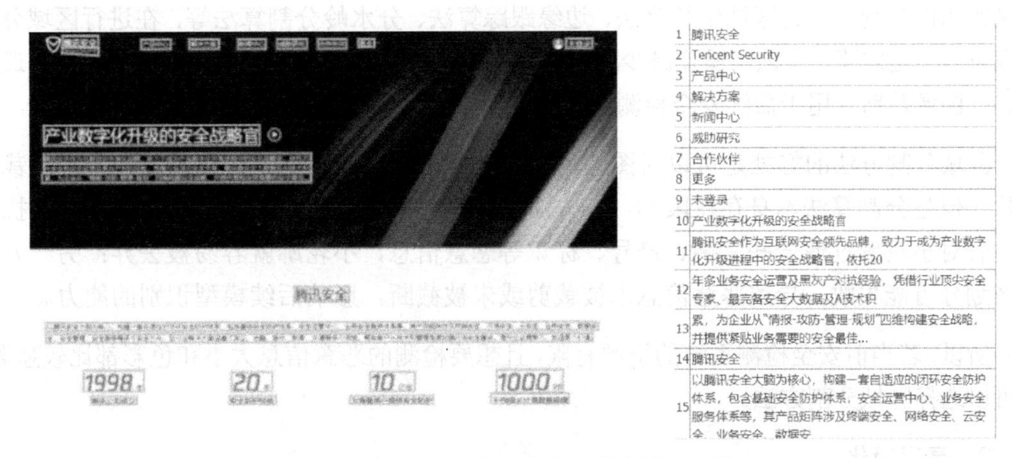

图 6.14 某图像云服务提供的光学字符识别结果

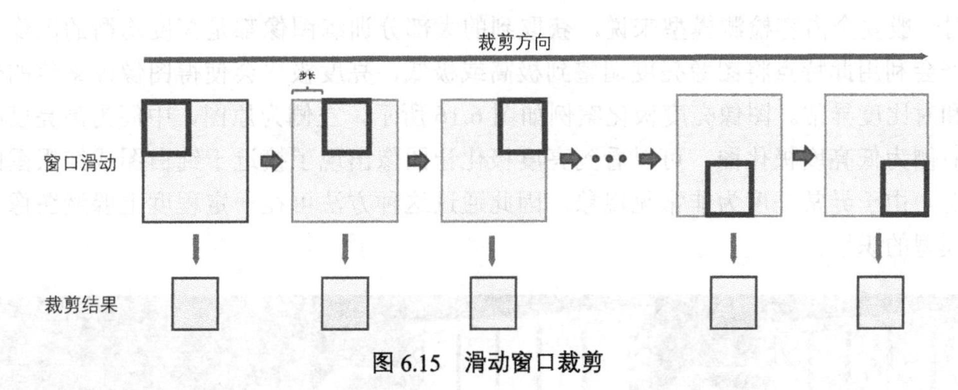

图 6.15 滑动窗口裁剪

这种方法的优势是，可以覆盖到原图的每一个局部区域，不会漏去图像信息，保障了捕捉图像中恶意信息的能力。但劣势是对一张待检测图像进行裁剪时，会产生大量待检测的裁剪图像，对模型和资源的消耗来说是一种挑战。同时裁剪的效果也与滑动窗口的大小、步长息息相关，错误的窗口参数可能导致用户无法准确地获得恶意信息局部图像。

所以，若当前安全检测系统的资源充足且对延迟时间要求不高时，可以选择滑动窗口裁剪方法，以此获取系统的信息感知能力。甚至可以通过设置多组窗口大小和步长，进一步提升对不同形状恶意信息的覆盖能力。

（2）区域分割方法

通过引入区域分割方法，我们可以在分割前预先检测图像中风险内容可能存在的位置，然后对轮廓位置进行精准分割，从而捕捉图像中的关键信息。对于待检图片，区域分割会首先通过灰度阈值化将图像转化为二值图像，然后通过区域分割方法检测图像中的连通区域。常见的图像分割方法有区域生长算法、边缘跟踪算法、分水岭分割算法等，在进行区域分割前也可以通过膨胀、腐蚀等操作减少二值图像中的噪声点。随后对检测得到的每一个连通区域进行图像裁剪，用于后续安全检测。

区域分割方法的好处是可以对图像的突出内容进行精准裁剪，避免重复产生大量裁后图片。但是分割算法本身存在限制，一方面在分割过程中，会产生大量小轮廓区域干扰裁剪，若对小轮廓过滤一些文字、符号、标识等恶意信息，小轮廓就容易被丢弃；另一方面区域划分可能失败，导致恶意信息未被裁剪或未被截断，影响后续模型识别的能力。

所以，若当前安全检测系统的资源有限，且想要检测的恶意信息大小和色彩都比较显著，就可以选择区域分割方法。

3. 亮度极化

对一般安全内容检测模型来说，获取到的大部分训练图像都是亮度均衡的图像。所以黑产会利用此特点将图像亮度调整到极高或极低，亮度极化会使得图像像素值的变化范围和对比度异常。图像亮度极化案例如图 6.16 所示，左侧为原图，中间为高亮度极化图，右侧为低亮度极化图，可以看到亮度极化让图像出现了接近于纯白图或纯黑图的异常情况。由于异常亮度为非常见现象，因此通过这种方法可在一定程度上躲避图像内容安全模型的识别。

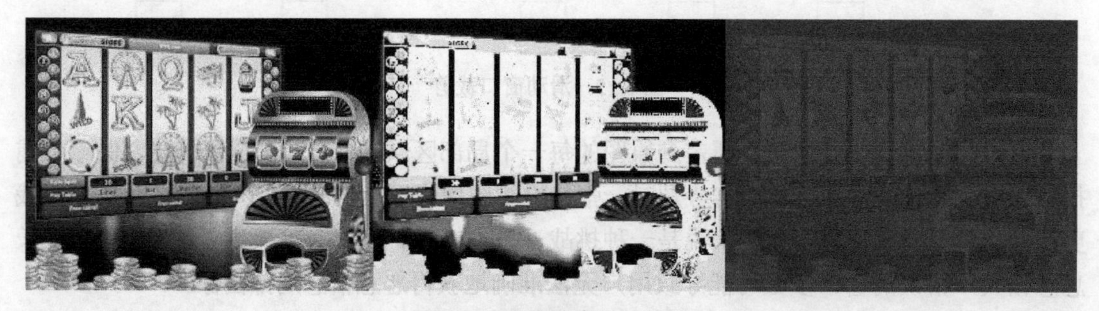

图 6.16　图像亮度极化案例

在模型检测前，首先要对图像进行处理，尽量将这种亮度异常的图像还原成正常的图像，以保证图像内容的清晰可靠。一种常用的方法就是直方图均衡（histogram equalization），这种方法参考人眼在极暗或极亮环境下对于色彩的白平衡建立能力，在图像色彩保真的情况下，将亮度调整到均衡范围。

直方图均衡首先统计图像像素值的直方图分布，在此基础上统计累计归一化直方图，然后通过将累计归一化直方图分布映射到一个线性分布中，让图像亮度变化得更加均衡平滑。这种方法可以有效屏蔽亮度对后续模型的干扰，但缺点是处理时未考虑单个像素的特性。在黑产增加了噪声干扰后，会大大影响均衡化结果，使得噪声的对比度增幅远大于有效内容的对比度增幅，加重噪声数据对图像内容的干扰。

4. 噪声干扰

在正常情况下，图像中的噪声点都是在存储传输中偶然产生的，对图像质量的影响有限。但为了对抗模型检测，黑产会人为添加噪声来干扰恶意内容的识别。而在图像内容对抗中，人为添加的噪声不仅仅有孤立的噪声点，还有更有挑战的复杂噪声，例如几何图形、生僻字等。针对这些噪声的预处理方法如下所示。

- 噪声点：针对像素点类噪声的去除，当前已经有较为成熟的去噪算法，例如均值滤波、中值滤波、小波滤波、三维块匹配滤波等。这些算法已能很好地去除噪声点对图像的影响。但当图像中存在密集噪声点时，会导致原图信息大量丢失，去噪算法无法正常恢复原图信息，此时可考虑通过裁剪的方式，单独获取并处理恶意内容。
- 几何图形：黑产通过添加重复的线条、三角形、矩形、星形等几何图形来添加噪声。在预处理中，可以通过区域划分、边缘检测等方法首先检测出连通区域，然后通过轮廓周长面积比、圆形度、边缘梯度分布直方图、形状匹配等方法确定连通区域的形状，从而对与噪声形状一致形状的区域进行清除，然后使用图像补全技术对清除区域进行填充。
- 生僻字：在光学字符识别中，一般难以通过字符识别将生僻字转为文字。但由于生僻字本身和中文字符属于同一文字体系，因此仍然可以通过文本检测来确定其位置。在实际业务中，可以通过收集被光学字符识别检测到的位置，针对未识别为文字的图像建立可疑生僻字库，然后通过人工审核来提升准确率。

5. 遮罩及马赛克

对于低俗引流、赌博诱导、非法内容等恶意图像，其主要目的是通过图像内容将用户引导至黑产入口，而并非传播恶意内容本身。如图 6.17 所示，黑产通过左图的透明遮罩或右图的马赛克等方法，对敏感恶意信息进行模糊处理，避免被图像内容安全模型检测出。

图 6.17　透明遮罩及马赛克

对于图像遮罩，首先可以采用图像锐化来增强遮罩部分与图像其他部分的差距，然后通过边缘检测确定遮罩范围，最后对原图遮罩部分采用去雾算法来去除透明遮罩。

对于马赛克和图像模糊操作，可以使用超分辨率算法对原图进行清晰化。超分辨率算法的主要思想是，虽然马赛克和图像模糊过程中丢失了图像信息，但是丢失区域的像素值仍然可以通过其本身和图像其他区域的像素值进行一定程度的还原。目前常见的主流超分辨率算法有 SRCNN、VAE、CycleGAN 等，这些算法主要是基于深度学习模型训练，通过在数据集中人为建立马赛克和图像模糊，让深度神经网络学习模糊图像和原图之间的映射，从而构建针对一般图像的超分辨率重建能力。在安全检测体系中，通过以上预处理手段可以有效减少黑产对抗手段对图像内容的影响，同时这些操作也为后续安全检测模型提供可靠而稳定的输入，有助于提升模型的检测能力。而在实际的安全业务中，预处理图像操作的先后顺序也至关重要，例如在对图像进行直方图均衡之前，应先进行去噪处理，避免均衡放大噪声导致后续的去噪操作失效。一般预处理图像操作的顺序为：图像去噪、直方图均衡、图像识别、超分辨率算法、光学字符识别和图像裁剪。在实际应用中，可参考业务中恶意图像的特性以及黑产对抗手法进行选择。

对于低俗色情类图像，其主要目的是传播恶意内容本身，不太可能出现马赛克、亮度极化等影响内容表达的对抗手段，黑产可能通过缩小恶意内容、加入噪声等方法进行对抗，此时可以使用裁剪和去噪等预处理方法。对于低俗引流类图像，其主要目的是将用户引流至色情、赌博入口，因此图像中的色情内容只是黑产吸引注意力的手段，不影响黑产达到实际目的。这类图像可能使用马赛克、亮度极化、图像遮罩等手段进行对抗，此时可以通过直方图均衡、光学字符识别、超分辨率算法等方法进行预处理。

完成预处理后，图像就已经准备完毕，可以开始构建恶意内容识别模型。在安全业务中，主要使用的识别模型有半监督模型和监督模型，接下来会分别对这两个模型进行详细介绍。

6.4.2 图像半监督模型

当前主流的图像分类检测模型都以监督学习为主，需要大量的训练样本。然而当企业从0到1搭建图像风控体系时，往往由于业务数据有限、人工标注成本高昂，很难积累到足够的训练样本。同时因为恶意图像本身不被允许传播，所以很少有公开的大量数据集可以直接使用，这些都使得图像监督模型的应用困难重重。

在这种情况下，图像半监督模型只需要少量标注就可以完成对图像的判别。通过半监督方法，可以有效节省样本标注的时间、人力和物力。在安全业务初期，高性价比搭建出有一定效果的图像风控系统，可以帮助业务快速建立安全屏障。

随着黑产市场的不断扩大，恶意图像的生产逐渐向着规模化、产业化的方向发展。而规模化对利润的要求，必然使得流行的黑产手法、技术和内容被大规模复用以降低作恶成本，而这也为半监督模型带来了机遇。

在恶意图像内容中，小到设计素材、引流文案、页面排版，大到图像生成方法、存储图像的介质，都出现趋同和互相借鉴的现象，接下来针对黑产容易复用的聚集信息类别进行详细分析。

1. 黑产内容的聚集性

根据恶意内容不同，黑产内容聚集可以分为以下三类。

（1）图像素材聚集

对赌博、广告等使用图像进行恶意引流的黑产来说，在不被打击情况下，其引流的文案、插图、背景等往往会保持一致。为了节省成本，新成立的黑产团队往往也会盗取成熟的素材进行使用，甚至在地下交易市场，已经有打包好的素材进行批量出售，图 6.18 为使用类似素材建立的赌博页面，表现出素材的相似聚集性。而对本身非法的图像内容来说，由于其依赖于特定的内容，也会存在图像内容的相似性。

（2）排版格式聚集

与内容素材相似，恶意图像中素材信息的排版格式（例如图文的相对位置、引流区域的划分），依赖于图像生成源码或者原始设计稿。如图 6.19 所示，当黑产对源码或设计稿进行复用时，即便使用不同的素材，也会生成相似的排版。由于页面或图像排版的变动成本较高，因此黑产也会通过改变素材内容来绕过打击，此时可以通过排版格式的相似性来对黑灰图文进行聚集。

图 6.18 赌博页面素材的相似聚集性

图 6.19 黑产页面的相似排版格式

（3）对抗手段聚集

针对互联网平台的风控检测，黑产往往会在图像中生成对抗纹理，利用这些对抗纹理来误导模型，常见的对抗纹理有随机形状（三角形、星形、线条）、透明遮罩、阴影条纹、色彩暗化、花体文字、放射变换等。

黑产这些常用的图像对抗内容，虽然会对已训练好的监督模型的判别造成干扰，但是对于半监督模型的聚集过程是有利的。与正常图像相比，恶意图像更有可能使用这类对抗手段，通过检测这些对抗手段，可以将这些恶意图像聚集到一起。

了解了黑产图像的聚集特点，便可引入图像半监督模型。半监督模型主要包括图像特征提取和聚类两个部分。图像特征提取部分主要负责从黑产图像中提取图像色彩、纹理、形状、排版等特征，而聚类部分主要负责聚集和观测特征的相似性，最终找出黑产聚集的类型，从而有效地将可疑样本提取出来。接下来分别针对这两个部分进行讲解。

2. 图像特征提取

在图像内容风控中，合理的图像特征提取对图像模型有以下作用。

- 图像特征提取是对图像信息的筛选，通过筛选有效图像信息，可以避免无关冗余图像信息、噪声离群点等对后续模型的干扰。
- 图像特征提取是对图像信息的抽象和总结，恶意图像中的非法内容、违规文字等高级语义信息，都被分散在单个像素中，通过聚合、识别这些高级语义信息，可以为后续模型提供有效的特征信息。
- 图像特征提取有效地压缩了图像特征维度的量级，避免后续模型产生“维度爆炸”的问题。
- 在实际安全业务场景中，图像风控问题的数据来源、恶意内容特点、黑产对抗手段、用户危害等都大不相同；在业务工程化场景中，数据量级、资源情况、实时性要求也千差万别。所以在选取特征提取方法前，需要对当前风控场景和问题进行深入了解和分析，再结合自身的业务特点，选择最合适的特征提取方法，才可以让业务风控事半功倍。

特征提取方法要从黑产特性、安全场景、工程实践等多方面来综合决定，主要考虑的因素有以下 5 点。

- 恶意信息范围：不同的图像特征提取方法，在图像空间中提取到的信息范围不同。当特征提取范围小于恶意信息范围时，就会导致提取信息不足；当特征提取范围远大于恶意信息范围时，过多的冗余信息就会影响提取效果。
- 恶意信息语义层级：图像的语义层级从下到上可以分为像素层、纹理层、实体层和场景层，不同的特征提取方法提取到的信息层级也不同。当提取特征层级与恶意信息层级不匹配时，就无法精准获取恶意特征，例如针对特定违法物品的风控，图片中的恶意信息是通过违法实体进行表达的，此时使用纹理层特征便无法合理获取到恶意信息。
- 样本量级：实际业务中收集到的样本量不同，可选择的特征提取方法也不同。非机器学习方法无须训练样本，不同机器学习方法所需的样本量级也从数万到数百万不等。
- 实时性要求：不同特征提取方法的计算复杂度不一样，在计算资源基本确定的情况下，特征提取方法的计算复杂度越高，则越难满足高实时性的要求。
- 存储容量：不同特征提取方法所需的存储容量不同，尤其是机器学习类的特征提取方法，往往对存储容量的要求巨大。

常见的图像特征提取方法的表现如表 6.5 所示。

表 6.5 图像特征提取方法对比

方法	语义层级	是否训练	样本量级	计算复杂度	存储复杂度	备注
Haar-like 特征	实体	否	无	低	低	针对人脸进行设计，在人脸相关任务中具有良好的特征表征能力
HOG 特征	纹理	否	无	低	低	通过统计梯度描述图像的形状、纹理特征，但在提取过程中会丢失色彩信息
SIFT 特征	纹理	否	无	中	中	尺度不变特征，构建特征金字塔的过程中需要一定计算和存储复杂度
预训练（Pre-trained）模型	实体/场景	否	无	高	中	充分训练的深度网络可以具备图像高维语义提取能力

续表

方法	语义层级	是否训练	样本量级	计算复杂度	存储复杂度	备注
自编码器（AutoEncoder）	纹理/实体	是	中	高	高	通过在具体任务数据集上的定制化训练，可以让神经网络更有针对性地提取与样本集相关的特征
对抗神经网络（GAN）	实体/场景	是	高	高	高	加入对抗损失，增强了模型对于细节的学习能力，从细节上更好地表征图像

接下来以电商平台中的违规商品为实战案例，讲解如何结合风控场景与算法特性来选择特征提取方法。需要注意的是，在具体应用时，特征提取方法应结合业务特性灵活使用。

在电商场景中，商家可将其售卖的商品发布到电商平台进行销售。然而黑灰产会利用商家自行上传商品内容的模式，在电商平台中发布违规商品。违规商品的出现会严重侵害电商平台的内容安全，使得平台用户可以轻易接触到危险物品，会对用户产生不良影响。同时，售卖违规商品触犯了国家的法律法规，从而产生监管侧的合规风险。

对电商场景进行安全分析，首先违规商品在图像中的语义主要位于实体层，不同色彩纹理以及出现在不同场景都不影响违规商品这一语义。其次电商平台首次建立图像风控时，很可能没有足够的样本，但是计算存储资源充足。最后从用户上传商品资料到商品正式上架有 1～2 天的审核时间，对实时性要求也并不严格。所以平台方可以提取实体层次语义、选择计算复杂度和存储复杂度高、无须训练样本便可快速搭建的预训练模型。

图像特征提取将图像数据转换为固定长度的向量，向量表示图像的特征信息。通过对向量进行距离计算，可以描述图像的相似程度。在此基础上就可以使用聚类的方法，将相似的恶意图像聚集在一起，帮助业务人员发现潜在的风险信息。

3. 聚类

通过计算向量距离（欧几里得距离、余弦相似度、汉明距离、曼哈顿距离等）来表示两个图像之间的相似度，再通过样本聚类把一个数据集分割成不同的类或簇，使得同一个簇中的数据对象的相似度尽可能地大，同时使得不在同一个簇中的数据对象的差异性也尽可能地大。

接着我们就可以初步提取出样本图像本身存在的类别信息，然后对类别中的样本进行人工审核，提取出黑样本较多的恶意聚类，从而找出所有相似的恶意图像。图像风控中常用的聚类算法跟文本风控算法类似，聚类算法的介绍详见 6.3.2 节。

在安全业务初期，半监督模型可以利用机器学习算法与少量人力，快速建立图像内容安全体系。然而，随着业务规模的增长和检测图像量级的不断扩大，人工工作量也会持续上升，所以需要进一步建立全自动化的监督模型来应对持续的内容风险。

6.4.3　图像监督模型

图像监督模型是以机器学习、深度学习为技术基础，使用带有安全标签的图像数据集进行训练。训练后的模型可以捕捉到图像中恶意信息的特征和形态，然后对未被标记的图像内容的安全情况进行预测，判断图像内容的风险。

在大数据安全治理中，监督模型具有自动化程度高、识别能力强、优化路径清晰、模型预测阶段无须人工参与等优势。同时，其判别结果比半监督模型更加精准、可靠。监督模型具有成熟的优化流程，对于误判、漏判的样例，可以加入模型微调训练来提升模型能力。通过主动学习方法，可以找到数据中潜在的易错判样本，对模型进行针对性优化。

监督模型的训练主要包括人工审核、模型建模以及对模型预测结果的可解释性三个主要部分，接下来将对这三个部分进行详细介绍。

1. 人工审核

在训练图像内容安全模型前，首先需要建立包括正常图像和标签体系中各恶意类型的恶意图像训练集和测试集。由于大部分恶意图像本身不被允许传播，因此几乎没有合适的公开数据集，而外部数据集中的恶意图像的恶意特征、对抗手段与本业务所面临的情况可能大相径庭。这种差异可能导致模型产生与实际情况不符的偏移，从而影响模型的效果和可控性，所以外部数据集不完全适合作为本业务安全模型的训练集。

因此在大部分安全体系中，主要通过人工审核来建立业务定制的私有数据集，从而训练模型。这样保障数据集来自业务数据的独立同分布采样，与真实场景图像的特征和模式吻合，有利于训练模型的泛化性。另外，私有化的数据集保障业务系统的信息安全，提高了攻击者对抗安全模型的门槛。

人工审核要依照标签体系来划分规则，审核方法要与后续监督模型的架构体系相匹配，具体的模型类型如下所示。

- 图像分类模型：输入图像，输出该图像对应类型的分布概率。在人工审核时，审核人员需要针对每个图像，给出一个或多个恶意类型的标签判断。
- 目标检测模型：输入图像，输出图像中每个类型的概率，同时输出对应类型的矩形框，用以标识该类型在图像中的位置。在人工审核时，审核人员不但需要对图像中的恶意信息进行判别，还需要使用矩形框标注恶意信息在图像中的位置，为检测模型的训练提供指导。
- 图像分割模型：输入图像，给出每个输出类型对应的像素集合，即将图像按照输出类型分割为多个部分，从而进行像素粒度的定位。在人工审核时，对于图像中存在的恶意信息，审核人员需要对像素进行逐一标注。

人工审核都有相应的开源或商业化标注工具可以使用，可以提高标注人员的工作效率。同时，应该对人工审核进行复核，避免审核过程中出现过多误判，导致数据集质量过差而无法使用，从而对整个系统造成巨大的资源浪费。

2. 模型建模

在安全业务中，构建图像内容安全模型主要包括模型构建、模型训练以及可解释性等几个部分。不同模型的神经网络架构与功能都有所差别，这与业务方的内容安全需求相关。接下来对上述的三个模型进行详细介绍。

（1）图像分类模型

图像分类模型可以基于输入图像对图像类型进行判别，例如判断社区用户发布的图像是否属于赌博或色情图像。早期图像分类模型会首先进行图像特征提取，然后使用一个机器学习的分类器（例如 XGBoost、SVM、随机森林等）进行分类学习。自 2012 年 AlexNet 被提出以来，基于神经网络的深度学习在图像分类领域取得了压倒性的优势，成为图像分类模型的主流建模范式。

图像内容安全模型的基础是卷积神经网络，与全连接网络不同，卷积神经网络会使用多个卷积核在图像上按照一定的权值进行滑动卷积操作，其中卷积核的权值可以利用网络的反向传播进行训练。

在业务实践中，最为经典的卷积神经网络便是 VGG 卷积神经网络，如图 6.20 所示，VGG 通过多个叠加的卷积层和一个全连接层对输入图像进行处理。由于输入图像的像素个数远大于输出层的神经元个数，因此部分卷积层会将卷积核滑动步长设置为 2，这样卷积后图像特征图的长宽便缩小了一半。同时为了避免长宽缩小导致信息丢失，可以将卷积核的通道数扩大一倍，以提供足够的信息容量来对输入信息进行学习。

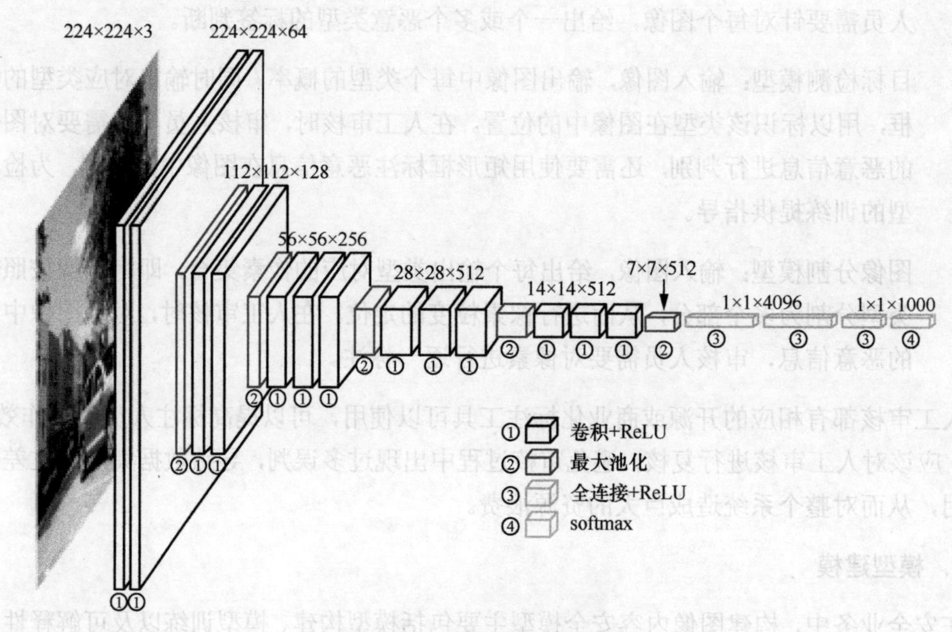

图 6.20 VGG 卷积神经网络

在 VGG 卷积神经网络的基础上，2016 年何恺明等人提出了深度残差网络（deep residual network, ResNet），如图 6.21 所示，深度残差网络通过在两个卷积层之间建立连接，实现梯度的跨层传播，解决了卷积网络训练过程中的学习困难、梯度爆炸等问题。

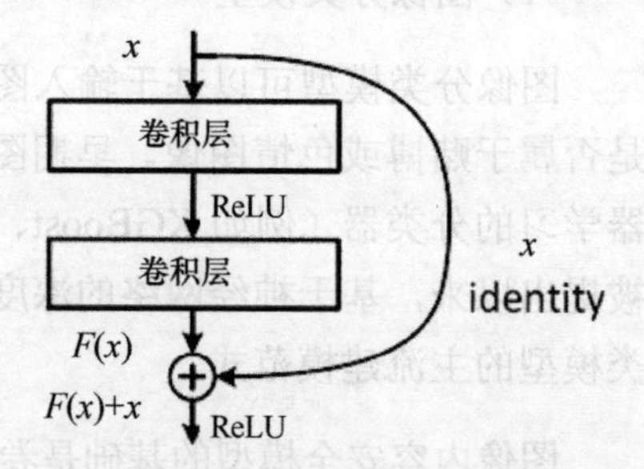

图 6.21 深度残差网络的跨层连接结构

通过跨层连接结构，在模型卷积层数进一步增加的情况下，卷积神经网络的分类效果也随之提升。深度残差网络在诸多分类任务中取得了极优的效果，也成为图像风控中最为常用的基础模型。ResNet 系列网络可以按照模型深度的不同划分为 ResNet18、ResNet34、ResNet50、ResNet101 等。网络的模型深度越深，拟合复杂任务的能力就越强，同时其所需的资源消耗也就越大。图 6.22 展示了一个 34 层深度残差网络与同样层数的无跨层连接网络和 19 层 VGG 网络的模型对比。从图中可以看到，相比于 VGG 卷积神经网络，深度残差网络的网络更深，而且拥有更多的卷积层数。相比于同样层数的无跨层连接网络，深度残差网络由于跨层连接的存在，拥有更多反向传播的路径。在反向传播中，对于距离输出较远的浅层网络，可以通过跨层接近获得更加准确的梯度反馈。

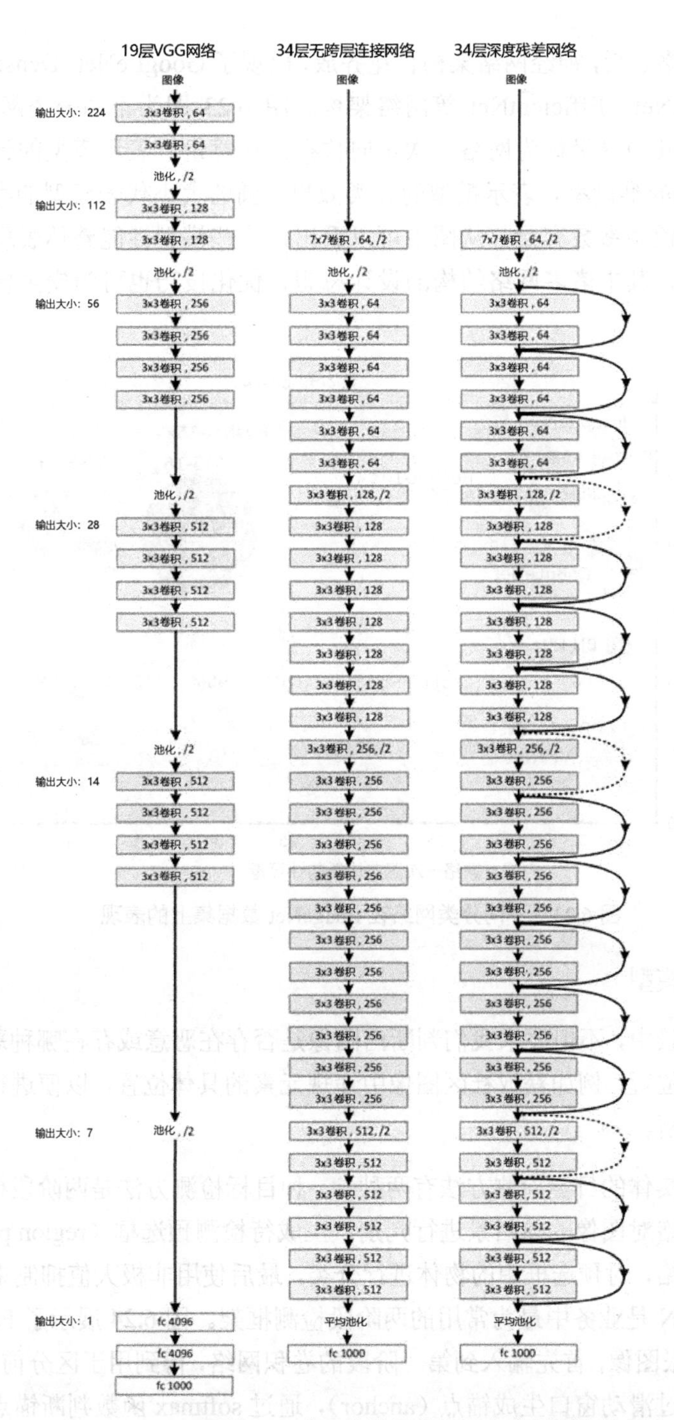

图 6.22　VGG 网络、无跨层连接网络与深度残差网络的对比

在深度残差网络之后，神经网络架构百花齐放，出现了GoogLeNet、DenseNet、ResNeXt、MobileNet、ShuffleNet、EfficientNet等网络架构。图6.23即为不同分类网络在ImageNet数据集上的表现，其中横坐标为网络一次正向传播的计算量，表示模型的计算复杂度；纵坐标为TOP-1预测的准确率，表示模型的分类效果；圆的大小代表模型的存储大小，用来表示空间复杂度和模型参数容量。从图中可以看出，这些模型性能整体表现优异，或是在某一方面表现突出，其中诸多网络结构的设计思想、优化技巧也可为安全模型的构建提供参考。

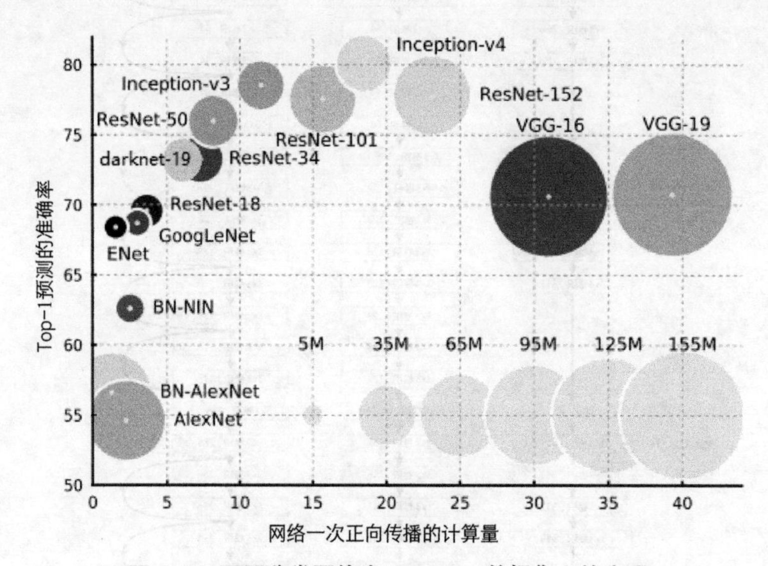

图6.23　不同分类网络在ImageNet数据集上的表现

（2）目标检测模型

在一些安全场景中，不但要求我们判断出图像是否存在恶意或存在哪种恶意类型，还需要确定恶意信息的位置，例如获取社区图像中违规元素的具体位置，以便进行存证，并对恶意信息做进一步分析。

目前对于恶意实体的目标检测方法有两种。一种目标检测方法是两阶段框架，即首先通过一个图像卷积网络对图像的前后景进行判别，生成待检测预选框（region proposal），然后再使用图像分类网络，对预选框中的物体进行分类，最后使用非极大值抑制来对预选框进行筛选。Faster R-CNN是业务中最为常用的两阶段检测框架。图6.24展示了Faster R-CNN的模型框架，对于一张图像，首先输入到第一阶段的卷积网络，得到用于区分前后景的特征图；然后在特征图上通过滑动窗口生成锚点（anchor），通过softmax函数判断锚点是否为待检测前景，从而生成待检测预选框；最后，将预选框中的特征图池化到标注尺寸，再输入到图像分类器中进行分类，进而获取目标的类别和位置信息。

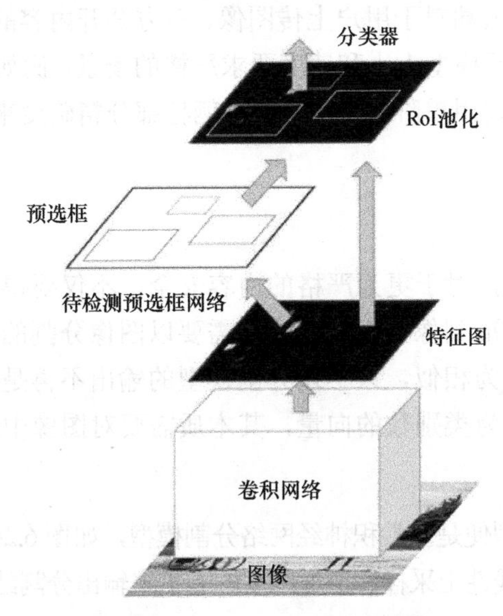

图 6.24 Faster R-CNN 的模型框架

另一种目标检测方法是单阶段框架，代表网络是 YOLO 系列检测网络。其思想是通过端到端的方式将框架中的位置检测与类别分类两个阶段融合起来，并从网络中同时输出。如图 6.25 所示，YOLO 首先将图像划分为 $N \times N$ 大小的格子，将图像输入网络后，每一个格子会获取一组输出，每组输出包括两部分：一部分是目标边界框信息，每个边界框有 5 个数值 (x,y,w,h,c)，分别表示以此小格为中心的物体边界框的左上角坐标、宽度、高度以及置信度；另一部分即为该小格对应的类别输出，对于 C 个分类输出，即有 C 个输出数值，分别对应每个类别的置信度。

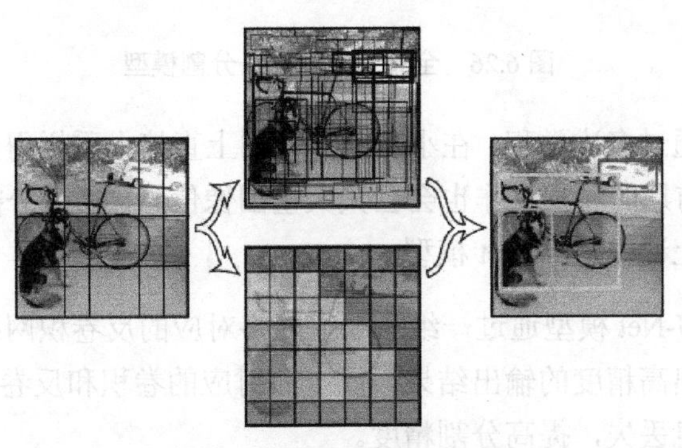

图 6.25 YOLO 的检测框架

在图像内容安全目标检测中，这两种检测方法各有特点。对于检测精准度要求高、实时性要求较低的场景，例如云端对于用户上传图像、三方公开内容的检测，可以通过两阶段框架来提高检测准确性；对于模型大小和速度要求严格的场景，例如部署于本地移动终端的实时检测模型，就可以考虑使用单阶段框架，通过牺牲部分精确度来提升模型速度、减少模型大小。

（3）图像分割模型

在目标检测的基础上，对于更为严格的内容安全，不仅要得到恶意信息的位置，还要将恶意信息的类别划分精准到像素粒度，这就需要以图像分割的方式来建立模型。图像分割模型与图像分类模型较为相似，只不过分割模型的输出不再是判别类别，而是一张与输入图像高宽相同、通道数为类别数的向量，其本质需要对图像中的每一个像素所属的类别进行判别。

最基础的图像分割模型便是全卷积神经网络分割模型，如图 6.26 所示。通过分类网络最后的全连接输出层，使用双线性上采样和通道维度的卷积来输出分割结果。

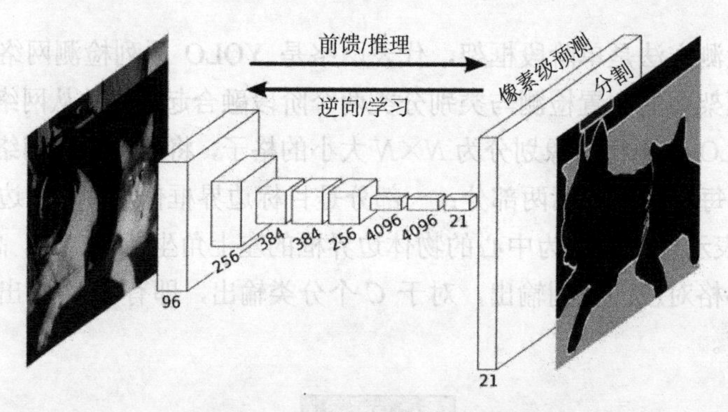

图 6.26　全卷积神经网络分割模型

由于输出结果是通过多次卷积，在小尺度特征图上直接上采样得到的，因此输出结果的粒度非常粗糙，同时前期的卷积操作也会丢失大量图像信息，影响分割的精准度。所以在全卷积神经网络的基础上诞生了 U-Net 模型。

如图 6.27 所示，U-Net 模型通过一组与卷积网络对应的反卷积网络，将卷积后的向量重建为图像，从而构建出高精度的输出结果。同时在对应的卷积和反卷积层中建立跨层连接，减少采样过程中的信息丢失，提高分割精度。

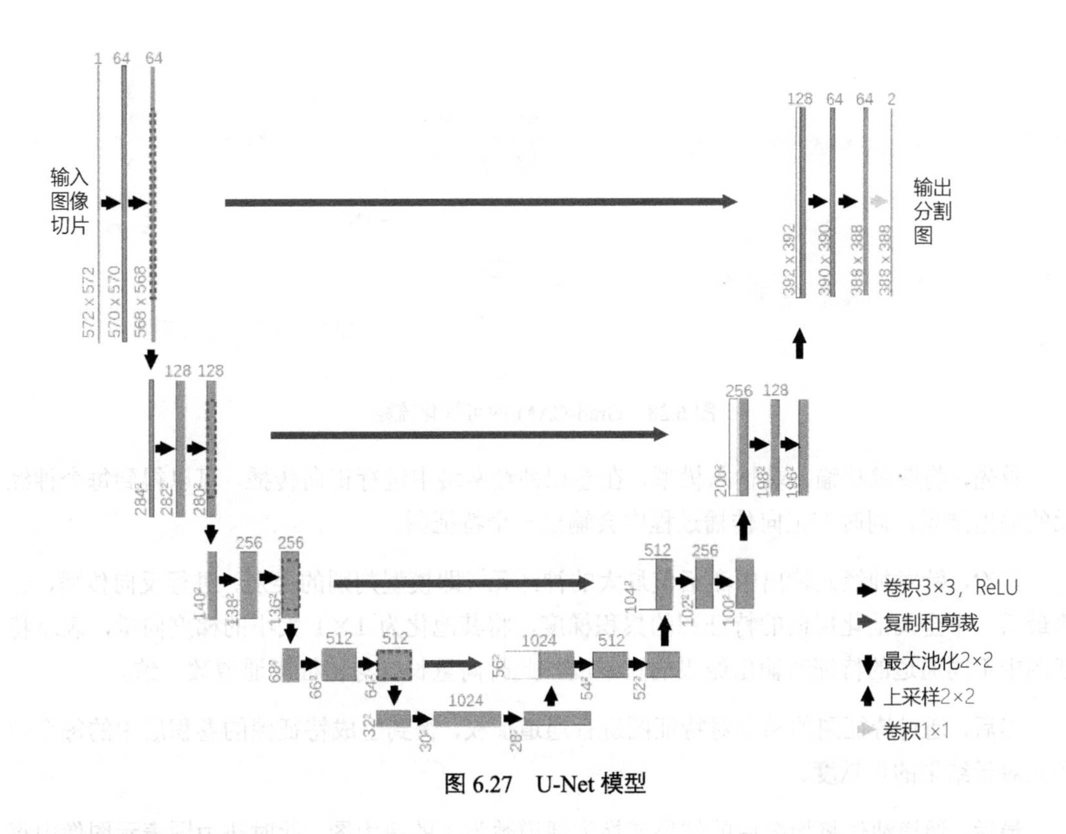

图 6.27 U-Net 模型

3．可解释性

完成模型构建和训练后，便可使用模型对待测样本进行预测。然而对安全业务场景来说，当模型将样本判断为恶意时，业务方会对恶意信息采取打击、拦截等处置手段。这使得模型的判断结果会在业务方和用户方产生较为明显的感知和影响。一方面，当面对用户的申诉时，模型需要给出可解释的判断依据作为举证内容。另一方面，由于对误判零容忍，因此也需要模型给出判断指标来检测模型是否可靠。

对于图像模型使用的卷积神经网络，从外部来说该模型是由数百万到数千万的神经元和权值连接组成的，其本身就已经接近于一个黑盒模型，无法进行精准的回溯和解释。不过通过可视化模型的输出过程，可以给出一定程度的可解释性。

Grad-CAM 是一种绘制图像中每个部分对最终结果的贡献热力图的方法，该方法得到的热力图可以用来确定模型判断依据。如图 6.28 所示，Grad-CAM 的可视化流程可分为如下 4 步。

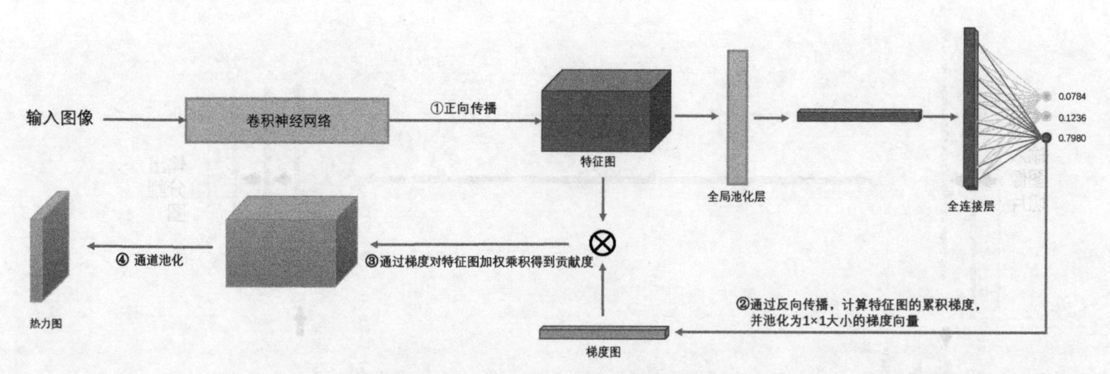

图 6.28 Grad-CAM 的可视化流程

首先，将图像从输入端输入模型，在卷积神经网络中进行正向传播，可以得到每个神经元的输出结果，同时在正向传播过程中会输出一个特征图。

其次，针对神经元输出中激活值最大的神经元（即模型判别的类别）进行反向传播，计算最后一个全局池化层前的特征图的累积梯度，将其池化为 1×1 大小的梯度向量，表示特征图中不同通道的特征对输出结果的贡献度，此时向量长度与特征图通道数一致。

然后，通过特征图的梯度对特征图进行通道加权，得到生成特征图的卷积层中的每个神经元对于结果的贡献度。

最后，通道池化将加权后的结果转换为通道数为 1 的热力图，此时热力图表示图像中每一个部分对判别最终结果的贡献度大小。

通过将热力图与原图叠加，便可利用可视化方法来选取其中的高热部分（对模型输出贡献度最大的部分）作为模型判别依据，从而建立图像模型的可解释性。

6.4.4 主动学习

建立完图像内容安全模型后，即可对业务中的恶意内容进行识别、处置和打击。然而与一般图像识别任务不同，安全领域的对抗是时时刻刻存在的，黑产在感知到被打击后也会尝试通过各种修改图像内容的方法来绕过模型。由于安全业务也无法时刻进行大规模的审核与排查，因此随着时间的推移，原有模型的泛化效果会逐步衰退。这就需要我们建立主动学习的机制，帮助业务感知边界样本和黑产动态，完成模型的持续性优化。

在实际业务中，黑产对抗模型的主要方法是通过建立干扰和大量测试，找出模型识别恶意内容的边界条件，再通过让模型输出小于判黑阈值来绕过模型识别。而主动学习的思路就是，通过从模型样本中找出潜在的边界样本，然后对这些边界样本进行增强学习，在加强模型的同时，也对可能出现的对抗样本进行学习。

主动学习的核心是样本的查询方法（采样方法），即如何从样本中选取出合适的边界值。目前主要的采样方法有如下三种。

- 不确定性采样：通过估计模型对于输入图像判别结果的不确定性，来判断当前图像样本是否为边界样本，判断的方法有模型输出置信度低、输出 TOP 类别和 TOP 2 类别的概率差值小、输出分布的熵值大等。另外还可以通过在输入图像中添加扰动，观察输出结果波动幅度的方法来估计样本输出的不确定性。
- 基于模型投票的方法：采用多个模型集成投票的方法来判断样本的难易程度。当不同模型投票差异较大（即投票熵较大）时，表明样本区分困难，更可能是边界样本。
- 基于密度权重的方法：在选取边界样本时，同时考虑样本空间的密度情况。对模型来说，与孤立的离群边界样本相比，位于样本稠密区域的边界样本对提升模型能力的贡献更大。

主动学习的实现流程如图 6.29 所示，其中“业务数据”“图像模型”和“模型结果”为主动学习与业务检测的共用部分，可以通过已有的模型检测实现，“查询策略”“边界样本”和“数据集”为主动学习的独有部分。

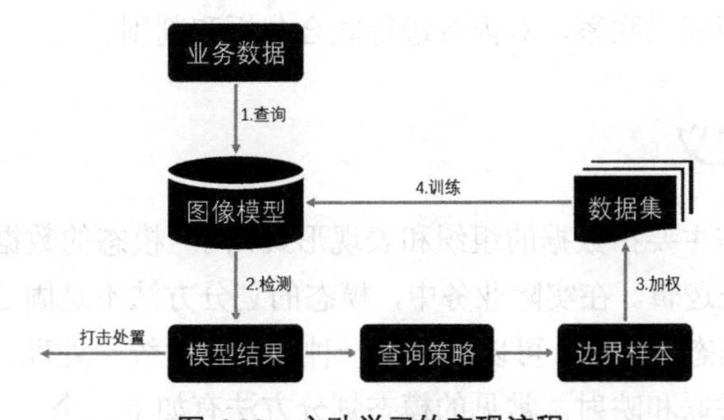

图 6.29 主动学习的实现流程

首先，使用已经训练好的模型，对于新查询数据，通过查询方法选取边界样本。

其次，对边界样本进行人工审核并标注处理。

再次，将标注后的样本加入训练数据集中，对模型进行微调训练，在训练过程中通过提高边界样本权重来加强模型对于边界样本的学习。

最后，将微调好的模型作为基准模型，继续使用查询方法来查询新数据。

通过在安全体系中引入主动学习，可以不断获取边界样本，并对模型持续优化，以此来应对黑产对于安全模型的对抗手段。同时可以根据黑产对抗的强度，确定主动学习的触发周期。当黑产内容稳定且对抗缓慢时，就可以在较长时间间隔下触发主动学习，节省业务及系统的人力、物力资源；当黑产对抗激烈且变化迅速时，就可以频繁触发甚至建立实时的主动学习机制，针对黑产的对抗持续性地优化模型。

前面章节系统性地介绍了文本风控和图像风控在大数据安全治理场景中的对抗方案。但在保证高准确率时，基于单个属性媒介的检测会在覆盖上有一定的损失，而且黑产在对抗的变种中会充分利用多种媒介来表达恶意信息。例如用文本表达一部分恶意信息，用图像再表达另外一部分恶意信息，在单维度上恶意信息的表达不明显，所以需要引入多模态内容对抗技术来综合识别恶意信息。

6.5 多模态内容对抗技术

复杂内容安全场景中的内容表达形式往往比较丰富，可能同时包含文本、图像、音频等形式。在这种情况下，恶意内容的判别也不能依赖于单一维度的表现信息，而是需要结合多个维度的表现信息来判断。本节主要介绍在多模态内容下，如何使用多模态模型帮助企业在不同的业务模态信息间建立联系，对内容进行联合分析和判别。

6.5.1 多模态定义

机器学习中的模态主要指数据的组织和表现形式，同一模态的数据往往拥有相同的数据结构、数据来源或表征逻辑。在实际业务中，模态的划分方法不是固定不变的，而是与实际业务相关。对于同一模态的数据，可以使用同一种模型进行统一处理；而对于不同模态的信息，就无法直接进行关联和映射。常见的模态划分方法有如下三个。

- 数据结构：不同模态的数据具有不同的数据结构，例如内容数据模态可划分为图像、文本、音频和视频，它们在计算机数据存储中的组织形式都不相同，所以同一模态可以统一处理，不同模态不可相互关联。
- 数据来源或场景：对于数据结构和表征逻辑相似，但数据来源和场景不同的数据也可以划分为不同模态，例如评论文本、举报文本和申诉文本，由于其场景不同，对应的处理方式也各不相同。

- 表征逻辑：如果数据的数据结构相似，就可根据表征逻辑的不同来划分不同模态，例如文本中的不同语言、图像中的RGB图像与HSV图像等，虽然它们的数据结构是相似的，但是由于表达逻辑不同，不同模态的信息仍然不可相互映射。

在内容安全场景中，内容数据的表征逻辑和业务场景都比较接近，所以实践中最主要关注的多模态是图像、文本、音频和视频信息。这些信息对于内容安全的判别存在互补性和冗余性，多模态方法综合多模态的互补信息可以提升模型能力，建立更加稳定和精准的预测。但多模态方法要尽量剔除模态之间的冗余信息，避免带来额外的开销。

内容安全识别中常见的多模态方法便是模态融合和协同训练，接下来会对二者分别进行介绍。

6.5.2 模态融合

模态融合的目标是将不同模态的特征信息以合理的方式融合在一起，用于后续的内容安全判别。按照融合层次的不同，可以分为早期融合、后期融合和混合融合。

- 早期融合（基于特征的融合）：指在数据输入端或特征提取后就对数据进行融合，在多个模态的底层数据之间建立交互过程。其优点是各个模态信息量融合充分，缺点是底层模态关联性较弱，冗余信息较多，不便于通过建立相关性来提升整体模型效果。
- 后期融合（基于决策的融合）：对不同模态的数据输入分别建模，对各个模型的决策输出进行融合。其优点是经过模型筛选的冗余信息少，决策结果之间关联性强，缺点是底层特征信息量有限，无法捕捉底层相关性。
- 混合融合：结合了早期融合和后期融合两种方法，在底层数据和上层决策阶段分别进行数据融合。其优点是可以兼顾底层信息，保留与上层决策的关联，缺点是整体模型变得更为庞大而复杂，提高了训练的难度。

在实际应用中，当多模态的底层数据是时间或空间对齐时，底层数据之间就更可能存在关联信息，此时可使用早期融合方法。例如对于部分色情视频的识别，需要同时结合视频与音频进行判断。视频流和音频流在时序上是对齐的，如果音频内容与同一时刻的视频画面相对应，就更可能在底层数据之间产生关联。而当多模态数据底层无法对齐时，就更难以产生底层关联，此时建议使用后期融合方法，例如对于在社区中进行赌博引流的评论，往往通过评论内容传递博彩信息，通过头像图片提供联系方式，此时用户的头像和评论内容无法在时间或空间上产生强相关关系。所以在安全模型中，可以首先对用户头像和评论进行分别建模，而后对判别结果进行决策融合。当无法确定应该选择哪个层次进行融合，且系统资源和样本量充足时，可以采用混合融合方法。

确定模型中多模态融合的层次后，融合模态时的融合方法也各有不同。模态融合方法主要有：直接融合方法、基于双线性池化的融合方法、基于注意力机制的融合方法，接下来分别对这三种方法进行详细介绍。

1. 直接融合方法

直接融合通过对底层特征向量或高层输出特征进行简单操作，将不同模态的特征信息进行融合。在早期特征融合中，可使用直接拼接或对应位置加和的方法，这样后续模型在训练过程中会自动适应不同模态向量之间的关联关系，其中对应位置加和需要特征向量具有相同的大小，此时可以在融合前通过全连接网络将不同的模态向量转换为同一大小。由于拼接和求和无法直接得到决策结果，因此后期融合主要通过集成模型投票方式进行决策结果融合。

在实际业务中，直接融合方法是最为常用的方法，其实现较为简单、便捷，同时也可以在一定程度上融合不同模态信息，提升模型的能力。直接融合方法适用于简单多模态模型的快速实现，也可作为多模态模型的基准模型方法。

2. 基于双线性池化的融合方法

基于双线性池化的融合方法通过模态向量的外积来建立向量中的关联关系，而后将外积生成的矩阵线性化得到输出向量。n个模态的向量进行外积后会形成一个n维矩阵，相对于拼接或求和操作输出的一维向量，基于双线性池化的融合方法具有更强的表达元素之间关联性的能力，但同时也意味着参数量呈指数提升。

因此在实践中，基于双线性池化的融合方法常用于输出较少的后期融合，抑或在早期特征融合时对权值张量进行因式分解，通过低维近似来降低模型的训练难度。

3. 基于注意力机制的融合方法

基于注意力机制的融合方法的核心是建立一组注意力权值模型，对每个模态特征的注意力加权，在模态融合时通过注意力动态加权求和。在进行模态融合时，注意力机制使得模型可以自行学习对哪部分模态或模态中的哪些信息赋以更高的权重。通过训练模型可以学习到不同模态之间相似冗余与独有互补的部分，以达到最佳的综合模型效果。

另一种基于注意力机制的融合方法是在不同模态之间建立对称注意力机制，不同模态之间不直接融合，而是相互提供注意力权重。例如对于文本和图像，可以通过文本生成图像的注意力权重向量和通过图像生成文本的注意力权重向量，将他们分别应用到对应的注意力机制中。

以上重点介绍了几种常见的多模态数据特征或决策融合的方法。除了在模型中直接融入，也可以在训练流程中，通过搭建不同模态的训练方法，来实现不同模态之间的信息交互，这便是协同训练的核心思想，6.5.3 节将重点介绍协同训练方法。

6.5.3 协同训练

协同训练（co-training）方法由 Blum 和 Mitchell 于 1998 年提出，该方法将每一个模态视为样本集的不同视图。协同训练认为只通过一个视图的建模训练，便可获得分类器对其他视图提供的较好性能的监督信息。协同训练首先在一个标记的数据集上，使用两个不同视图（M1 与 M2）特征训练两个分类器（C1 与 C2）。然后使用 C1 分类器在未标记数据集上进行预测，选取高置信度的判别样本，再根据模型判别结果打上标签，加入到另一个 M2 训练集中；同样通过 C2 分类器获取样本，再加入到 M1 训练集中。接着分别使用更新后的训练集对 C1 和 C2 分类器进行训练优化，然后重复上面的几个步骤。接下来对这个过程不断迭代，直至到达设定的某一停止条件或最大迭代数，最终获得在两个模态上表现更好的分类器。这种方法也可以很轻易地扩展到多个模态上。

在实际业务中，想要让协同训练达到较好的效果，往往需要满足以下两个条件。

- 每个模态都包含样本标签的充分信息，也就是说在单一模态上已经能训练出对样本进行良好分类的学习器。
- 对于样本与标签的对应关系，不同模态之间应满足条件独立性，即模态之间应该具有信息的差异性，否则在实际应用中会导致分类器训练和筛选样本的趋同，从而使得协同训练失效。

通过在两个模态之间传递监督标签来建立多模态信息之间的沟通，使分类器尽可能在不同的数据源中学习特征以提高模型的泛化性。尤其是当某一模态的监督标签丰富，而其他模态监督标签匮乏时，协同训练可有效帮助匮乏模态建立有效监督信息，从而提升整体模型的训练效果。

6.6　本章小结

本章主要讲解了大数据安全治理场景下的内容对抗技术。首先介绍内容业务场景类型与可能存在的安全风险形态，随后介绍通过标签体系构建合理的恶意描述方法。在完成标签体系构建后，依次介绍文本和图像的预处理、无监督模型、监督模型以及持续迭代方法，然后针对黑产不断对抗的特点，介绍主动学习的持续迭代方法。最后介绍在内容信息载体日渐丰富的趋势下，适合多种载体的多模态内容对抗技术。

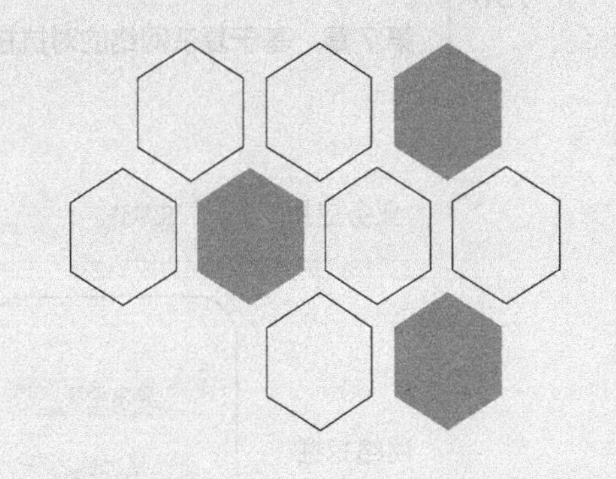

第7章 基于复杂网络的对抗技术

也许我们从来没有意识到，我们的世界可以定义成一个复杂网络。这个复杂网络由许多节点和边组成，其中节点代表不同的个体，而边代表个体之间的关系。如果要将安全风控技术从流量、内容扩展到网络，那么可以从多种角度出发作出更合理的判断，这是有别于文本、图像的另一种视角。

复杂网络的种类有很多，例如社交网络、万维网、支付网络、交通网络等，不同的网络可以有不同的风控任务。不管是哪一种复杂网络，都会存在扎堆聚集的现象。这种聚集不仅表现在网络结构上，而且也会体现在网络特征上。比如对于一个优质客户，那么他的好朋友和同事大概率也是优质客户，反之亦然。再比如在识别色情中介的任务中，虽然色情中介在网络中的距离可能很远，但是他们都有着非常相似的网络结构特征。

一个典型的基于复杂网络的大数据安全治理与防范体系如图 7.1 所示。架构的底层是复杂网络的基础建设，在基础建设之上是基于复杂网络的经典网络测度，基于基础建设和网络测度，我们可以设计出很多复杂网络模型来支撑最终的业务应用。

接下来，本章将按图 7.1 所示的架构来介绍在社群关系数据上的反欺诈技术，其中 7.1 节简单介绍复杂网络反欺诈技术的基础；7.2 节介绍复杂网络测度及其在反欺诈领域的应用；7.3 节介绍常见的复杂网络传播模型及其在反欺诈领域的应用；7.4 节介绍常见社区划分算法及其在反欺诈领域的应用；7.5 节介绍近几年热门的图神经网络算法及其在反欺诈领域的应用。

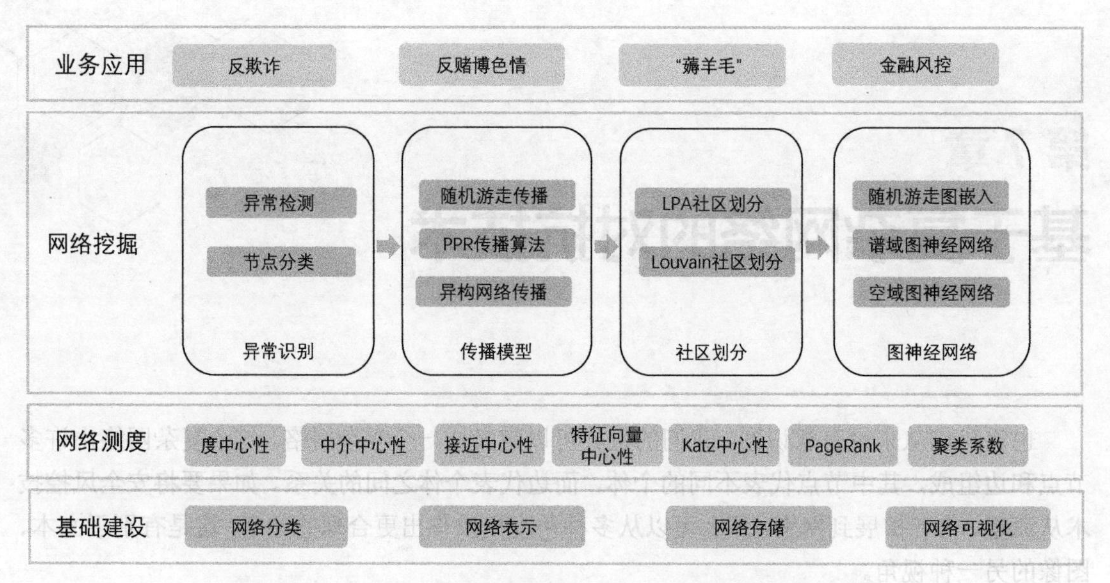

图 7.1 一个典型的基于复杂网络的大数据安全治理与防范体系

7.1 复杂网络基础

复杂网络风控技术的基础建设是后续工作可以正常进行的基础，因此在整个基于复杂网络风控技术的业务系统中至关重要。接下来本节将从网络分类、网络表示、网络存储、图可视化这几个方面展开介绍。

7.1.1 网络分类

根据节点和边的类型进行划分，复杂网络可以分为同构网络和异构网络。

1. 同构网络

同构网络（homogeneous network）是指只有 1 种节点类型和 1 种边类型的网络结构。在金融风控场景中，例如银行卡之间的转账关系、社交好友之间的红包发送关系等就是典型的同构网络，如图 7.2 所示。

2. 异构网络

异构网络（heterogeneous network）是指节点类型数量大于 1 或者边类型数量大于 1 的网络结构，例如金融风控中的用户-商户交易网络、用户-设备关系网络、网址风控中的万维网等，如图 7.3 所示。

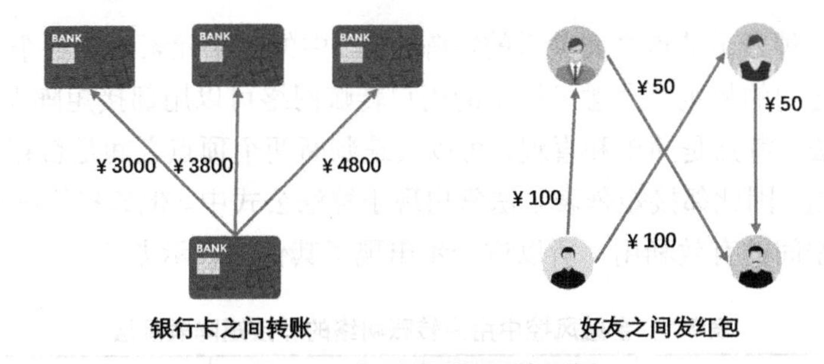

图 7.2　典型的同构网络示例

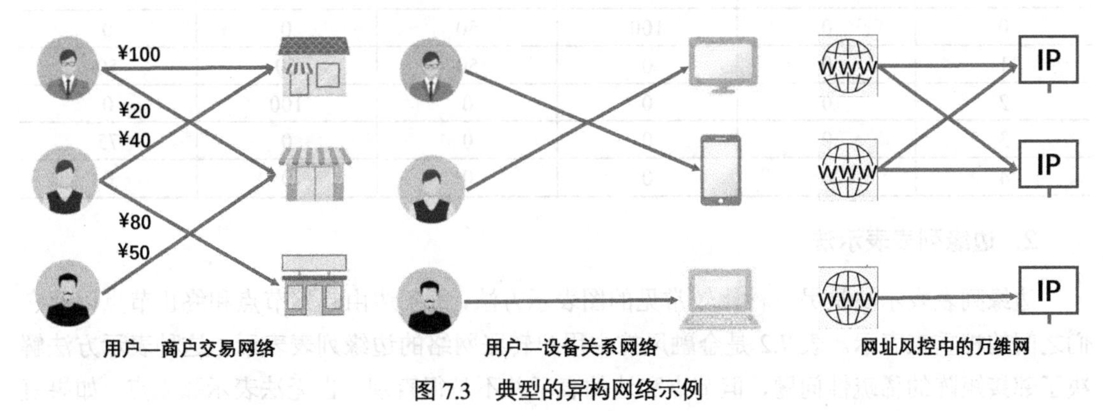

图 7.3　典型的异构网络示例

7.1.2　网络表示

在存储复杂网络之前，需要确定用何种数据结构来表示它。常见的表示方法包括邻接矩阵表示法、边缘列表表示法和邻接列表表示法。接下来，本节以金融风控中常见的用户转账网络作为示例，分别讲述这三种图表示方法。如图 7.4 所示，该网络中包括 5 个用户节点和 7 条转账关系构成的边，每条边上的权重为转账金额。

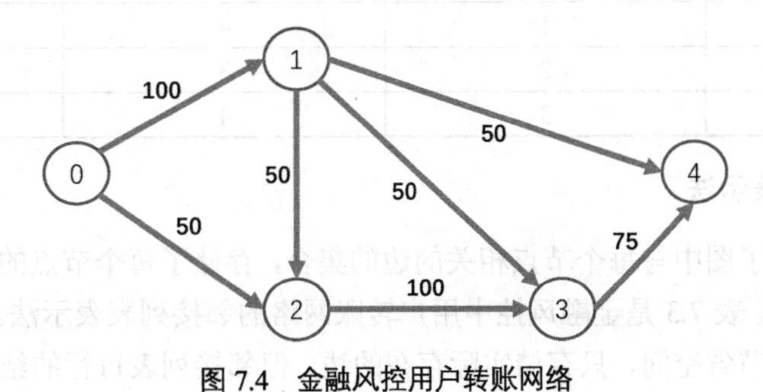

图 7.4　金融风控用户转账网络

1. 邻接矩阵表示法

邻接矩阵是一种表示节点之间关系的矩阵，矩阵中的每个元素代表各个节点之间是否有关系，以及节点之间的权重。金融风控中的用户转账网络可以用邻接矩阵表示，如表7.1所示。这种表示方法的特点是简单和直观，可以快速判断两个顶点之间是否存在边，以及快速添加边或者删除边，因此邻接矩阵表示法常出现于算法公式中。但邻接矩阵也存在稀疏性问题，不利于存储空间的有效利用，所以进一步出现了其他图表示方法。

表7.1 金融风控中用户转账网络的邻接矩阵表示法

节点	0	1	2	3	4
0	0	100	50	0	0
1	0	0	50	50	50
2	0	0	0	100	0
3	0	0	0	0	75
4	0	0	0	0	0

2. 边缘列表表示法

边缘列表表示法是另一种比较常见的图表示方法，每条边由起始节点和终止节点以及它们之间的权重来表示。表7.2是金融风控中用户转账网络的边缘列表表示。这种表示方法解决了邻接矩阵的稀疏性问题，但节点和边的表示并不是很直观，也无法表示孤立点。如果复杂网络图是以边为实际存储的话，那么边缘列表表示法就比较适合。

表7.2 金融风控中用户转账网络的边缘列表表示法

序号	起始节点	终止节点	权重
0	0	1	100
1	0	2	50
2	1	2	50
3	1	3	50
4	1	4	50
5	2	3	100
6	3	4	75

3. 邻接列表表示法

邻接列表表示了图中与每个节点相关的边的集合，存储了每个节点的所有相邻节点，以及它们之间的权重。表7.3是金融风控中用户转账网络的邻接列表表示法。与邻接矩阵相比，邻接列表的特点是节省空间，只存储实际存在的边，但邻接列表每行的结构是不一致的。如果复杂网络是以节点为 key 来存储边的形式，那么邻接列表表示法就比较适合。邻接列表表示法往往也是图数据库采用的方式。

表 7.3　金融风控中用户转账网络的邻接列表表示法

节点	邻接列表		
0	(1,100)	(2,50)	
1	(2,50)	(3,50)	(4,50)
2	(3,100)		
3	(4,75)		
4			

本节以金融风控中的用户转账网络为例，详细介绍了三种常见的复杂网络图表示方法，分别介绍了三种方法的优缺点以及适用范围。在了解了如何针对复杂网络设计数据结构之后，就可以将复杂网络存储下来。接下来将介绍存储复杂网络常用的图数据库。

7.1.3 网络存储

复杂网络图存储中应用了图数据库，图数据库是一种以图结构进行存储和查询的数据库。相比传统关系型数据库，图数据库可以很直观地表达现实世界的关系，且易于建模，同时还可以高效地插入和查询数据，因此，图数据库在安全风控领域也得到了广泛应用。例如，利用图数据库来分析黑产中介、“羊毛党”和诈骗团伙的关系。表 7.4 从多个维度对比了三个主流的开源图数据库。

表 7.4　主流的开源图数据库对比

对比维度	Neo4j	JanusGraph	HugeGraph
数据规模	十亿级	百亿级	千亿级
写入性能	在线导入慢	较慢	在线导入快
查询性能	快	较快	快
可扩展性	不可扩展	扩展难度大	可扩展
常用图算法	支持	不支持	支持
图计算平台	不支持	支持	支持
存储类型	本地存储	支持分布式存储	支持分布式存储
适用场景	人工智能、反欺诈、知识图谱等	云服务商、技术深厚的厂商	网络安全、金融风控等大规模数据场景

除了表 7.4 中提到的三种主流开源图数据库，很多互联网企业开发了自己的图数据库，

例如腾讯的 EasyGraph、WeGraphDB、PlatoDB，字节跳动的 ByteGraph 和阿里巴巴的 GDB 等，均在安全风控、个性化推荐等领域发挥着重要的作用。这些互联网大厂的图数据库不仅包含基本的存储功能，还包含图可视化这个复杂网络分析利器，可以帮助安全从业人员更直观地从复杂网络中发现一些额外的信息。

7.1.4 网络可视化

网络可视化作为复杂网络分析的重要一环，也是不可或缺的。一个好的网络可视化工具，可以更好地帮助安全从业人员进行团伙挖掘与产业链上下游分析。目前已经有不少开源的可视化工具供安全从业人员选择，其详细信息介绍如下。

1. NodeXL

NodeXL 以微软的 Excel 为基础，可为安全从业人员提供方便实用的复杂网络可视化和分析工具。该工具提供了包括数据导入、数据表示、常用图分析的测度和算法，还提供了交互式画布，使得安全从业人员可以选择节点的布局，并允许安全从业人员在画布上选择、拖曳节点，也可以编辑节点的大小、颜色和透明度等属性。总的来说，NodeXL 简单易用，且拥有不错的分析功能，但在安全从业人员使用 NodeXL 前，需要用其他软件将数据处理成标准格式。

2. Graphviz

Graphviz 用简单的 DOT 语言来描述复杂网络，可以在设计图时添加诸如颜色、字体、节点布局、超链接等选项，在安全风控相关的机器学习任务中得到了大量应用。总的来说，Graphviz 非常容易上手，可以自由地设计节点、边的形状，但是它只提供了几种布局，也不支持手动调整布局。

3. Gephi

Gephi 也是安全从业人员常用来探索和理解复杂网络的工具，Gephi 可以与图形产生交互，改变图形的布局、形状、颜色等，这可以帮助安全从业人员在分析的过程中更好地发现数据模式。同时 Gephi 提供了多达 12 种布局算法，还提供了丰富的网络测度和社区划分算法，此外，还可以通过交互式界面来动态筛选复杂网络的节点和边，于是安全从业人员可以聚焦到自己想要观察的地方。总的来说，Gephi 操作简单，容易上手，不需要编写代码，对新手比较友好，但在使用之前，需要将数据转换成 Gephi 需要的数据格式，这可能需要花费些时间。图 7.5 是在某网址风控任务中，利用 Gephi 分析得到的恶意网站社区表示。

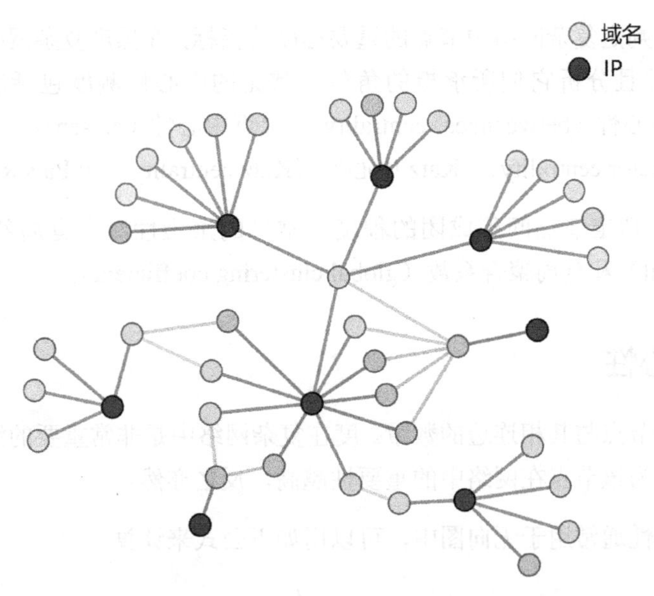

图 7.5 利用 Gephi 可视化工具得到的恶意网站社区表示

以上三种网络可视化工具，各有所长，上手都比较简单，比较适合初级安全从业人员进行图可视化分析、挖掘黑产模式。当然除了这三种网络可视化工具，业界还有不少可视化软件，例如 Palantir、COLA、蚂蚁金服的 G6、腾讯的 EasyGraph、百度的 Echarts 等网络可视化工具。

本节介绍了复杂网络风控技术的基础知识。在此基础之上，就可以方便地进行各种复杂网络测度的计算，进而支持各式各样的风控应用。

7.2 复杂网络测度

系统科学有一个最基本的观点，即结构决定功能。例如网络黑产通过消息和交易等关系构成了黑产复杂网络，我们可以通过实证方法来度量黑产复杂网络的统计性质，并依据这些统计性质构建相应的网络模型，以此来理解这些统计性质的原理，并根据已知的黑产复杂网络结构特征及其规则策略，找出具有同样行为的黑产复杂网络。

对黑产复杂网络进行研究时，首先应该从统计的角度出发，观察黑产复杂网络中的节点及其连接边之间的性质，性质不同则意味着不同的网络结构。在研究和分析黑产的过程中，关键节点和团伙是安全对抗人员比较关注的事情，这分别对应着复杂网络分析中的中心性测度和聚集性测度两类评价指标。

中心性测度是判定复杂网络中节点的重要程度的指标，在黑产复杂网络中，可以找出比较关键的节点，并且分析它们所承担的角色。常见的中心性测度包括度中心性（degree centrality）、中介中心性（betweenness centrality）、接近中心性（closeness centrality）、特征向量中心性（eigenvector centrality）、Katz 中心性（Katz centrality）和 PageRank。

聚集性测度是判定节点间形成团的程度。常见的聚集性测度有局部聚合系数（local clustering coefficient）和全局聚合系数（global clustering coefficient）。

7.2.1 度中心性

节点的度是指节点与其相连边的数量。度在复杂网络中是非常重要的测度。一个节点的度越高，则可以认为该节点在网络中的重要性越高，反之亦然。

节点的度中心性通常用于无向图中，可以用如下公式来计算：

$$DC(i)=\frac{k_i}{n-1}$$

其中，k_i 为节点 i 的度数，n 为网络中的节点数目。例如，在账号风控任务中，我们会遇到如图 7.6 所示的账号风控网络，网络中一共有 9 个账号，其中账号 5 的度数为 8，账号 5 和图中所有账号都建立了联系，其余账号的度数都为 4，通过节点的度中心性计算公式，可以计算得出账号 5 的度中心性为 8/8=1，其余账号的度中心性为 4/8=0.5，由此可以看出账号 5 更重要。

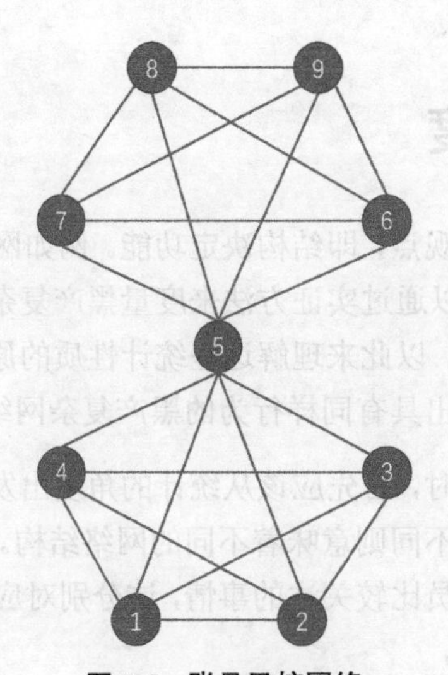

图 7.6 账号风控网络

节点的度中心性只利用了复杂网络的局部特性，因此一个节点的连接数很大，并不能代表该节点处于网络的核心位置。接下来介绍的中介中心性和接近中心性都利用了整个网络的特征，是度中心性的有效补充。

7.2.2 中介中心性

中介中心性也是一种刻画节点重要性的衡量指标，它主要衡量一个节点出现在其他任意两个节点之间最短路径的次数。这个次数越大，则认为该节点的中介中心性越大，该节点在网络中的重要性也就越高。

中介中心性可以用如下公式来计算：

$$C_B(v)=\sum_{s\neq v\neq t\in V}\frac{\sigma_{st}(v)}{\sigma_{st}}$$

其中，σ_{st} 表示节点 s 到节点 t 的最短路径的数量，$\sigma_{st}(v)$ 表示从节点 s 到节点 t，通过节点 v 的最短路径的数量。

接下来以银行卡风控为例，介绍中介中心性在识别关键“卡商”中的应用。如图 7.7 所示，“卡商”会高价收购用户的银行卡，然后层层转售，最后由一些“卡商”出售给“水房”洗钱团伙，从而快速转移诈骗资金。该网络包含 11 个节点和 12 条边，通过中介中心性的计算公式，可以计算出节点 7 和节点 8 的中介中心性为 0.5，节点 5 和节点 6 的中介中心性为 0.378，其他节点的中介中心性都小于这 4 个节点，这说明节点 5、节点 6、节点 7、节点 8 在该网络中起着非常重要的作用。

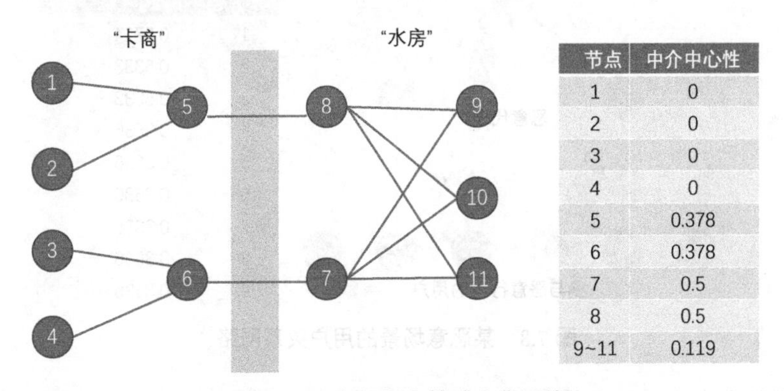

节点	中介中心性
1	0
2	0
3	0
4	0
5	0.378
6	0.378
7	0.5
8	0.5
9~11	0.119

图 7.7 恶意银行卡转移出售网络

与度中心性相比，中介中心性利用了整个网络的特征，能够比较好地描述一个节点在网络中的中心位置。除了中介中心性，复杂网络中还有一个类似的测度，那就是接近中心性。

7.2.3　接近中心性

同中介中心性一样，接近中心性也利用了整个网络的特征，可以很好地描绘一个节点在网络中的位置。

接近中心性可以用如下公式来计算：

$$C_c(N_i) = \frac{g-1}{\sum_{j=1}^{g} dis(i,j)}$$

其中，节点一共有 g 个，$dis(i, j)$表示节点 i 到节点 j 的距离。如果节点到网络上其他节点的最短距离都很小的话，那么该节点的 C_c 值会很大，接近中心性会很高。从定义可以看出，相比中介中心性和度中心性，接近中心性更符合几何中心的定义。

在某恶意场景中可以利用接近中心性来识别核心上游角色。该恶意场景的用户关系网络如图 7.8 所示，通过计算可以得到该网络中节点 1 的接近中心性最高，节点 2 和节点 3 次之。所以节点 1 很可能是恶意场景中的核心上游角色，节点 2 和节点 3 很可能是恶意代理，节点 4～节点 9 很可能是参与恶意行为的用户。

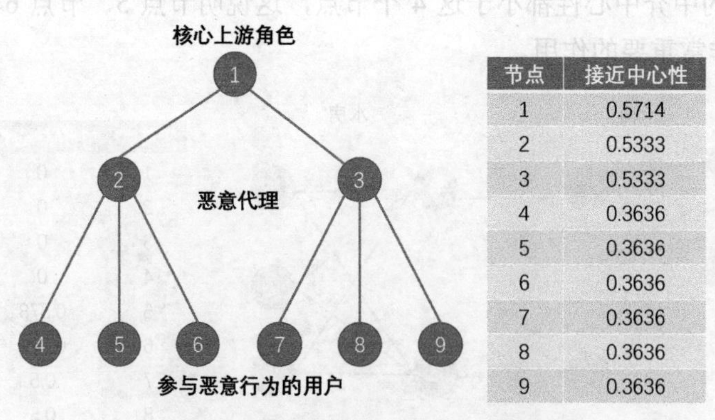

节点	接近中心性
1	0.5714
2	0.5333
3	0.5333
4	0.3636
5	0.3636
6	0.3636
7	0.3636
8	0.3636
9	0.3636

图 7.8　某恶意场景的用户关系网络

前面介绍的中介中心性和接近中心性偏重于刻画节点的网络结构特征，没有考虑邻居节点的特征。接下来介绍的特征向量中心性和 PageRank 算法均考虑了邻居节点的特征。

7.2.4 特征向量中心性

一个节点的重要性不仅取决于该节点在网络中的位置、该节点有多少邻居节点，而且也取决于邻居节点的重要性。因此，特征向量中心性是通过构建邻居节点中心性来评估一个节点是否重要的函数。通俗地讲，节点的邻居越重要，节点就越重要。

特征向量中心性可以通过邻接矩阵去求解，给定一个涉诈用户关系网络 $G=(V,E)$，如图 7.9 所示，其中 V 为涉诈用户节点集合 $\{v_1,v_2,v_3,v_4,v_5\}$，E 为涉诈用户之间的关系集合 $\{e_{12},e_{23},e_{24},e_{25},e_{45}\}$。如果 $(v_i,v_j)\in E$，那么邻接矩阵元素 $A_{ij}=1$；否则 $A_{ij}=0$。特征向量中心性可以用如下公式表示：

$$x_v=\frac{1}{\lambda}\sum_{t\in M(v)}x_t=\frac{1}{\lambda}\sum_{t\in G}a_{v,t}x_t$$

其中，$M(v)$ 是用户节点 v 的邻居集合，λ 是一个常数。经过变化之后，可以得到特征向量中心性的向量表达式为 $\boldsymbol{Ax}=\lambda\boldsymbol{x}$。

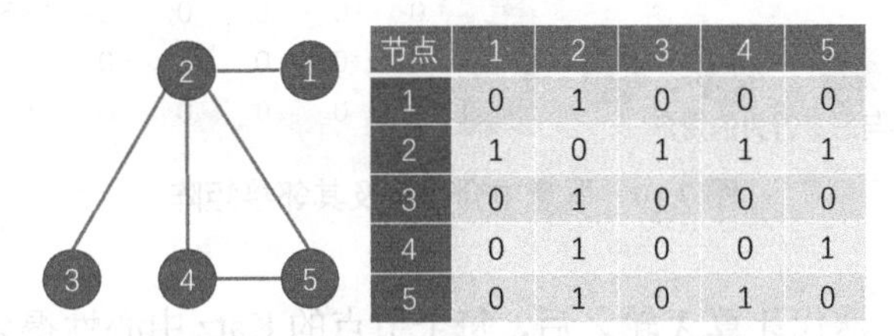

节点	1	2	3	4	5
1	0	1	0	0	0
2	1	0	1	1	1
3	0	1	0	0	0
4	0	1	0	0	1
5	0	1	0	1	0

图 7.9　涉诈用户关系网络及其邻接矩阵

通常情况下，会有很多不同的特征值 λ 能使方程有非零解，但是根据 Perron-Frobenius 定理，特征向量中的值都是非负的，因此只有当特征值最大时，才能得到想要的特征向量中心性。特征向量中的第 v 个分量就是顶点 v 的特征向量中心性得分。但是，特征向量只可以确定各个节点特征向量中心性的比例，如果想得到一个绝对分数的话，就需要对特征值进行标准化处理，即让所有节点特征向量中心性得分之和为 1，如表 7.5 所示。

表 7.5　图 7.9 中每个节点的特征向量中心性得分

节点	归一化前特征向量中心性得分	归一化后特征向量中心性得分
1	0.27	0.1274
2	0.64	0.3019
3	0.27	0.1274
4	0.47	0.2217
5	0.47	0.2217

特征向量中心性计算方法只能用于无向图，当其用于有向图且图中存在没有入度的节点时，便无法正常计算。为了解决这个问题，Katz 中心性针对每个节点都增加了一个初始化的中心度值β，可以得到与特征向量中心性相似的公式：

$$x_v = \frac{1}{\lambda}\sum_{t \in G} a_{v,t} x_t + \beta$$

其中，λ 和 β 都是常数。接下来以一个金融风控中的恶意中介网络为例，求出每个账号的 Katz 中心性分数。如图 7.10 所示，该转账网络包括 7 个账号节点和 6 条边，每条边上的权重代表转账金额。

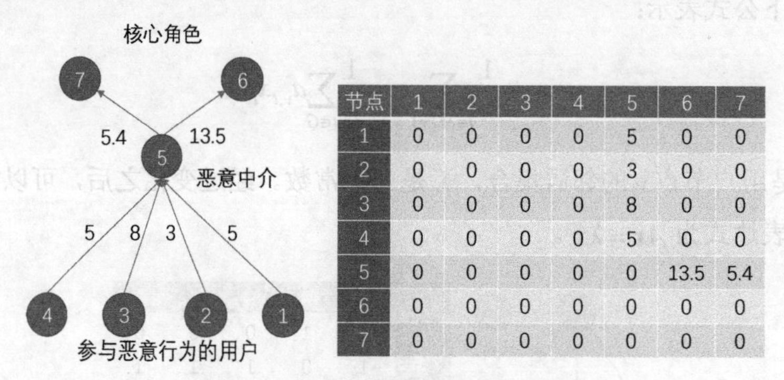

节点	1	2	3	4	5	6	7
1	0	0	0	0	5	0	0
2	0	0	0	0	3	0	0
3	0	0	0	0	8	0	0
4	0	0	0	0	5	0	0
5	0	0	0	0	0	13.5	5.4
6	0	0	0	0	0	0	0
7	0	0	0	0	0	0	0

图 7.10　恶意中介网络及其邻接矩阵

当 λ = 0.1，β =1，迭代计算 X 轮之后，每个节点的 Katz 中心性得分趋向稳定，如表 7.6 所示，可以看出恶意中介和核心角色的 Katz 中心性要明显高于参与恶意行为的用户。

表 7.6　图 7.10 中每个节点的 Katz 中心性得分

节点	归一化前 Katz 得分	归一化后 Katz 得分
1	0.14	0.0651
2	0.14	0.0651
3	0.14	0.0651
4	0.14	0.0651
5	0.45	0.2093
6	0.75	0.3488
7	0.39	0.1814

Katz 中心性解决了有向图中节点没有入度的问题，但同时 Katz 中心性也有不足的地方，那就是一个高 Katz 得分的节点会将它的影响力传递给所有邻居，这显然与实际情况不

符。为此，有学者对 Katz 中心性改进，提出了 PageRank 算法。

7.2.5 PageRank

PageRank 不仅是复杂网络中常见的测度，它还是搜索引擎中网站搜索结果排序常用的技术。PageRank 的基本思想主要包含如下两点。

- 如果页面节点 A 的入链数量越多，那么页面节点 A 越重要。
- 如果指向页面节点 A 的页面质量越高，那么页面节点 A 越重要。

一个节点的 PageRank 值可以用如下公式来表示：

$$PR(p_i)=\frac{1-d}{N}+d\sum_{p_j\in M(p_i)}\frac{PR(p_j)}{L(p_j)}$$

其中，p_i 是目标节点，$M(p_i)$ 是链入 p_i 节点的集合，$L(p_j)$ 是节点 p_j 链出节点的数量，N 是网络中所有节点的数量，d 是阻尼系数（damping factor）。d 的设定是为了解决没有外链节点所带来的问题，通常设定 d 的值为 0.85。我们可以这样理解，当用户访问到某一个节点后，继续访问下一个节点的概率是 0.85，用户随机访问新页面的概率是 0.15。

接下来，以网址安全检测为例，来详细介绍一下 PageRank 的工作流程。对于一个由 4 个站点组成的网络，分别是违法网站 A 和 B、恶意跳转网站 C 和 D，它们的初始 PR 值全部为 0，其中 C 连接到 A，D 连接到 B，A 和 B 相互连接，如图 7.11 所示。

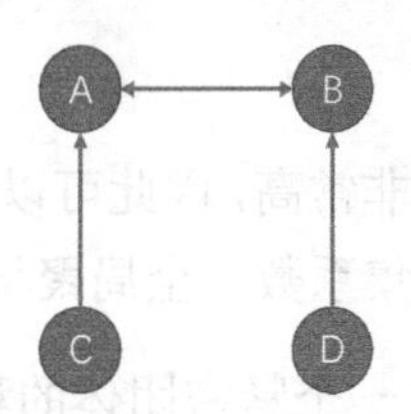

图 7.11 一个由 4 个站点组成的违法网络

根据上面提到的 PageRank 计算公式进行迭代计算，直到某次迭代结果小于某个误差值时结束计算。表 7.7 为每轮计算迭代后每个站点的 PageRank 值，在迭代 23 轮后，A 和 B 的 PageRank 值一致，C 和 D 的 PageRank 值一致，且 A 和 B 的 PageRank 值明显高于 C 和 D 的 PageRank 值，这说明 A 和 B 的重要性更高。

表 7.7 每轮迭代计算得到的 4 个站点的 PageRank 值

迭代计算次数	PageRank(A)	PageRank(B)	PageRank(C)	PageRank(D)
1	0.0694	0.1284	0.0375	0.0375
2	0.1785	0.2211	0.0375	0.0375
3	0.2573	0.2881	0.0375	0.0375
4	0.3143	0.3365	0.0375	0.0375
5	0.3554	0.3715	0.0375	0.0375
6	0.3851	0.3967	0.0375	0.0375
…	…	…	…	…
18	0.4609	0.4611	0.0375	0.0375
19	0.4613	0.4615	0.0375	0.0375
20	0.4617	0.4618	0.0375	0.0375
21	0.4619	0.4620	0.0375	0.0375
22	0.4621	0.4622	0.0375	0.0375
23	0.4622	0.4622	0.0375	0.0375

PageRank 算法和 Katz 中心性算法一样，都可以看作是特征向量中心性的延伸和改进，其中 PageRank 算法解决了 Katz 中心性算法遗留的问题，同样在安全风控复杂网络中发挥着非常重要的作用。目前介绍的中心性测度均是从节点重要性的角度出发，接下来讲述的聚合性测度则是从群体的角度出发。

7.2.6 聚集性测度

黑产复杂网络存在聚集性的概率非常高，因此可以应用聚合性测度来评估节点间形成团的程度。常见的聚集性测度有局部聚集系数、全局聚集系数。

局部聚集系数指相邻节点中形成一个紧密团体的程度，局部聚集系数反映了相邻两个节点之间邻居节点的重合度，即该节点的邻居之间相互连接的程度。局部聚集系数同时适用于有向黑产网络和无向黑产网络。当给定一个无向黑产网络时，节点 u 的局部聚集系数计算公式如下：

$$c_u = \frac{2T(u)}{deg(u)(deg(u)-1)}$$

其中，$T(u)$是与节点u相关的三角形的数量，$deg(u)$是节点u的度数，如果节点u的度数小于2，$c_u = 0$。如果给定的是一个有向黑产网络，相比无向图会有些许变化，节点u的全局聚集系数可以用如下公式来计算：

$$c_u = \frac{2}{deg^{tot}(u)(deg^{tot}(u)-1)-2deg^{\leftrightarrow}(u)}T(u)$$

其中，$T(u)$是与节点u相关的有向三角形的数量，$deg^{tot}(u)$是节点u入度与出度的节点个数之和，$deg^{\leftrightarrow}(u)$是节点u入度与出度交集节点个数之和。

图7.12是一个典型的诈骗团伙组织关系网络。该网络属于无向网络，它包含9个节点，节点1是该诈骗团伙的老板，他有两个骨干节点，分别是节点2和节点3，节点2管理节点4、节点5和节点6；节点3管理节点7、节点8和节点9。

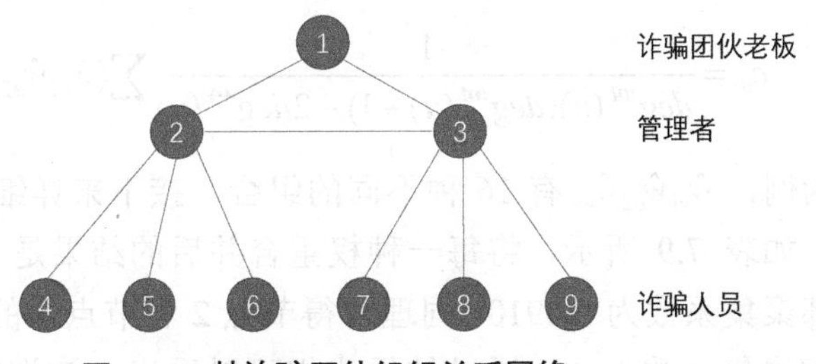

图7.12 某诈骗团伙组织关系网络

根据上面提到的无向图局部聚集系数计算公式，可以计算得到每个节点的局部聚集系数，如表7.8所示。

表7.8 图7.12中每个节点的局部聚集系数

节点	局部聚集系数
1	1.0
2	0.1
3	0.1
4～9	0.0

诈骗人员得手之后，会将黑钱一层层地转到老板手里。老板对每个诈骗小分队指定的任务是每个月骗取10单，管理者2的团队，当月只完成了8单，还缺2单；管理者3的团队，当月共完成15单，超额完成老板指派的诈骗任务，于是分了2单给管理者2，这样管理者2和管理者3就都完成了老板指定的任务。他们的资金流网络如图7.13所示。

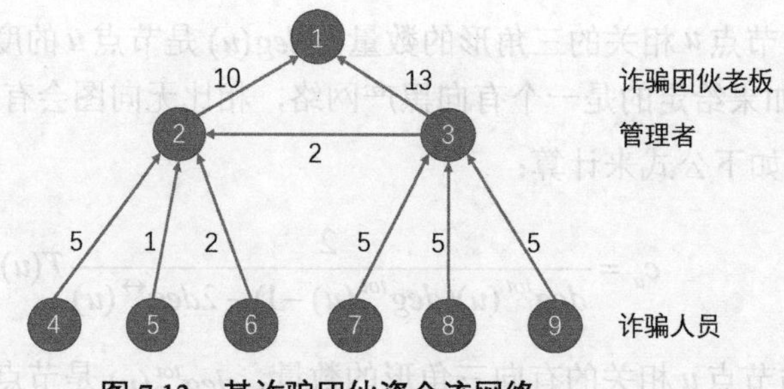

图 7.13　某诈骗团伙资金流网络

此诈骗团伙资金流网络是一个带权重的有向图，在处理带权重的有向图时有很多种方法，这里使用子图边权的几何平均值来定义。在计算局部聚集系数前，还需要对每个边的权重进行归一化操作，例如用每个边的权重除以所有边的最大权重，这时节点的局部聚集系数可以用如下公式来表示：

$$c_u = \frac{1}{deg^{tot}(u)(deg^{tot}(u)-1)-2deg^{\leftrightarrow}(u)}\sum(\hat{w}_{e1}\hat{w}_{e2}\hat{w}_{e3})^{1/3}$$

以节点 1 为例，$\hat{w}_{e1}\hat{w}_{e2}\hat{w}_{e3}$ 有 16 种不同的组合，接下来详细地计算节点 1 中 16 种不同组合的权重，如表 7.9 所示，将每一种权重合并后的结果是 0.9820，最终代入公式求得节点 1 的局部聚集系数为 0.4910，同理求得节点 2 和节点 3 的局部聚集系数为 0.0492，其余节点的局部聚集系数为 0，通过结果我们可以看出，该诈骗团伙中老板和管理者的局部聚集系数要比诈骗人员的局部聚集系数要高。

表 7.9　图 7.13 中节点 1 的局部聚集系数

组合	公式	权重 1	权重 2	权重 3	结果
1	$\sum(\hat{w}_{21}\hat{w}_{31}\hat{w}_{32})^{1/3}$	$\hat{w}_{21}=\frac{10}{13}$	$\hat{w}_{31}=\frac{13}{13}$	$\hat{w}_{32}=\frac{2}{13}$	0.4910
2	$\sum(\hat{w}_{21}\hat{w}_{31}\hat{w}_{23})^{1/3}$	$\hat{w}_{21}=\frac{10}{13}$	$\hat{w}_{31}=\frac{13}{13}$	$\hat{w}_{23}=0$	0
3	$\sum(\hat{w}_{21}\hat{w}_{13}\hat{w}_{32})^{1/3}$	$\hat{w}_{21}=\frac{10}{13}$	$\hat{w}_{13}=0$	$\hat{w}_{32}=\frac{2}{13}$	0
4	$\sum(\hat{w}_{21}\hat{w}_{13}\hat{w}_{23})^{1/3}$	$\hat{w}_{21}=\frac{10}{13}$	$\hat{w}_{13}=0$	$\hat{w}_{23}=0$	0
5	$\sum(\hat{w}_{12}\hat{w}_{31}\hat{w}_{32})^{1/3}$	$\hat{w}_{12}=0$	$\hat{w}_{31}=\frac{13}{13}$	$\hat{w}_{32}=\frac{2}{13}$	0
6	$\sum(\hat{w}_{12}\hat{w}_{31}\hat{w}_{23})^{1/3}$	$\hat{w}_{12}=0$	$\hat{w}_{31}=\frac{13}{13}$	$\hat{w}_{23}=0$	0

续表

组合	公式	权重 1	权重 2	权重 3	结果
7	$\sum(\hat{w}_{12}\hat{w}_{13}\hat{w}_{32})^{1/3}$	$\hat{w}_{12}=0$	$\hat{w}_{13}=0$	$\hat{w}_{32}=\frac{2}{13}$	0
8	$\sum(\hat{w}_{12}\hat{w}_{13}\hat{w}_{23})^{1/3}$	$\hat{w}_{12}=0$	$\hat{w}_{13}=0$	$\hat{w}_{23}=0$	0
9	$\sum(\hat{w}_{31}\hat{w}_{21}\hat{w}_{23})^{1/3}$	$\hat{w}_{31}=\frac{13}{13}$	$\hat{w}_{21}=\frac{10}{13}$	$\hat{w}_{23}=0$	0
10	$\sum(\hat{w}_{31}\hat{w}_{21}\hat{w}_{32})^{1/3}$	$\hat{w}_{31}=\frac{13}{13}$	$\hat{w}_{21}=\frac{10}{13}$	$\hat{w}_{32}=\frac{2}{13}$	0.4910
…	…	…	…	…	0
16	$\sum(\hat{w}_{13}\hat{w}_{12}\hat{w}_{32})^{1/3}$	$\hat{w}_{13}=0$	$\hat{w}_{12}=0$	$\hat{w}_{32}=\frac{2}{13}$	0

通过如上过程，可以求出每个节点的局部聚集系数，在此基础上，可以得到整个黑产网络的全局聚集系数，可以用如下公式来表示：

$$C=\frac{1}{n}\sum_{v\in G}c_v$$

其中，G 表示黑产复杂网络，n 表示黑产复杂网络中的节点数。简单来讲，就是求出每个节点的局部聚集系数，然后再求平均，所以复杂网络的全局聚集系数也被称为平均聚集系数。利用黑产复杂网络的全局聚集系数的计算公式，我们可以得到图 7.12 所示的组织关系网络的全局聚集系数为 0.1333，图 7.13 所示的资金流网络的全局聚集系数为 0.0655。

本节主要介绍了复杂网络中常见的中心性测度和聚集性测度，以及通过风控中遇到的实际案例讲述了这些测度的计算过程。这些测度不仅可以单独使用，而且可以联合起来作为机器学习模型的特征输入，为风控策略提供判定依据。

7.3 复杂网络传播模型

在实际的风控应用中，会经常利用网络传播算法，通过扩散已知黑标签节点来得到未知的潜在风险节点。本节将会介绍几种经典的传播模型，并通过对应的风控应用案例来讲述其应用过程。

7.3.1　懒惰随机游走传播

随机游走（random walks）传播模型因其简单易用，在风控领域中也有着广泛的应用，可以用如下公式来表示：

$$X' = XA$$

其中，A 代表概率转移矩阵，X 代表随机游走出发点初始的特征向量，X' 只是一次迭代的结果，二次迭代的话可以用如下公式来表示：

$$X'' = AX'$$

多次迭代的话以此类推。接下来以一个实际案例来详细说明随机游走传播是如何工作的。

以被举报为涉嫌诈骗的用户为例，将该疑似涉诈用户作为初始节点，经过关系扩散后，一共找到了 9 个用户节点，节点之间的关系网络和概率转移矩阵如图 7.14 所示。首先节点 7 为被举报用户，经过证据判定其涉及诈骗，且诈骗分数为 100。通过此节点扩散可以获取更多黑节点，然后利用随机游走对该网络中进行迭代计算，这样其他尚未被判定的用户节点就能得到一定的分数，每轮传播后各个节点分数的分布如表 7.10 所示。

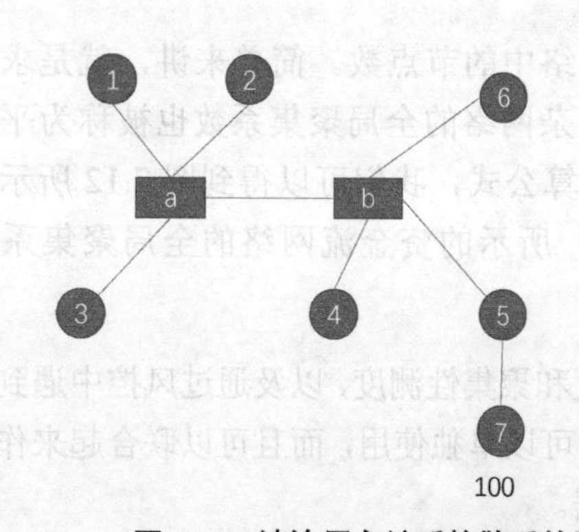

随机游走传播的概率转移矩阵

节点	1	2	3	a	4	5	6	7	b
1				1					
2				1					
3				1					
a	1/4	1/4	1/4						1/4
4									1
5								1/2	1/2
6									1
7						1			
b				1/4	1/4	1/4	1/4		

图 7.14　涉诈用户关系扩散后的网络和该网络随机游走传播的概率转移矩阵

表 7.10　每轮随机游走传播后每个用户节点的分数

迭代	节点 1	节点 2	节点 3	节点 a	节点 4	节点 5	节点 6	节点 7	节点 b
0	0	0	0	0	0	0	0	100	0
1	0	0	0	0	0	100	0	0	0
2	0	0	0	0	0	0	0	50	50
3	0	0	0	12.5	12.5	62.5	12.5	0	0

续表

迭代	节点 1	节点 2	节点 3	节点 a	节点 4	节点 5	节点 6	节点 7	节点 b
4	3.125	3.125	3.125	0	0	0	0	31.25	59.375
5	0	0	0	24.219	14.844	46.094	14.844	0	0
6	6.055	6.055	6.055	0	0	0	0	18.872	56.484
7	0	0	0	32.862	14.698	37.744	14.698	0	0
8	8.216	8.216	8.216	0	0	0	0	18.872	56.484
9	0	0	0	38.769	14.121	32.993	14.121	0	0
10	9.692	9.692	9.692	0	0	0	0	16.496	54.431
…	…	…	…	…	…	…	…	…	…
46	12.5	12.5	12.5	0	0	0	0	12.504	50.008
47	0	0	0	50.002	12.502	25.006	12.505	0	0
48	12.5	12.5	12.5	0	0	0	0	12.502	50.007
49	0	0	0	50.002	12.502	25.004	12.502	0	0
50	12.5	12.5	12.5	0	0	0	0	12.502	50.006

通过迭代计算结果可以得出，这种随机游走将会永久持续进行下去，这是因为图 7.14 中的网络图是一个二部图，对于这种图，随机游走产生的分数永远不会稳定。为了解决这个问题，可以让随机游走的节点以一定概率保持在当前节点上，这个概率可以取值为 50%，这也是懒惰随机游走（lazy random walks）的核心思想，其公式如下：

$$\boldsymbol{X}' = \boldsymbol{X}\left(\left(\boldsymbol{A}+\boldsymbol{I}\right)\times 50\%\right)$$

其中，$\boldsymbol{I}$ 是单位矩阵，$\boldsymbol{A}$ 是概率转移矩阵，$\boldsymbol{X}$ 代表随机游走出发点初始的特征向量。图 7.15 为涉诈用户关系扩散后的网络和该网络懒惰随机游走传播的概率转移矩阵。

如代码清单 7-1 所示，用 Python 来模拟图 7.15 中懒惰随机游走的过程，进而可以得到每个用户节点在每轮迭代的分数。这里使用的 Python 版本是 3.7.13。

代码清单 7-1　懒惰随机游走的代码实现

```
import networkx as nx
from scipy import sparse as sp
import numpy as np
def lazy_random_walk(t = 10):
    G = nx.Graph()
    edges = [
        ('1','a'),('2','a'),
```

```
        ('3','a'),('4','b'),
        ('5','b'),('6','b'),
        ('7','5'),('5','7'),
        ('a','b'),('b','a')
    ]
    nodes = ['1','2','3','a','4','5','6','7','b']
    for node in nodes:
        G.add_node(node)
    for edge in edges:
        G.add_edge(edge[0],edge[1])
    A = nx.adjacency_matrix(G)
    A1= A.toarray()
    rowsum = np.array(A.sum(1))
    d_inv_sqrt = np.power(rowsum, -1.0).flatten()
    d_inv_sqrt[np.isinf(d_inv_sqrt)] = 0.
    d_inv_sqrt = np.expand_dims(d_inv_sqrt,axis=0)
    A2 = (d_inv_sqrt.transpose()*A1+np.identity(9))*0.5
    X = np.array([[0],[0],[0],[0],[0],[0],[0],[100],[0]])
    rst = X.transpose()
    for i in range(t):
        rst_ = rst.dot(A2)
        rst = np.around(rst_,3)
        print(f"第{i+1}轮",rst)
lazy_random_walk(t=100)
```

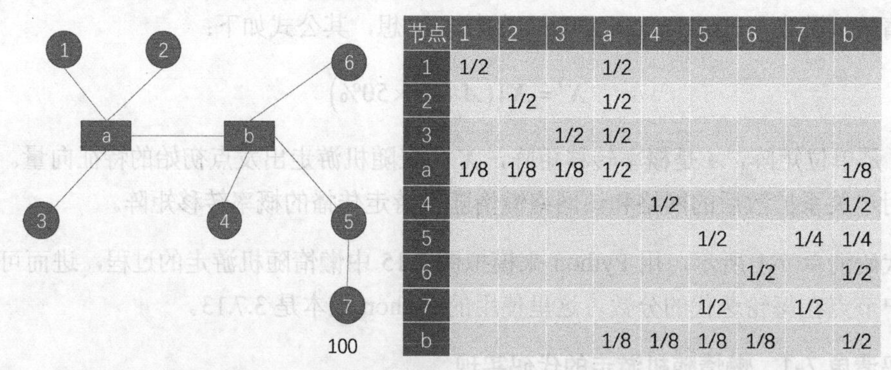

节点	1	2	3	a	4	5	6	7	b
1	1/2			1/2					
2		1/2		1/2					
3			1/2	1/2					
a	1/8	1/8	1/8	1/2					1/8
4					1/2				1/2
5						1/2		1/4	1/4
6							1/2		1/2
7						1/2		1/2	
b				1/8	1/8	1/8	1/8		1/2

图 7.15　涉诈用户关系扩散后的网络和该网络懒惰随机传播的概率转移矩阵

通过代码清单 7-1 的程序进行迭代计算后，可以得到每轮传播后每个页面节点的分数，如表 7.11 所示。从表中可以看出经过 50 轮的迭代计算之后，每个节点的分数已经趋向稳定。如果将信息量的大小用颜色深浅来区分，信息量越大，其颜色越深，用边的粗细来代表该边传播的信息量的大小，这样就得到图 7.16 所示的示例图，从图中可以很清晰地看到最终每个节点、每条边承载的信息量。例如节点 a、节点 b 和节点 5 的信息量最大，可以优先考虑从这 3 个节点出发进行分析。

表 7.11 每轮懒惰随机游走传播后每个页面节点的分数

迭代	节点 1	节点 2	节点 3	节点 a	节点 4	节点 5	节点 6	节点 7	节点 b
0	0	0	0	0	0	0	0	100	0
1	0	0	0	0	0	50	0	50	0
2	0	0	0	0	0	50	0	37.5	12.5
3	0	0	0	1.562	1.562	45.312	1.562	31.25	18.75
4	0.195	0.195	0.195	3.125	3.125	40.625	3.125	26.953	22.46
5	0.488	0.488	0.488	4.662	4.37	36.596	4.37	23.633	24.902
6	0.827	0.827	0.827	6.176	5.298	33.227	5.298	20.966	26.553
7	1.186	1.186	1.186	7.648	5.968	30.416	5.968	18.79	27.653
8	1.549	1.549	1.549	9.06	6.441	28.06	6.441	16.999	28.354
9	1.907	1.907	1.907	10.398	6.765	26.074	6.765	15.514	28.765
10	2.253	2.253	2.253	11.655	6.978	24.39	6.978	14.276	28.966
…	…	…	…	…	…	…	…	…	…
46	6.14	6.14	6.14	24.646	6.306	12.746	6.306	6.403	25.182
47	6.151	6.151	6.151	24.681	6.301	12.722	6.301	6.388	25.164
48	6.161	6.161	6.161	24.712	6.296	12.7	6.296	6.374	25.149
49	6.169	6.169	6.169	24.741	6.292	12.681	6.292	6.362	25.134
50	6.177	6.177	6.177	24.766	6.288	12.663	6.288	6.351	25.122

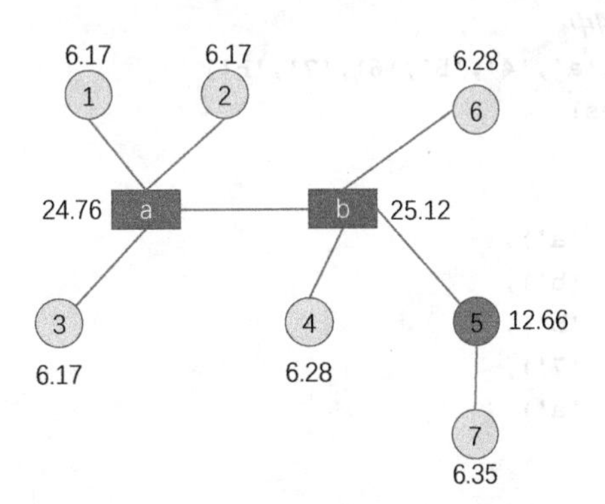

图 7.16 节点和边最终的信息量

通过上面的计算可以看到，最终懒惰随机传播节点的信息量会收敛到一个稳定的值，并且信息的来源会越来越不明显。事实上，最终节点信息量的大小与它们的度数分布相关，这意味着度数大的节点会获得更多的信息量。如果想让最初信息传播的节点发挥更大作用，一种可行的方法是让随机游走以给定的概率返回到最初信息传播的节点，而个性化 PageRank 传播算法就是这样的原理。

7.3.2　个性化 PageRank 传播

个性化 PageRank（Personalized PageRank）算法是 PageRank 算法的一个变种，广泛应用于网络挖掘和分析任务中。给定一个起始节点 s 和终止节点 t，PPR(s,t)表示起始节点 s 随机游走到终止节点 t 处终止的概率。个性化 PageRank 算法可以用如下公式来表示：

$$\boldsymbol{X}' = \boldsymbol{X}\left(\left(1-\alpha\right)\boldsymbol{A}\right)+\alpha\boldsymbol{E}$$

其中，α是一个常数，它的取值范围是 0～1，$\boldsymbol{A}$ 代表概率转移矩阵，$\boldsymbol{E}$ 是一个包含起始节点信息的向量。在图 7.14 的例子中，除了起始节点，其余的节点的初始分数全都是 0。

如代码清单 7-2 所示，用 Python 来实现个性化 PageRank 算法，可以得到每个节点的 PageRank 分数。

代码清单 7-2　个性化 PageRank 算法的代码实现

```
import networkx as nx
from scipy import sparse as sp
import numpy as np
num_iter,alpha = 100,0.5
G = nx.Graph()
#定义节点，并将节点加入图中
nodes = ['1','2','3','a','4','5','6','7','b']
G.add_nodes_from(nodes)
#定义边，并将边加入图中
edges = [
    ('1', 'a'), ('2', 'a'),
    ('3', 'a'), ('4', 'b'),
    ('5', 'b'), ('6', 'b'),
    ('7', '5'), ('5', '7'),
    ('a', 'b'), ('b', 'a')
]
for edge in edges:
    G.add_edge(edge[0], edge[1])
#获取邻接矩阵
adj = nx.adjacency_matrix(G)
```

```
    adj = adj.toarray()
    #计算度矩阵的逆
    row_degree = np.array(adj.sum(1))
    d_inv = np.power(row_degree,-1.0).flatten()
    d_inv[np.isinf(d_inv)] = 0.
    d_inv = np.expand_dims(d_inv,axis=0)
    #概率转移矩阵
    A = (d_inv.transpose()*adj)*(1-alpha)
    #初始特征向量
    X = np.array([[0],[0],[0],[0],[0],[0],[0],[100],[0]])
    X_t = X.transpose()
    #迭代计算100轮
    for i in range(num_iter):
        #个性化PageRank执行传播
        rst_ = X_t.dot(A) + alpha * X.transpose()
        #保留3位小数，并输出结果
        X_t = np.around(rst_, 3)
        print(f"第{i+1}轮\n",X_t)
```

利用代码清单 7-2 来模拟计算，为了方便同懒惰随机游走进行比较，将α值设定为 0.5，迭代 15 轮后，节点之间的信息分布趋向于稳定，如表 7.12 所示。

表 7.12 当α设定为 0.5 时，每个节点的个性化 PageRank 分数

迭代	节点 1	节点 2	节点 3	节点 a	节点 4	节点 5	节点 6	节点 7	节点 b
0	0	0	0	0	0	0	0	100	0
1	0	0	0	0	0	50	0	50	0
2	0	0	0	0	0	25	0	62.5	12.5
3	0	0	0	1.562	1.562	32.812	1.562	56.25	6.25
4	0.195	0.195	0.195	0.781	0.781	28.906	0.781	58.203	9.96
5	0.098	0.098	0.098	1.538	1.245	30.347	1.245	57.226	8.105
6	0.192	0.192	0.192	1.16	1.013	29.626	1.013	57.587	9.024
7	0.145	0.145	0.145	1.416	1.128	29.922	1.128	57.406	8.564
8	0.177	0.177	0.177	1.288	1.07	29.774	1.07	57.48	8.786
9	0.161	0.161	0.161	1.364	1.098	29.838	1.098	57.444	8.674
10	0.17	0.17	0.17	1.326	1.084	29.806	1.084	57.46	8.728
11	0.166	0.166	0.166	1.346	1.091	29.821	1.091	57.452	8.701
12	0.168	0.168	0.168	1.337	1.088	29.814	1.088	57.455	8.715
13	0.167	0.167	0.167	1.341	1.089	29.817	1.089	57.454	8.709
14	0.168	0.168	0.168	1.339	1.089	29.816	1.089	57.454	8.711
15	0.167	0.167	0.167	1.341	1.089	29.816	1.089	57.454	8.71
16	0.168	0.168	0.168	1.339	1.089	29.816	1.089	57.454	8.711

通过表 7.12 可以看出，当 $\alpha = 0.5$ 时，原始节点保留了比较多的信息，但信息传播的距离较短。如果想让信息传播的距离更远，可以减小α的值，例如将α的值设定为 0.1，这时候经过 79 轮的迭代计算，节点之间的信息分布趋向于稳定，如表 7.13 所示。

表 7.13 当α设定为 0.1 时，每个节点的个性化 PageRank 分数

迭代	节点 1	节点 2	节点 3	节点 a	节点 4	节点 5	节点 6	节点 7	节点 b
0	0	0	0	0	0	0	0	100	0
1	0	0	0	0	0	90	0	10	0
2	0	0	0	0	0	9	0	50.5	40.5
3	0	0	0	9.112	9.112	54.562	9.112	14.05	4.05
4	2.05	2.05	2.05	0.911	0.911	13.556	0.911	34.553	43.005
5	0.205	0.205	0.205	15.211	9.676	40.774	9.676	16.1	7.945
6	3.422	3.422	3.422	2.341	1.788	16.278	1.788	28.348	39.188
7	0.527	0.527	0.527	8.057	8.817	34.33	8.817	17.325	11.07
8	4.063	4.063	4.063	3.914	2.491	18.083	2.491	25.448	35.382
9	0.881	0.881	0.881	18.931	7.961	30.864	7.961	18.137	13.502
10	4.259	4.259	4.259	5.417	3.038	19.361	3.038	23.889	32.478
…	…	…	…	…	…	…	…	…	…
77	2.966	2.966	2.966	13.197	5.178	23.83	5.178	20.72	23.001
78	2.969	2.969	2.969	13.183	5.175	23.823	5.175	20.724	23.013
79	2.966	2.966	2.966	13.194	5.178	23.83	5.178	20.72	23.002
80	2.969	2.969	2.969	13.184	5.175	23.823	5.175	20.724	23.013

经过 7.3.1 节和 7.3.2 节的讲解可以看出，网络中任何信息的扩散都可以应用随机游走，迭代的次数越多，其信息传播得越远。当网络结构为二部图时，随机传播会无法收敛，懒惰随机游走传播通过设定留在当前节点的概率，可以让传播最终收敛，但原始涉诈节点的信息很快就会变得不明显。为此，个性化 PageRank 通过定义随机游走传播传回初始节点的概率 α，可以解决这个问题，想让模型传播更远时，可以设定较小 α 的值；想让原始节点保留较多信息时，可以设定较大 α 的值。

前面 7.3.1 节和 7.3.2 节介绍的都是基于同构网络的传播模型，相比同构网络，异构网络包含更多的节点类型，因此也包含着更多的信息，7.3.3 节讲解异构网络的传播算法以及其在风控领域的应用。

7.3.3 异构网络传播

7.1.1 节已经介绍了异构网络的定义，本节以金融贷款申请欺诈案例来进一步阐述其具体应用。在图 7.14 所示网络的基础上，对贷款申请者的证件和 WiFi 媒介进一步扩散关系后，可以得到图 7.17 所示的异构网络。从图中可以看出，贷款申请用户节点 7 和用户节点 a 在同一证件下面，贷款申请用户节点 1、2 和 3 在同一 WiFi 下面，贷款申请用户节点 4、5、6 在同一 WiFi 下面。

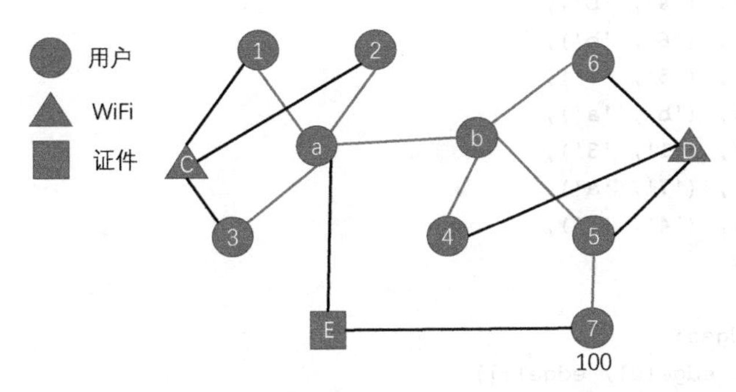

图 7.17　贷款申请涉诈用户证件和 WiFi 扩散后的异构网络

因为个性化 PageRank 只能应用在同构网络中，为了既能应用个性化 PageRank 算法，又能利用异构网络丰富的信息，一种常见的做法就是对同一介质（例如同一证件、同一 WiFi）下的账户直接连边，这样就可以得到图 7.18 所示的同构网络。

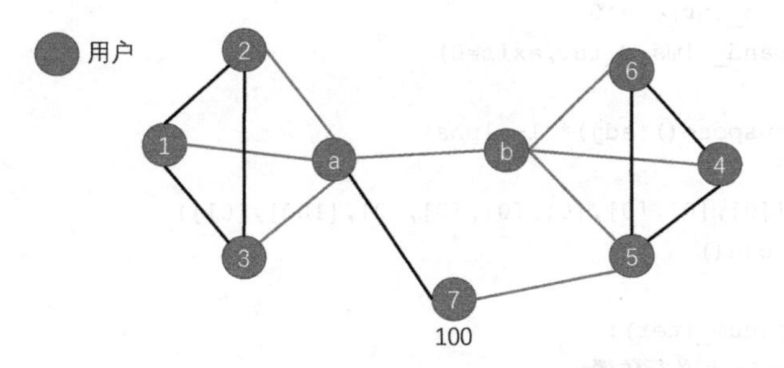

图 7.18　涉诈用户异构网络改造为同构网络

在将异构网络改造成同构网络后，可以用 Python 来模拟该算法的执行过程，如代码清单 7-3 所示。

代码清单 7-3　利用个性化 PageRank 算法来模拟计算的代码实现

```
import networkx as nx
from scipy import sparse as sp
```

```
import numpy as np
num_iter,alpha = 100,0.1
G = nx.Graph()
#定义节点，并将节点加入图中
nodes = ['1','2','3','a','4','5','6','7','b']
G.add_nodes_from(nodes)
#定义边，并将边加入图中
edges = [
    ('1', 'a'), ('2', 'a'),
    ('3', 'a'), ('4', 'b'),
    ('5', 'b'), ('6', 'b'),
    ('7', '5'), ('5', '7'),
    ('a', 'b'), ('b', 'a'),
    ('1', '2'), ('1', '3'),
    ('2', '3'), ('7', 'a'),
    ('4', '5'), ('4', '6'),
    ('5', '6')
]
for edge in edges:
    G.add_edge(edge[0], edge[1])
#获取邻接矩阵
adj = nx.adjacency_matrix(G)
adj = adj.toarray()
#计算度矩阵的逆
row_degree = np.array(adj.sum(1))
d_inv = np.power(row_degree,-1.0).flatten()
d_inv[np.isinf(d_inv)] = 0
d_inv = np.expand_dims(d_inv,axis=0)
#概率转移矩阵
A = (d_inv.transpose()*adj)*(1-alpha)
#初始特征向量
X = np.array([[0],[0],[0],[0],[0],[0],[0],[100],[0]])
X_t = X.transpose()
#迭代计算100轮
for i in range(num_iter):
    #个性化 PageRank 执行传播
    rst_ = X_t.dot(A) + alpha * X.transpose()
    #保留3位小数，并输出结果
    X_t = np.around(rst_, 3)
    print(f"第{i+1}轮\n",X_t)
```

执行代码清单 7-3 中的个性化 PageRank 算法，就可以得到迭代过程中每个节点分数的分布情况，如表 7.14 所示，这里设置α的值是 0.1。通过结果我们可以看出，迭代计算到第 15 轮时，每个节点分数的分布已经比较稳定，说明计算已经收敛了。通过与 7.3.2 节中同步数的分数进行对比，可以发现异构图改造后每个节点分数的分布发生了很大的变化，其中节点 a、节点 7、节点 5 的分数最高，应该优先进行欺诈分析。

表 7.14 当 α 设置为 0.1 时，异构图改造后每个节点分数的分布

迭代	节点 1	节点 2	节点 3	节点 a	节点 4	节点 5	节点 6	节点 7	节点 b
0	0	0	0	0	0	0	0	100	0
1	0	0	0	45	0	45	0	10	0
2	8.1	8.1	8.1	4.5	10.125	4.5	10.125	28.225	18.225
3	5.67	5.67	5.67	24.092	8.151	22.877	8.151	11.822	7.898
4	7.739	7.739	7.739	12.2	9.37	11.988	9.37	19.484	14.374
5	6.839	6.839	6.839	18.967	8.742	17.624	8.742	14.893	10.515
6	7.517	7.517	7.517	15.223	8.954	14.313	8.954	17.379	12.625
7	7.25	7.25	7.25	17.426	8.747	16.034	8.747	15.961	11.333
8	7.487	7.487	7.487	16.257	8.782	14.981	8.782	16.744	11.993
9	7.418	7.418	7.418	16.972	8.704	15.502	8.704	16.297	11.566
10	7.506	7.506	7.506	16.612	8.702	15.158	8.702	16.543	11.765
11	7.494	7.494	7.494	16.847	8.668	15.313	8.668	16.401	11.622
12	7.529	7.529	7.529	16.74	8.661	15.196	8.661	16.478	11.679
13	7.531	7.531	7.531	16.819	8.645	15.239	8.645	16.432	11.629
14	7.546	7.546	7.546	16.789	8.639	15.198	8.639	16.456	11.643
15	7.550	7.550	7.550	16.816	8.631	15.208	8.631	16.442	11.625
16	7.557	7.557	7.557	16.810	8.627	15.193	8.627	16.449	11.627

节点 1、节点 2 和节点 3 的分数是一致的，这说明这 3 个节点在网络中的地位一致，且位于同一 WiFi 下，因此这 3 个节点很可能属于同一个贷款申请欺诈团伙。关于团伙挖掘，可以进一步采用社区划分算法来提升效果。

7.4 社区划分

现如今的网络黑产早已形成了成熟的产业链，产业链每一层都可能存在黑产团伙聚集作恶的现象，因此在黑产网络中进行黑产团伙挖掘有着非比寻常的意义。黑产团伙挖掘可以让平台方更好地了解黑产，从而在对抗过程中能够更有效地打击黑产。接下来，先介绍经典的标签传播算法的原理及其在风控领域的应用，然后介绍 Louvain 算法的原理及其在

风控领域的应用。

7.4.1　标签传播社区划分

标签传播算法（label propagation algorithm）是一个非常经典的社区划分算法。它是一种基于图的半监督算法，通常用于无向图中，通过网络中已有标签的样本来预测其他未知标签的样本。在每个节点的计算过程中，将已知标签信息通过网络图谱关系传播给邻居节点，在每一步传播后，每一个节点都会根据邻居节点传播过来的标签来更新自身的标签。与节点自身越相似的邻居节点，在传播过程中，对该节点的影响越大，两者的标签越趋于一致。在迭代计算的过程中，我们通常会保持已知标签节点的标签不变，迭代结束后，相似的节点会被划分到相同社区中。

标签传播算法中的核心要点如下所示。

1．构建概率转移矩阵

标签传播算法是在无向图上运行的算法，因此需要根据节点之间的关系构建成网络。网络中的有些节点是有标签的，有些节点是没有标签的。假设有两个节点 i 和 j，节点之间的边表示相似度，边的权重越大，表示这条边相关联的节点的相似度越大，标签越容易传播。我们可以用一个 N 行 N 列的概率转移矩阵 $\boldsymbol{P}$，来定义节点之间的转移概率，公式如下：

$$\boldsymbol{P}_{ij}=\boldsymbol{P}\left(i\to j\right)=\frac{W_{ij}}{\sum_{k=1}^{n}W_{ik}}$$

其中，$\boldsymbol{P}_{ij}$ 代表从节点 i 转移到节点 j 的概率。

2．标签传播

假设网络中节点一共有 C 个类别，并且其中有 L 个样本是有标签的，那么可以定义一个标签矩阵 $\boldsymbol{Y}_L$，它的维度是 $L\times C$，矩阵 $\boldsymbol{Y}_L$ 的第 i 行表示第 i 个样本的标签向量，例如 $y_{12}=1$ 表示第 1 个样本的标签是 2。类似地可以得到一个 $N\times C$ 的标签矩阵 $\boldsymbol{F}$，最终在确定样本最终类别的时候，取概率最大的那一个类别作为该样本的类别。

3．计算过程

标签传播算法的计算过程主要包含如下三步。

第一步，将概率转移矩阵 $\boldsymbol{P}$ 和标签矩阵 $\boldsymbol{F}$ 相乘，进行标签传播，可以用公式 $\boldsymbol{F}=\boldsymbol{PF}$ 来

表示。这一步计算中，网络中每个节点都可以将自己的标签以概率转移矩阵中对应的概率传播给相邻的节点，如果两个节点的相似度越高，那么相邻节点的标签越有可能与传播节点的标签一致。

第二步：将标签矩阵 ***F*** 中已有标签的样本进行重置，保持原有标签不变。这一步是标签传播算法中非常关键的一步，因为一些原有标签的数据是已经确定的，为了避免在计算过程中被改错，在每次传播结束后，需要将这些节点的标签恢复原样。随着有标签的样本不断地进行标签传播，不同类别的样本就会聚合在一起，样本之间就会有比较明显的分隔。

第三步：重复第一步和第二步，直到结果收敛。

以诈骗举报为例，通过用户举报的线索，确定有两个用户分别涉及“杀猪盘”诈骗和刷单诈骗，根据转账关系进行扩散，最终得到图 7.19 所示的欺诈网络。

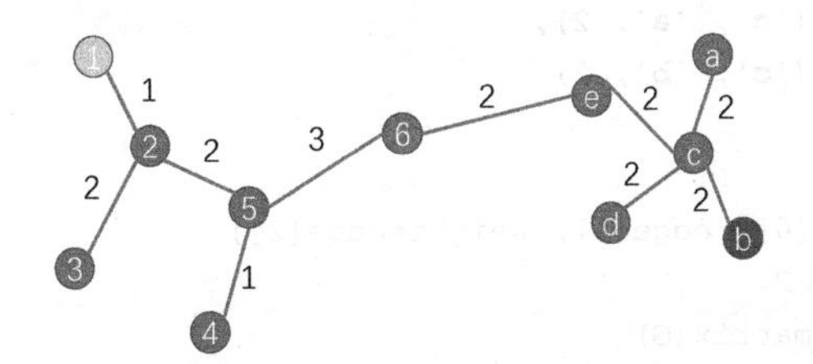

图 7.19 基于涉诈用户转账关系扩散得到的欺诈网络

该网络一共包含 11 个用户节点，节点之间的权重代表其转账金额，该网络中的用户节点 1 涉及“杀猪盘”诈骗，用户节点 b 涉及刷单诈骗。该网络节点间的概率转移矩阵和标签矩阵如图 7.20 所示。

节点	1	2	3	4	5	6	a	b	c	d	e
1	0	1	0	0	0	0	0	0	0	0	0
2	1/5	0	2/5	0	2/5	0	0	0	0	0	0
3	0	1	0	0	0	0	0	0	0	0	0
4	0	0	0	0	1	0	0	0	0	0	0
5	0	1/3	0	1/6	0	1/2	0	0	0	0	0
6	0	0	0	0	3/5	0	0	0	0	0	2/5
a	0	0	0	0	0	0	0	0	1	0	0
b	0	0	0	0	0	0	0	0	1	0	0
c	0	0	0	0	0	0	1/4	1/4	0	1/4	1/4
d	0	0	0	0	0	0	0	0	1	0	0
e	0	0	0	0	0	1/2	0	0	1/2	0	0

节点	“杀猪盘”诈骗	刷单诈骗
1	1	0
2	0	0
3	0	0
4	0	0
5	0	0
6	0	0
a	0	0
b	0	1
c	0	0
d	0	0
e	0	0

图 7.20 欺诈网络的概率转移矩阵 ***P*** 和标签矩阵 ***F***

根据标签传播算法的计算步骤，用 Python 来模拟其计算过程，如代码清单 7-4 所示。

代码清单 7-4 标签传播算法的代码实现

```
import networkx as nx
from scipy import sparse as sp
import numpy as np
#定义一个图
G = nx.Graph()
#定义节点，并将节点加入图中
nodes = ['1','2','3','4','5','6','a','b','c','d','e']
G.add_nodes_from(nodes)
#定义边，并将边加入图中
edges = [
    ('1', '2', 1), ('2', '3', 2),
    ('2', '5', 2), ('5', '4', 1),
    ('5', '6', 3), ('6', 'e', 2),
    ('e', 'c', 2), ('c', 'a', 2),
    ('c', 'd', 2), ('c', 'b', 2)
]
for edge in edges:
    G.add_edge(edge[0], edge[1], weight=edge[2])
#计算图中的概率转移矩阵 P
adj = nx.adjacency_matrix(G)
adj = adj.toarray()
#计算度矩阵的逆
row_degree = np.array(adj.sum(1))
d_inv = np.power(row_degree,-1.0).flatten()
d_inv[np.isinf(d_inv)] = 0
d_inv = np.expand_dims(d_inv,axis=0)
#概率转移矩阵 P
P = d_inv.transpose()*adj
#标签矩阵 F
F =[[1,0],[0,0],[0,0],[0,0],[0,0],[0,0],[0,0],[0,1],[0,0],[0,0],[0,0]]
#标签传播迭代 100 次
for i in range(100):
    #执行标签传播
    F = P.dot(F)
    #回复节点 1 和节点 b 的标签
    F[0] = [1, 0]
    F[7] = [0, 1]
    #输出传播结果
    print(f"第{i+1}步标签传播后每个节点所属类别的概率:\n", np.around(F,3))
```

根据代码清单 7-4 的代码进行迭代计算后，可以获得每个节点所属类别的概率，如

表 7.15 所示。在执行标签传播算法 90 次后，每个节点所属类别的概率趋于稳定。

表 7.15 欺诈网络标签传播过程中每个节点的状态

迭代	节点 1	节点 2	节点 3	节点 4	节点 5	节点 6	节点 a	节点 b	节点 c	节点 d	节点 e
1	1 0	20% 0	0 0	0 0	0 0	0 0	0 0	0 1	0 25%	0 0	0 0
2	1 0	20% 0	20% 0	0 0	6.7% 0	0 0	0 25%	0 1	0 25%	0 25%	0 13%
3	1 0	31% 0	20% 0	7% 0	7% 0	4% 5%	0 25%	0 1	0 41%	0 25%	0 13%
4	1 0	31% 0	31% 0	7% 0	13% 3%	4% 5%	0 41%	0 1	0 41%	0 41%	2% 23%
…	…	…	…	…	…	…	…	…	…	…	…
88	1 0	70% 30%	70% 30%	55% 45%	55% 45%	45% 55%	15% 85%	0 1	15% 85%	15% 85%	30% 70%
89	1 0	70% 30%	70% 30%	55% 45%	55% 45%	45% 55%	15% 85%	0 1	15% 85%	15% 85%	30% 70%
90	1 0	70% 30%	70% 30%	55% 45%	55% 45%	45% 55%	15% 85%	0 1	15% 85%	15% 85%	30% 70%

根据最终计算结果，选取概率最大的类别作为该节点所属的诈骗类型。其中节点 1～节点 5 属于“杀猪盘”诈骗，节点 6 和节点 a～节点 e 属于刷单诈骗。图 7.21 所示为最终得到的诈骗社区网络。

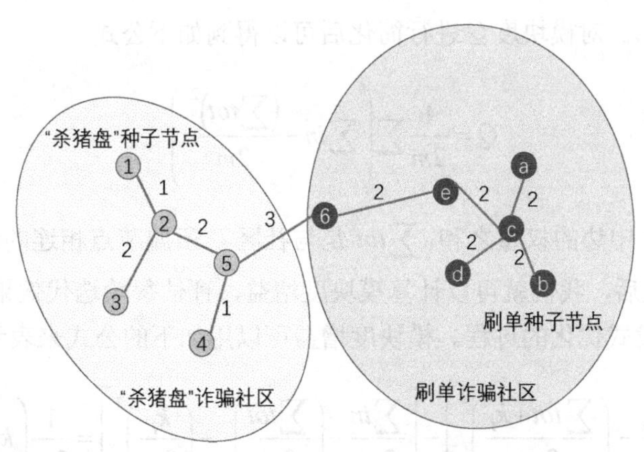

图 7.21 基于标签传播算法的诈骗社区网络

标签传播算法是从传播的角度来划分社区，其计算逻辑与图神经网络的传播逻辑非常相似，只不过图神经网络传播的是特征，标签传播算法传播的是标签。因标签传播算法使用简单有效，在风控安全业务中得到了广泛的应用。然而，在使用标签传播时，需要先获取少数有标签的样本，此外，标签传播算法只能应用在无向图中，接下来讲述的 Louvain 算法就可以解决这些问题。

7.4.2　Louvain 社区划分

除了标签传播算法，风控任务还经常应用另一个社区划分算法，那就是 Louvain 算法，也叫 Fast Unfolding 算法。Louvain 算法主要通过逐轮迭代计算最优模块度来寻找最优的社区划分，因此在学习 Louvain 算法之前，需要先掌握模块度的概念。

模块度（modularity）是学习 Louvain 算法的关键，它是一种评估社区划分好坏的指标，其计算公式如下：

$$Q=\frac{1}{2m}\sum_{i,j}\left[A_{ij}-\frac{k_i k_j}{2m}\right]\delta\left(c_i,c_j\right)$$

其中，A 为邻接矩阵，A_{ij} 代表了节点 i 和节点 j 之间边的权重（无权重时，默认取值为 1），k_i 是所有与节点 i 相关的边的权重之和，可以用公式 $k_i=\sum_j A_{ij}$ 来表示，k_j 同理。m 表示所有边的权重之和，会在归一化时使用，可以用公式 $m=\frac{1}{2}\sum_{ij}A_{ij}$ 来表示，c_i 代表节点 i 所属的社区，$\delta(c_i,c_j)$ 用来判断节点 i 和节点 j 是否属于同一个社区（如果它们属于同一个社区，则返回 1，否则返回 0）。对模块度 Q 进行简化后可以得到如下公式：

$$Q=\frac{1}{2m}\sum_{c}\left(\sum in-\frac{\left(\sum tot\right)^2}{2m}\right)$$

其中，$\sum in$ 是社区 C 中边的权重之和，$\sum tot$ 是与社区 C 所属节点相连的所有边的权重之和。在得到模块度 Q 值后，我们就可以计算模块度增益，评估每轮迭代效果是否可以更优化，这个迭代过程是启发式优化的过程。模块度增益可以用如下的公式来表示：

$$\Delta Q=\left[\frac{\sum in+k_{i,in}}{2m}-\left(\frac{\sum tot+k_i}{2m}\right)^2\right]-\left[\frac{\sum in}{2m}-\left(\frac{\sum tot}{2m}\right)^2-\left(\frac{k_i}{2m}\right)^2\right]=\frac{1}{2m}\left(k_{i,in}-\frac{k_i\cdot\sum tot}{m}\right)$$

其中，$k_{i,in}$ 表示节点 i 到社区 C 所属节点相连的所有边的权重之和，$\sum tot$ 表示与社区 C 中节点相连的所有边的权重之和，k_i 表示与节点 i 相连的所有边的权重之和。Louvain 算法就是通过不断迭代优化Q值，使Q值最大化，最终实现社区的最优划分。

在了解了模块度的概念及计算公式后，接下来详细介绍一下 Louvain 算法的计算过程，其核心主要包含如下两步。

1. 模块增益度计算及社区划分

首先对网络中的每个节点都设置一个唯一的社区编号，然后移动网络中的每个节点到相邻的其他社区，计算相应的模块度的增益，选取最大且增益为正的那个社区作为新的网络。如果没有增益，节点就保留在原始的社区中。

2. 社区内节点合并构建新网络

针对第一步处理得到的结果，将同一个社区的所有节点进行合并，然后重新构造新的网络，新节点之间边的权重由两个社区中原始节点之间边的权重之和构成。完成这个阶段之后，重复第一步创建更大的社区，直至模块度增益不再增大。

以反洗钱业务为例，当确定了 3 个欺诈账户后，可以进行关系扩散后得到如图 7.22 所示的涉诈用户关系网络，该网络一共包含 17 个账号节点和 18 条边。

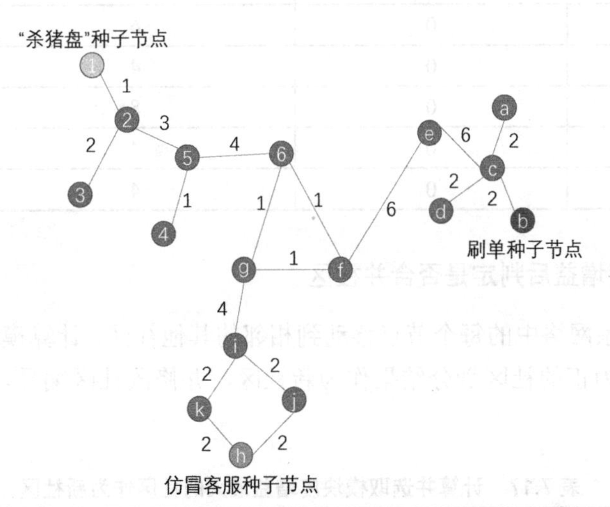

图 7.22 反洗钱业务下的涉诈用户关系网络

基于 Louvain 算法挖掘可疑欺诈社区的具体过程如下。

1. 社区初始化

对涉诈用户关系网络中的 17 个节点进行初始化，每个节点都是一个独立的社区，这样初始得到的社区一共是 17 个，边的权重之和 m 为 44，每个节点社区的编号及初始模块度如表 7.16 所示，将每个社区的模块度相加后可以得到整个网络的模块度为−0.08448。

表 7.16　每个节点初始社区编号和初始模块度

节点	社区编号	社区中边权重之和	社区中节点权重之和	模块度
1	0	0	1	−0.00013
2	1	0	6	−0.00465
3	2	0	2	−0.00052
4	3	0	1	−0.00013
5	4	0	8	−0.00826
6	5	0	6	−0.00465
a	6	0	2	−0.00052
b	7	0	2	−0.00052
c	8	0	12	−0.0186
d	9	0	2	−0.00052
e	10	0	12	−0.0186
f	11	0	8	−0.00826
g	12	0	6	−0.00465
h	13	0	4	−0.00207
i	14	0	8	−0.00826
j	15	0	4	−0.00207
k	16	0	4	−0.00207

2. 计算模块度增益后判定是否合并社区

将涉诈用户关系网络中的每个节点移动到相邻的其他社区，计算模块度增益，选取模块度增益最大且增益为正的社区划分结果作为新社区，并修改社区编号，计算过程如表 7.17 所示。

表 7.17　计算并选取模块度增益最大的社区作为新社区

节点	现社区编号	相邻社区编号	相邻社区对应增益	新社区编号
1	0	1	**0.00981**	1
2	1	1、2、4	0.00051、0.01962、**0.02169**	4
3	2	4	**0.01549**	4
4	3	4	**0.00723**	4
5	4	5	**0.03305**	5

续表

节点	现社区编号	相邻社区编号	相邻社区对应增益	新社区编号
6	5	5、11、12	**0.02375**、−0.00103、0.00207	5
a	6	8	**0.01652**	8
b	7	8	**0.01549**	8
c	8	8、9、10	−0.00413、0.01652、**0.03098**	10
d	9	10	**0.01652**	10
e	10	10、11	0.02479、**0.04337**	11
f	11	5、11、12	−0.01756、**0.03098**、−0.00103	11
g	12	5、11、14	−0.01033、−0.01962、**0.03305**	14
h	13	15、16	**0.01859**、0.01859	15
i	14	14、15、16	**0.01652**、0.00620、0.01446	14
j	15	14、15	0.00826、**0.01446**	15
k	16	14、15	0.00826、**0.01446**	15

经过一轮计算之后，最终得到的社区编号只剩下 1、4、5、8、10、11、14、15，这些新社区的模块度如表 7.18 所示，整体模块度为 0.09116。

表 7.18 迭代一轮后每个社区的模块度及网络整体模块度

社区编号	包含节点	社区中边权重之和	社区中节点权重之和	模块度
1	1	0	1	−0.00013
4	2、3、4	2	9	0.01227
5	5、6	4	14	0.02014
8	a、b	0	4	−0.00207
10	c、d	2	14	−0.00258
11	e、f	6	20	0.01653
14	g、i	4	14	0.02014
15	h、j、k	4	12	0.02686

3. 将同社区内的节点合并成超级节点，组成新的网络

如图 7.23 所示，第 1 轮迭代计算后，将节点 2、3、4 合并为一个超级节点 4，节点 5、6 合并成超级节点 5，节点 a、b 合并成超级节点 8，节点 c、d 合并成超级节点 10，节点 e、f 合并成超级节点 11，节点 g、i 合并成超级节点 14，节点 h、j、k 合并成超级节点 15。

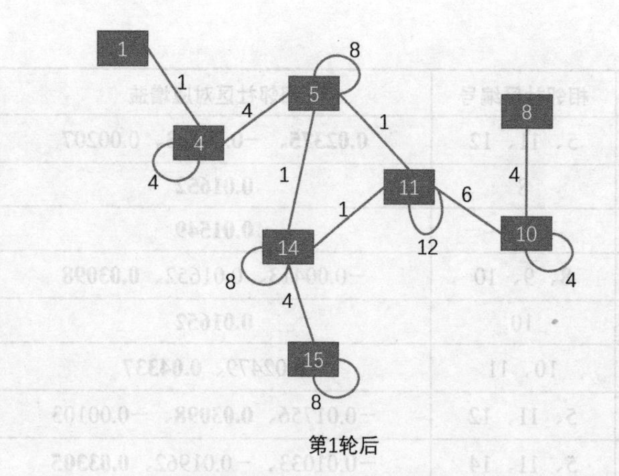

图 7.23　将同社区内的节点合并成超级节点后的新网络

4．重复步骤 1 到步骤 3，直至算法收敛

在第 1 轮迭代的基础上，再迭代两轮后算法收敛，可以清晰地看到 Louvain 算法将欺诈网络分为了三个社区，分别是欺诈社区 5、欺诈社区 11 和欺诈社区 15。如图 7.24 所示，左侧为迭代第 2 轮后的网络图，右侧为迭代第 3 轮后的网络图。

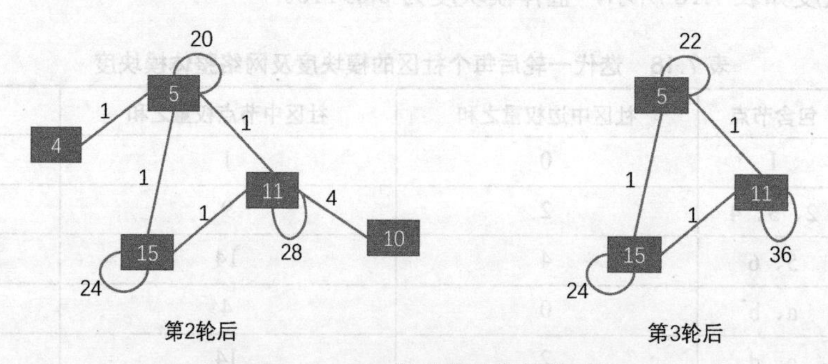

图 7.24　Louvain 算法的迭代收敛过程

如图 7.25 所示，经过第 3 轮迭代计算后，得到的社区 5 是“杀猪盘”诈骗社区，社区 11 是刷单诈骗社区，社区 15 是仿冒客服诈骗社区。其中，“杀猪盘”诈骗社区中包含节点 1～节点 6，刷单诈骗社区中包含节点 a～节点 f，仿冒客服诈骗社区中包含节点 g～节点 k。这三个社区之间还有联系，有一定可能属于同一个诈骗团伙，因为诈骗团伙的目的是欺诈获利，所以并不局限于某一种诈骗方式。

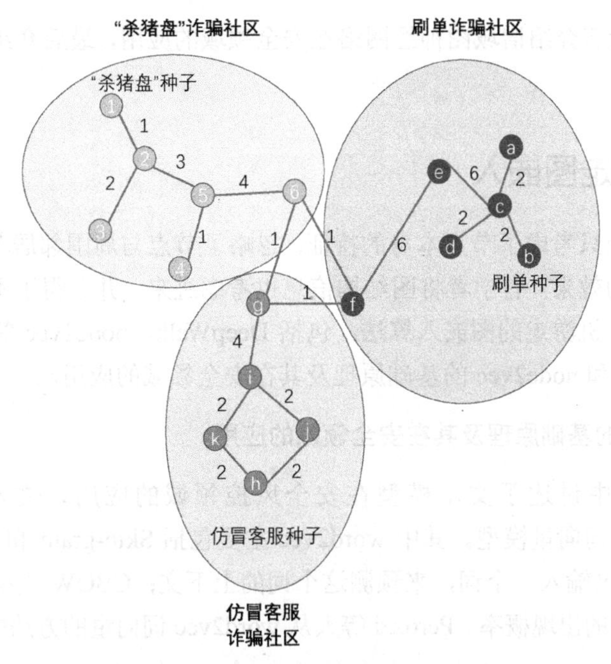

图 7.25 应用 Louvain 算法最终得到的三个诈骗社区

Louvain 算法不仅可以应用在无向图中，而且也可以应用在有向图中。但在有向图中，需要对模块增益的计算公式做一些改进，k_i 和 $\sum tot$ 都需要区分入度和出度，最终得到如下公式：

$$\Delta Q = \frac{k_{i,in}}{m} - \frac{(k_i^{out} \cdot \sum_{tot}^{in} + k_i^{in} \cdot \sum_{tot}^{out})}{m^2}$$

其中，k_i^{out} 和 k_i^{in} 是节点 i 在加权后的出度和入度，$\sum_{tot}^{in}, \sum_{tot}^{out}$ 分别是社区 C 中节点输入和输出连接的综合。

本节主要讲解了标签传播和 Louvain 这两种经典的社区划分算法，并通过安全风控案例，详细讲解了这两种社区划分算法的原理及实际应用。近几年来，与传统的图算法相比，图神经网络发展十分迅速，在风控领域同样表现不俗。

7.5 图神经网络

前几节中介绍了传统图算法是如何应用在安全图数据上的，接下来本书通过几个经典的图深度学习算法来讲述其在安全图数据上的发展及应用。首先介绍随机游走图嵌入算法在安全领域的应用，紧接着介绍谱域图神经网络在安全领域的应用，最后介绍空域图神经网络在安全领域的应用。

7.5.1　随机游走图嵌入

早期的安全风控只考虑了节点本身的特征，忽略了节点与周围邻居节点之间的关系，为了进一步提升风控的效果，有学者将图结构信息也考虑进来，并获得了不错的效果。其中比较经典的就是基于随机游走的图嵌入算法，包括 DeepWalk、node2vec 等。接下来，详细地介绍一下 DeepWalk 和 node2vec 的基础原理及其在安全领域的应用。

1. DeepWalk 的基础原理及其在安全领域的应用

在前面的章节中讲述了文本模型在安全风控领域的应用，文本模型的基石就是 word2vec、GloVe 等词向量模型。其中 word2vec 主要包括 Skip-gram 和 CBOW 两个模型，Skip-gram 模型是通过输入一个词，来预测这个词的上下文；CBOW 模型是输入一个词的上下文，来预测当前词的出现概率。Perozzi 等人从 word2vec 词向量的方法中深受启发，提出了 DeepWalk 模型。

如图 7.26 所示，DeepWalk 采用随机游走的方法在图中采样固定数量的节点。这些节点的集合构成了路径，每个路径相当于自然语言处理中的一个句子，而每个节点相当于自然语言处理中的一个单词。接下来，就可以利用 Skip-gram 模型来获取每一个节点的向量化表示。

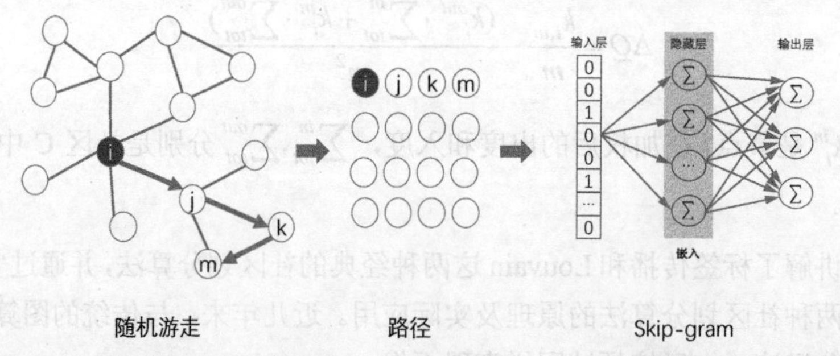

图 7.26　DeepWalk 通过随机游走获取路径，再通过 Skip-gram 模型获取每个节点的向量化表示

由于 DeepWalk 思想巧妙，方法简单且易于实现，因此不少企业将其应用在安全风控领域。例如，美国银行业巨头 Capital One 拥有丰富的信用卡交易数据，有学者借助于 DeepWalk 得到了信用卡交易用户和商户的向量化表示，供欺诈检测使用，其详细过程如下。

第一步：构建网络。

信用卡的交易数据中包含用户和商户两种节点，以及两种节点之间的交易关系。基于这些信息便可以构建用户与商户之间的二分网络，这是一个异构网络，DeepWalk 无法直接处理，于是有学者将异构网络转成两个同构网络，具体过程如图 7.27 所示。如果两个用户在同一个商户中发生交易，那么两个用户节点之间连边；如果同一个用户与两个商户发生交易，那么两个商户节点之间连边。经过这样的处理，就把用户与商户之间的异构网络转换成用户网络和商户网络，然后再基于 DeepWalk 分别生成用户和商户的向量表示。

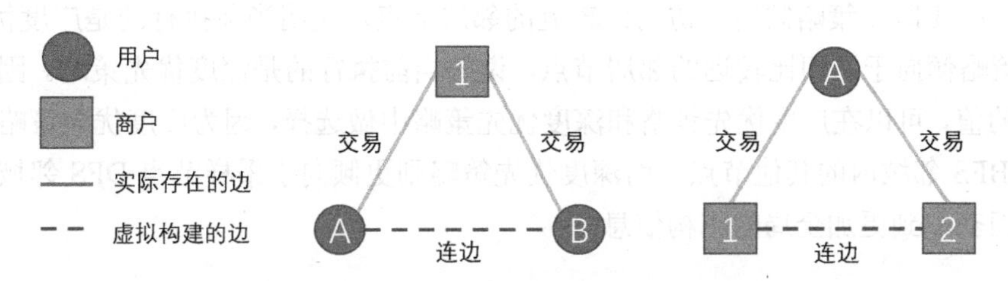

图 7.27 将用户与商户之间的异构网络转换成用户网络和商户网络

第二步：使用 DeepWalk 生成节点的向量表示。

此处使用了简化版的 DeepWalk（即不进行随机游走），一方面是因为交易数据存在的噪声较大，随机游走可能获取到噪声；另一方面是因为直接的交易关系对节点的向量表示更有帮助。实践中通过设定不同时间窗口，可以捕获高阶相似度，例如几周内的商户相似度比 1 小时内的更能捕获高阶相似度。由于通过两个同构图获得的节点序列长度都是 2，因此在训练 Skip-gram 模型时，设置的时间窗口都是 1。经过训练后，就可以获得用户节点和商户节点的向量表示。

第三步：对比欺诈检测中的效果。

将商户节点的向量表示与原有反欺诈特征共同训练，发现提升效果不明显，这是因为 Embedding 的特征维度太多，使得特征空间也变得很大，模型在训练过程中发生了欠拟合现象。为此，可以将商户节点的向量表示同原有欺诈模型预测的分数相结合，以此来训练多层感知机模型（MLP），结果相比之前有 5.2%的增益，两种方法的增益对比如表 7.19 所示。

表 7.19 两种方法相对原有欺诈模型的增益对比

方法	相对原有欺诈模型的增益
反欺诈特征+商户节点的向量表示	+0.9%
MLP[反欺诈模型分数+商户节点的向量表示]	+5.2%

DeepWalk 算法在进行节点采样时采用了深度优先的采样策略，在关注邻居节点的任务中的效果不是很好，于是有学者结合深度优先和广度优先策略，提出了 node2vec 算法。

2. node2vec 的基础原理及其在安全领域的应用

node2vec 和 DeepWalk 比较相似，二者区别在于他们采用了不同的采样方式。DeepWalk 采用了深度优先的采样策略，而 node2vec 结合了深度优先与广度优先策略，并在两者之间做了权衡，它将采样节点看作一个图搜索问题。

如图 7.28 所示，node2vec 定义了两个超参数 p 和 q，p 表示立刻访问节点的概率，q 表示访问节点邻居的概率，当 p 的取值比较高时，表示已经被访问的节点下一次被访问的可能性比较低。q>1 时，策略倾向于访问比较近的邻居节点，说明当前执行的是广度优先策略；q<1 时，策略倾向于访问比较远的邻居节点，说明当前执行的是深度优先策略。因此通过改变 p 和 q 的值，可以在广度优先策略和深度优先策略中做选择，因为广度优先策略会倾向于采样节点 BFS 邻域内的其他节点，而深度优先策略则更倾向于采样节点 DFS 邻域内的其他节点，从而获取到更加全局的结构信息。

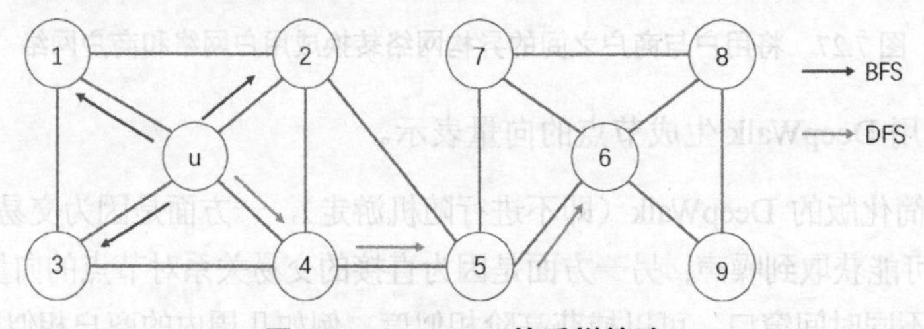

图 7.28　node2vec 的采样策略

通过 node2vec 的搜索策略得到节点序列之后，之后的处理逻辑同 DeepWalk 一致，也就是利用 Skip-gram 模型来获取每一个节点的向量表示。由于 node2vec 改进了采样策略，可以平衡 BFS 邻域和 DFS 邻域的节点，因此 node2vec 在安全风控领域会比 DeepWalk 有更好的性能。例如在反欺诈领域，随着对抗的升级，黑产产业链逐步完善，为了实现欺诈，黑产往往都会提前囤积大量社交账号，而 node2vec 在识别欺诈账号中得到了广泛的应用，详细过程如下。

第一步：构建网络。

扩散被用户大量举报的涉嫌欺诈账号，并根据扩散维度的不同对异构网络进行处理，最终得到只包含账号的同构网络，如图 7.29 所示。

第二步：选择采样策略及获取节点向量表示。

在实际的风控应用中，如果需要精确打击，就会倾向于广度优先策略；如果需要团伙发掘，就会倾向于深度优先策略，得到更加全局的结构信息。在获取到节点序列之后，便可以训练 Skip-gram 模型，从而得到每个节点的向量表示。

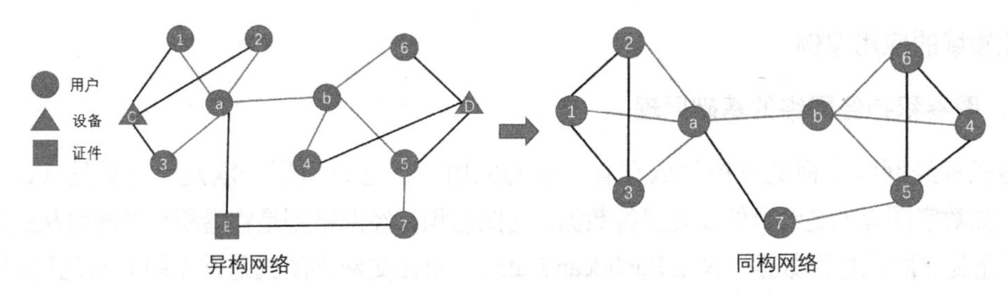

图 7.29 将扩散得到的欺诈异构网络转换成同构网络

第三步：使用 DNN 模型进行预测。

在得到每个节点的向量表示之后，便可以使用 DNN 模型进行训练及预测，如表 7.20 所示，在结合节点的统计特征和向量表示之后，模型的性能最好，相比单纯的统计特征，F1 值提升了 0.14。

表 7.20 node2vec 结合节点的统计特征和向量表示后，模型性能有了质的提升

特征来源	精确率	召回率	F1 值
统计特征	88%	81%	0.843
node2vec	92%	78%	0.844
node2vec+统计特征	97%	95%	0.986

基于随机游走的图嵌入方法是非常直观的从图数据中获取每个节点向量的方式，该方法在安全领域得到了很多应用，但是也存在一定的局限性，主要体现在以下三个方面。

- 参数的数量与节点数量相关，因此当节点数量过多时，参数的数量就会很庞大。
- 忽略了节点自身的特征，基于随机游走的图嵌入方法只考虑了图的结构信息，没有考虑节点自身的特征。
- 基于随机游走的图嵌入方法属于直推式学习，针对的只是在图中已经出现过的节点，对于未在图中出现过的节点，则无法进行学习。

针对基于随机游走的图嵌入方法的局限性，有学者提出了谱域图神经网络方法和空域图神经网络方法，并将两种方法应用在了安全风控领域，相比随机游走图嵌入算法，性能上有很大的提升。

7.5.2 谱域图神经网络

为了解决随机游走图嵌入方法的局限性，不少学者在谱域图神经网络上做了大量研究，其中最为重要的便是图卷积神经网络。本节将详细介绍图卷积神经网络的基础原理和其在安

全风控领域的应用案例。

1．图卷积神经网络的基础原理

卷积神经网络在视觉风控领域有着广泛的应用，但它只适用于欧几里得数据（Euclidean Data），如数字图像就是经典的欧几里得数据；而图卷积神经网络则是将卷积神经网络从欧几里得数据扩充到非欧几里得数据（Non Euclidean Data），如社交网络图就是常见的非欧几里得数据，图 7.30 中展示了常见的欧几里得数据和非欧几里得数据。

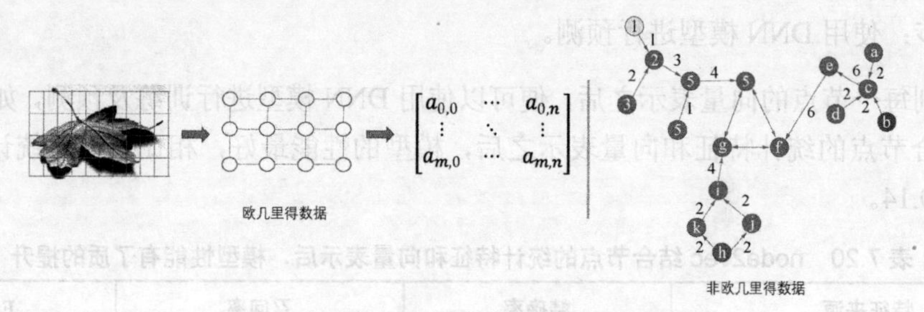

图 7.30 欧几里得数据与非欧几里得数据

对于非欧几里得数据，图卷积神经网络的步骤主要包含三步。

第一步：特征传递。

首先图中的节点需要转换自身的特征，然后将其传递给所有的邻居节点，如图 7.31 所示。

第二步：特征聚合。

每个节点将邻居传递过来的特征信息聚合起来，特征聚合后的节点特征融合了自身特征和邻居传递过来的特征，如图 7.32 所示。

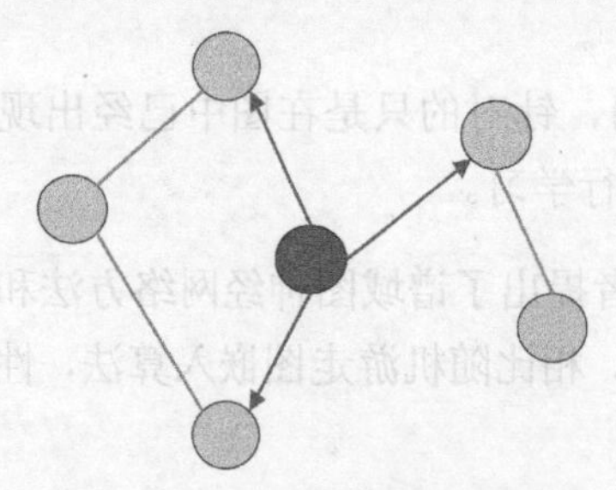

图 7.31 每个节点将转换后的特征传递给邻居节点

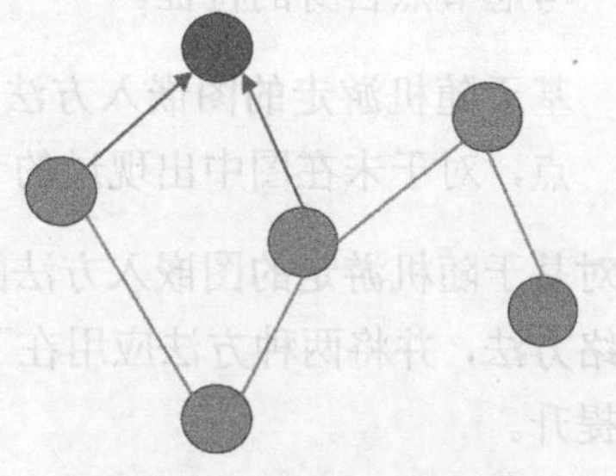

图 7.32 每个节点将接收到的特征与自身特征聚合

第三步：特征变化。

对每个节点聚合得到的特征做非线性变化，以此来增强图卷积神经网络的表现能力。如

图 7.33 所示。

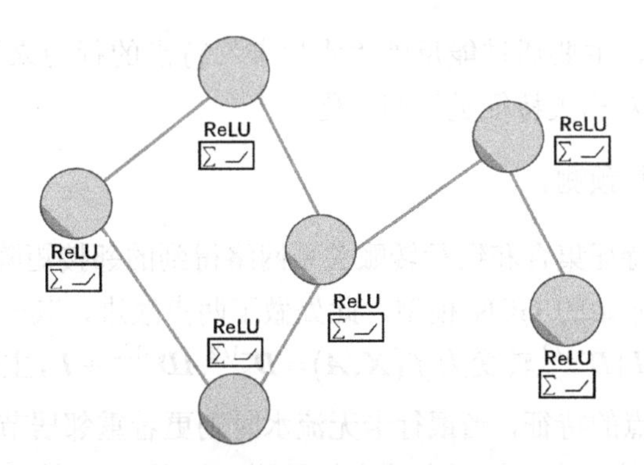

图 7.33 将聚合到的特征做非线性变化

通过以上三步操作，图卷积神经网络将卷积操作扩展到非欧几里得数据上，它同样具有卷积神经网络的一些性质，如局部参数共享、局部感受域。图卷积网络能够同时对节点特征和结构特征进行学习，做到端到端的训练与预测，因此在安全风控领域中得到了广泛应用。接下来讲解图卷积神经网络在安全风控中的一个实际案例。

2. 图卷积神经网络在安全风控领域的应用

在安全风控领域中，欺诈团伙的最终目的就是骗取受害者的钱财，在诈骗得手后，会通过层层转账快速将受害者的钱财转移，其中参与洗钱的银行卡被称为“水房卡”。银行卡之间的转账行为构成了转账关系网络，为此可以将图卷积神经网络应用在“水房卡”的识别中，具体步骤如下。

第一步：构建网络。

选定一定的时间窗口，对用户大量举报的银行卡进行扩散，得到数据 $\boldsymbol{A}$，从大盘中按照一定比例筛选出正常用户进行扩散，得到数据 $\boldsymbol{B}$，基于转账关系将银行卡与银行卡之间连边，构成银行转账关系网络，如图 7.34 所示。

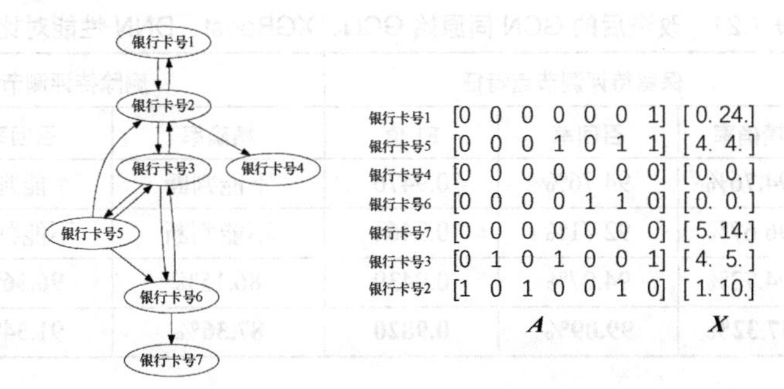

图 7.34 银行转账关系网络及其邻接矩阵和节点特征矩阵

第二步：构建节点特征。

在构建节点特征时，主要通过能反映“水房卡”特点的行为来设计特征，最终统计了 50 多维的关键特征，并对相关特征进行归一化。

第三步：模型训练与预测。

模型的输入是节点特征集合和银行转账关系网络得到的邻接矩阵，输出为节点属于“水房卡”的概率。相对于原始的 GCN 模型，此处做了两点改进，其一是将 GCN 的传播策略由 $f(\boldsymbol{X},\boldsymbol{A})=\boldsymbol{D}^{-1/2}(\boldsymbol{A}+\boldsymbol{I})\boldsymbol{D}^{-1/2}$ 转变为 $f(\boldsymbol{X},\boldsymbol{A})=\boldsymbol{D}^{-1/2}\boldsymbol{A}\boldsymbol{D}^{-1/2}+\boldsymbol{I}$，主要是因为当银行卡有流水时会更注重于自身节点的特征，当银行卡无流水时则更看重邻居节点传播过来的特征，其二是将 GCN 同 DNN 相结合来对银行卡节点做预测，如图 7.35 所示。

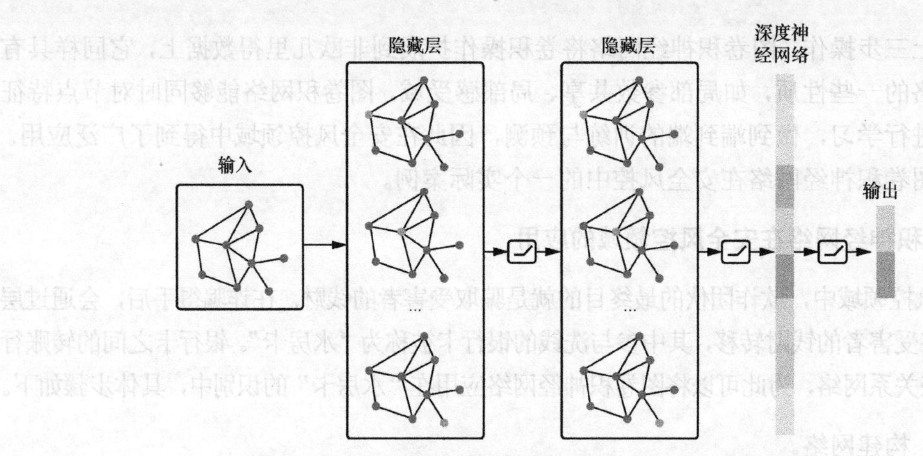

图 7.35　GCN 与 DNN 相结合来对“水房卡”进行判断

与 XGBoost、DNN 和原始 GCN 模型进行实验对比，如表 7.21 所示，可以看出改进后 GCN 达到了最好的效果。

表 7.21　改进后的 GCN 同原始 GCN、XGBoost、DNN 性能对比

模型	保留待评测节点特征			删除待评测节点特征		
	精确率	召回率	F1 值	精确率	召回率	F1 值
XGBoost	94.76%	94.76%	0.9476	不能判断	不能判断	不能判断
DNN	96.67%	92.71%	0.9464	不能判断	不能判断	不能判断
原始 GCN	94.72%	94.07%	0.9439	86.15%	**96.36%**	**0.9097**
改进后的 GCN	**97.32%**	**99.09%**	**0.9820**	**87.36%**	91.34%	0.8931

通过表 7.21 中多种模型的对比实验，可以得出以下结论。

- 改进后的传播策略优于原始的图卷积神经网络的传播策略。
- GCN 结合 DNN 的模型要优于原始 GCN 模型。
- 在自身没有特征的情况下，GCN 可以根据邻居节点传播过来的特征进行判断，而 DNN 和 XGBoost 则不可以。
- 在删除全部待测节点特征的情况下，原始 GCN 模型的整体性能比改进后的 GCN 稍好些。

虽然谱域图神经网络有着坚实的理论基础，而且在实际应用中也取得了不错的效果，但是该方法属于直推式方法，模型训练的参数无法迁移到另外一张图上，这极大地限制了谱域图神经网络的泛化能力。

7.5.3 空域图神经网络

由于谱域图神经网络存在一些局限性，因此当下空域图神经网络的研究会更多。本节会介绍一个经典的空域图神经网络 GraphSAGE，并介绍其改进模型 HinSAGE 在安全风控领域中的应用。

1. GraphSAGE 的基础原理

GraphSAGE 是一种归纳式的图神经网络，通过它可以将训练的模型应用到未知的图上。假设要得到 K 层的网络，那么在每一层中，节点特征向量的更新主要包括两部分，一部分把邻居节点的特征聚合起来，另一部分将邻居节点聚合后的特征与自身特征拼接起来。

GraphSAGE 中的 SAGE 就是采样（SAmple）和聚合（aggreGatE）的简写，这很好地阐述了 GraphSAGE 的核心思想。如下伪代码描述了 GraphSAGE 的嵌入生成算法，对于要参与模型训练的节点，默认要先取得这些节点的 K 阶邻居节点，为了方便处理、降低计算消耗，针对每个节点 GraphSAGE 会采样相同数量的邻居节点。

GraphSAGE 的嵌入生成算法

输入：Graph $G(V,E)$；输入特征 $\{x_v, \forall v \in V\}$；深度 K；权值矩阵 $\boldsymbol{W}^k, \forall k \in \{1,\ldots,K\}$；非线性激活函数 σ；不同的聚合函数 $AGGREGATE_k, \forall k \in \{1,\ldots,K\}$；领域函数 $N: v \to 2^v$；向量拼接函数 $CONCAT$。

输出：节点 v 的向量表示 $z_v, \forall v \in V$。

---

1 $h_v^0 \leftarrow x_v, \forall v \in V$

2 for $k = 1,...,K$ do

3 　for $v \in V$ do

4 　　$h_{N(v)}^k \leftarrow AGGREGATE_k\left(\left\{h_u^{k-1}, \forall u \in N(v)\right\}\right)$;

5 　　$h_v^k \leftarrow \sigma\left(W^k \cdot CONCAT\left(h_v^{k-1}, h_{N(v)}^k\right)\right)$

6 　end

7 　$h_v^k \leftarrow h_v^k / \| h_v^k \|_2, \forall v \in V$

8 end

9 $z_v \leftarrow h_v^K, \forall v \in V$

接下来结合实际的风控问题，介绍一下 GraphSAGE 的邻居采样方法和聚合函数的选择。

（1）GraphSAGE 在实际风控业务中的邻居采样方法

在实际的风控业务中，如果采样所有的邻居节点，不便于评估计算复杂度，因为邻居节点数量是不固定的。因此针对每个节点，只从它的邻居节点中采样固定数量的节点来做特征聚合。根据实际的业务经验，一般只选取二阶邻居节点，且二阶邻居节点的数量最好不要超过500个。图7.36清晰地展现了GraphSAGE邻居采样到标签预测的全过程。首先是GraphSAGE的采样过程，第一阶邻居采样 3 个节点，第二阶邻居采样 5 个节点；然后是 GraphSAGE 邻居节点特征聚合的过程；最后是模型对更新后的节点信息进行预测的过程，最终得到其所属标签。

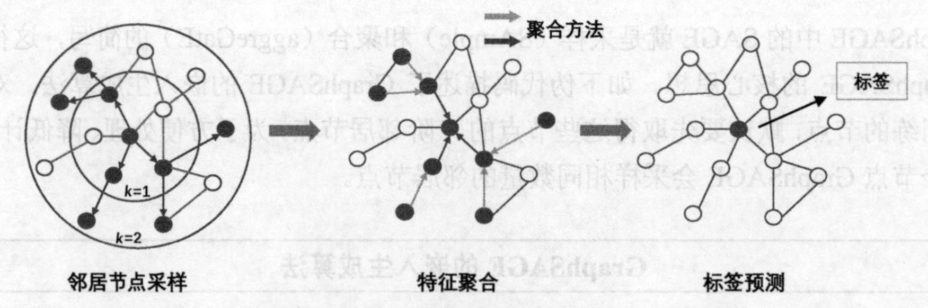

图 7.36　GraphSAGE 的执行过程

（2）GraphSAGE 在实际风控业务中对聚合函数的选择

GraphSAGE 提供了如下三种不同的聚合函数。

- 均值聚合（mean aggregator）：这种聚合方式首先对邻居节点每个维度的特征取均值，然后再与目标节点的特征拼接起来，接着做非线性变化，增强特征的表现能力。均值聚合的公式表示如下：

$$\boldsymbol{h}_{N(v)}^{k} \leftarrow mean\left(\left\{\boldsymbol{h}_{u}^{k-1}, \forall u \in N(v)\right\}\right)$$

$$\boldsymbol{h}_{v}^{k} \leftarrow \sigma\left(\boldsymbol{W}^{k} \cdot CONCAT\left(\boldsymbol{h}_{v}^{k-1}, \boldsymbol{h}_{N(v)}^{k}\right)\right)$$

- LSTM 聚合（LSTM aggregator）：在使用 LSTM 聚合时，需要将邻居打乱并随机排序，然后将排序好的邻居节点序列作为 LSTM 的输入。

- 池化聚合（pooling aggregator）：在使用池化聚合时，需要对邻居节点做非线性变换，如果使用最大值池化，可以捕获邻居集在某方面特别突出的表现，比如信贷风控中周围群体是否违约；如果使用均值池化，那么捕获的是邻居集在某方面的综合表现，如信贷风控中周围群体的平均收入能力。使用最大值进行池化聚合的公式表示如下：

$$\boldsymbol{h}_{N(v)}^{k} = \max\left(\left\{\sigma\left(\boldsymbol{W}_{pool}\boldsymbol{h}_{ui}^{k} + \mathrm{b}\right)\right\}, \forall u_i \in N(v)\right)$$

$$\boldsymbol{h}_{v}^{k} \leftarrow \sigma\left(\boldsymbol{W}^{k} \cdot CONCAT\left(\boldsymbol{h}_{v}^{k-1}, \boldsymbol{h}_{N(v)}^{k}\right)\right)$$

GraphSAGE 对复杂网络数据在安全风控上的应用具有非常积极的意义，它是一种归纳式的学习方法，使得训练后的风控模型能够用在完全未知的图数据上。但 GraphSAGE 只能在同构网络上使用，而实际安全风控业务场景中有很多异构网络，因此有学者将 GraphSAGE 改进为能够在异构网络上应用的 HinSAGE。接下来讲解 HinSAGE 在风控领域的应用。

2. GraphSAGE 的改进模型 HinSAGE 在风控领域的应用

用于电信诈骗的银行卡具有使用周期短、洗钱速度快等特点，从案发到受害者报案，再到警方通知银行冻结银行卡的耗时较长，往往会错过追回资金的黄金时期。为此，我们将异构图神经网络 HinSAGE 应用在预警恶意银行卡中，让恶意银行卡能被提前发现。在受害者被骗后，能够第一时间将银行卡账号冻结，并将冻结的资金返回给受害者。具体风控的主要步骤如下。

第一步：构建异构网络。

构建的异构网络包含了银行卡号、电话、设备、身份 ID 等多种类型的介质。通过一定时间窗口的筛选，对银行卡、设备等节点加上时间标识，构建时序异构图，图 7.37 为一个简单的时序异构网络。

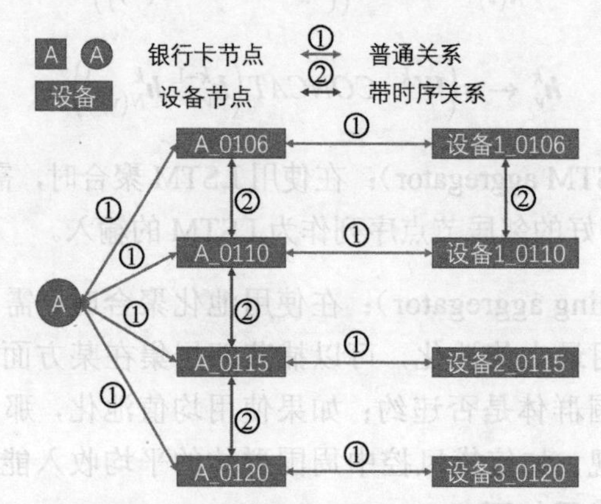

图 7.37　由银行卡节点和设备节点组成的、简单的时序异构网络

第二步：利用异构图神经网络获取节点嵌入。

如下伪代码讲述了异构图神经网络的工作流程。GraphSAGE 用于同构图中，因此节点的特征维度是一致的，与 GraphSAGE 不同的地方是，HinSAGE 用于异构图中，因此节点的特征维度是不一致的，于是首先需要对不同类型的节点特征做矩阵变换，将他们的特征维度映射到同样的维度，这样就可以对邻居节点的特征做聚合处理，随后将聚合后的邻居特征与自身特征相结合，就可以得到更新后的节点特征向量，如图 7.38 所示。在得到节点的最终特征向量后，便可以使用 DNN 模型对该节点是否属于恶意银行卡进行概率预测。

算法　利用异构图神经网络获取节点嵌入

输入：异构图 $G(V,E)$；存在这样的节点映射 $\varphi: v \to A$ 和边的映射 $\omega: E \to R$；每个节点 $v \in V$ 的类型都属于节点类型集合 $A: \varphi(v) \in A$；每条边 $e \in E$ 的类型都属于边类型集合 $R: \omega(e) \in R$；输入特征 $\{X_v, \forall v \in V\}$；采样深度 K；权重矩阵 $\boldsymbol{W}_{\varphi}^{k}, \forall k \in \{1,\dots,K\}, \varphi: v \to A$；聚合函数 MAX；纵向拼接函数 $VSTACK$；横向拼接函数 $HSTACK$ 节点邻域函数 $N: v \to 2^{v}$。

输出：节点向量表示 $\boldsymbol{Z}_v, \forall v \in V$。

1 $\boldsymbol{h}_v^0 \leftarrow \boldsymbol{X}_v, \forall v \in V$
2 for $k = 1,\ldots,K$ do
3 for $v \in V$ do
4 $\boldsymbol{h}_v^{k-1} \leftarrow \boldsymbol{h}_v^{k-1} \cdot W_{\varphi(v)}^k$
5 $\boldsymbol{h}_{N(v)}^k \leftarrow MAX(VSTACK_{n\in N(v)}(MAX\left(\boldsymbol{h}_n^{k-1}\right)\cdot W_{\varphi(n)}^k))$
6 $\boldsymbol{h}_v^k \leftarrow \sigma\left(HSTACK\left(\boldsymbol{h}_v^{k-1}, \boldsymbol{h}_{N(v)}^k\right)\right)$
7 end
8 $\boldsymbol{h}_v^k \leftarrow \boldsymbol{h}_v^k / \|\boldsymbol{h}_v^k\|_2$
9 end
10 $\boldsymbol{Z}_v \leftarrow \boldsymbol{h}_v^K, \forall v \in V$

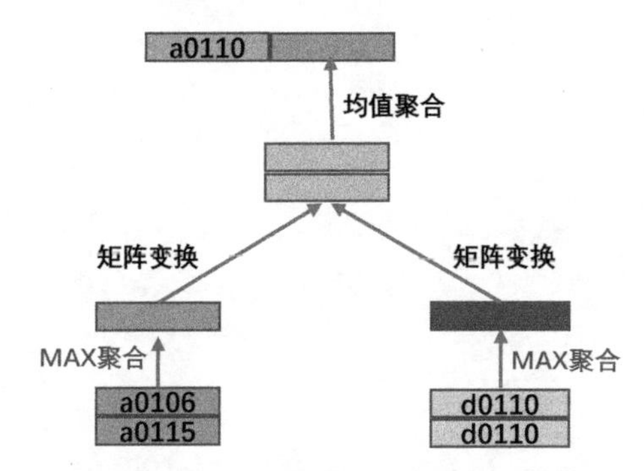

图 7.38 HinSAGE 将不同类型的节点特征映射到统一维度后，再进行聚合操作

3．GraphSAGE 的改进模型 HinSAGE 在恶意卡预测中的效果

表 7.22 对比了异构图中是否带时序关系对预测结果的影响。在识别准确率（通过调整阈值保持）接近的情况下，带时序关系异构图模型，比不带时序关系异构图模型的覆盖率要高 16.4%。

表 7.22 带时序关系异构图模型与不带时序关系异构图模型的性能对比

模型	精确率	召回率	F1 值
带时序关系异构图模型	88.6%	70.3%	0.784
不带时序关系异构图模型	88.8%	53.9%	0.671

作为 GraphSAGE 在异构图上的扩展，HinSAGE 在安全风控领域确实有着不错的表现。随着技术的不断发展，后续又出现了很多性能更加优越的异构图神经网络算法，这些算法必

将提升安全风控的技术水平。

7.6　本章小结

为了帮助读者从 0 到 1 了解基于复杂网络的大数据安全治理与防范体系，本章首先介绍了复杂网络的基础建设，在此基础之上结合具体案例，介绍了中心性测度和聚集性测度的计算过程。随后介绍了实践中常用的复杂网络传播模型和社区划分模型。最后结合近几年复杂网络的研究趋势，介绍了图神经网络及图神经网络在安全风控领域的应用。

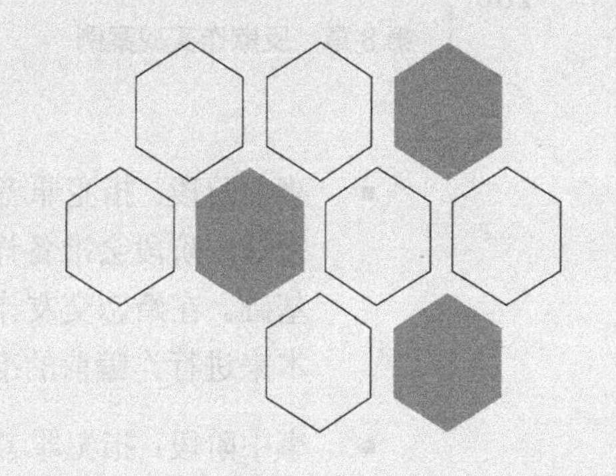

第 8 章 反欺诈实战案例

基于前几章讲述的流量、内容和复杂网络的对抗技术，本章将通过婚恋交友反诈骗、营销活动反作弊、赌博网址检测、恶意短文本识别 4 个反欺诈实战案例，来详细介绍这些大数据安全对抗技术在各安全风险类型中的实际应用，以及从治理到防范的整体反欺诈体系建设思路，以期帮助读者在相关领域建立反欺诈实战经验，并在类似场景中快速培养安全对抗能力。

8.1 婚恋交友反诈骗

随着互联网的普及，越来越多的人通过线上的方式来开展交友、相亲等活动，并以此建立人生中的亲密关系。然而网络世界的一切并非都是真实的，这也给了诈骗者可乘之机。坏人利用网络虚拟特性先骗感情，再骗钱，最后导致受害者人财两空，甚至巨额负债。以婚恋交友为名，行电信诈骗之恶，诈骗金额巨大，社会影响十分恶劣。据北京市海淀区人民法院 2021 年公布的数据，婚恋交友诈骗案件的数量已经连续三年攀升，大多数诈骗案件的金额都在 50 万元以上。

对互联网应用来说，猖獗的诈骗活动严重危害用户的财产安全，进一步影响着社会舆论和企业的形象与口碑。《中华人民共和国反电信网络诈骗法（草案）》中第四章第十九条指出，“互联网服务提供者对监测识别的异常账号应当采取重新核验、限制功能、暂停服务等处置措施。”明确了互联网服务平台对于诈骗治理的义务和责任。接下来将通过具体的反欺诈实战案例，从互联网服务平台的视角剖析如何识别和打击潜在诈骗问题。

8.1.1 风险场景

如图 8.1 所示，诈骗是一个长时间的持续过程，分为事前、事中和事后三个阶段。

- 事前阶段：指犯罪者开始策划诈骗行为但还未接触受害者之前的诈骗准备阶段。通常这一阶段会准备诈骗设备、账号、文案等作案工具，为后续诈骗活动的开展建立基础。在婚恋交友诈骗中，黑产主要通过批量注册、养号、上传人设资料、建立剧本来进行诈骗前的准备。
- 事中阶段：指犯罪者从开始接触受害者到骗取受害者财产的诈骗实施过程。在这个过程中，犯罪者会将诈骗手段应用于受害者，以达到误导蒙骗的效果，最终实现非法获取钱财的目的。在婚恋交友诈骗中，诈骗者首先通过社交引流的方式添加受害者为好友，然后按照剧本与受害者通过聊天等互动方式建立感情联系，最后诱导受害者转账或将受害者引导至虚假投资赌博平台进行充值。
- 事后阶段：指犯罪者完成诈骗后的洗钱阶段，同时也是受害者醒悟和投诉的阶段。此时诈骗过程已经完成，诈骗者通过各种洗钱手段对资金进行转移和洗白，受害者开始通过举报、报案等手段尝试追回损失。

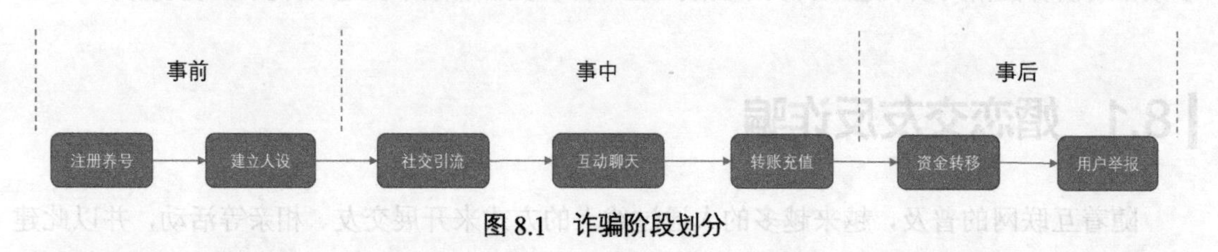

图 8.1 诈骗阶段划分

对于诈骗过程的打击，既要在各个环节中充分应用黑产特点进行单点打击，也要在整个体系上结合多个节点建立联合防控机制。

8.1.2 事前预防

在实施诈骗前，黑产主要的准备工作便是批量注册账号，然后通过猫池、群控等方法进行养号，同时上传用于诈骗的伪造资料。所以在这一阶段，主要的对抗场景便是在注册、登录、上传资料等环节。在这些环节中，应用端获取到的用户信息量有限，可通过对环境 IP、设备、账号资料、图像内容等建立风险名单和识别来进行对抗。这里以某交友平台的业务为例，介绍两种安全对抗方案的具体过程。

1. 风险名单对抗方案

当用户通过网页访问某交友平台时，请求中包含用户账号、手机号、IP 信息。当用户通过移动应用访问该交友平台时，除账号、手机号、IP 信息之外，还带有设备 ID、地理位置信息，同时可通过请求权限获取设备装机列表的情况。由于该平台用户主要通过移动应用进行访问，因此在用户访问时可通过验证访问 IP、设备 ID、账号是否在风险名单中来对访问请求进行判断。

命中黑名单的访问请求具有很高的诈骗可疑性，同时由于该类请求具有明晰的举证方式，可直接对请求进行拒绝访问或暂停服务等处置措施。然而收集可信的黑名单是一个十分困难的过程，这必然使得收集过程以黑名单的准确率为先，拦截处置的数量相比整体黑产访问数的占比仍然很小，此时可以通过构建灰名单来对安全检测进行辅助补充。

- 高频 IP 名单：黑产往往会通过注册机批量注册来获取账号，其表现为短时间内大量的注册请求。所以在注册场景中，可以对一个时间窗口内的 IP 请求量进行统计和监控，对于请求量存在高频突变的 IP，将其作为可疑 IP 加入到高频 IP 名单中，当 IP 命中这一名单时，表示该 IP 近期出现过高频突变。
- 代理 IP 名单：黑产在批量注册时，也有可能采用代理 IP 对抗高频 IP 的策略，所以可通过收集代理 IP 及 IDC 属性的 IP 建立代理 IP 名单，从而进行风险提示。当访问 IP 命中此名单时，表明请求方使用了代理 IP 或秒播 IP。
- 风险位置名单：诈骗通常都是以团伙为单位进行的违法活动，这就避免不了在地理上出现聚集性。通过移动设备定位或 IP 地址确定用户的地理位置，再统计出恶意账号出现的次数和占比高的位置，那么该地区就为诈骗行为高发地区，极有可能是团伙聚集地，可将该地区加入风险位置名单。
- 可疑装机设备名单：黑产为了批量操作移动设备，通常在移动设备越狱后使用群控、多开、自动化脚本等软件进行操控，当我们通过装机信息感知到某设备已被越狱或安装有相关软件时，可将其列为可疑装机名单。
- 行为异常账号名单：从用户周期模型来看，用户从新用户到重度用户是一个渐变的过程。新注册的用户首先需要尝试探索并学习应用，逐渐熟练后才能频繁使用应用中的各种功能，直至成为重度用户。对于刚完成注册便出现大量使用应用功能、频繁进行交互等不符合用户模型的账号，便可能为黑产养号或用户小号，需要建立行为异常灰名单。
- 位置异常账号名单：当用户通过移动应用访问时，可以同时通过移动设备上报定位或通过 IP 获取访问的地理位置信息，对正常访问用户来说，这两个地理位置应该是相同的。如果二者显示的位置不同，那么证明可能使用了代理 IP 或虚拟定位，需要将该用户加入到位置异常风险名单中。

命中灰名单的访问请求在某一方面与黑产访问相似，但仍然存在正常用户访问的可能，同时灰名单本身也无法提供明确证据，表明该用户历史上存在作恶行为，所以对于命中灰名单的访问请求不会直接拦截，而是通过添加人机验证的方式来提高可疑请求访问平台的难度。

同时可以根据命中灰名单的访问数量来动态确定人机验证方法。对于命中少量灰名单的访问，可以使用简单的字符验证码方式进行验证；对于命中多个灰名单的访问，可以使用行为或新型验证进行更高门槛的验证。这样可以通过灰名单来合理均衡地使用验证方式，控制风控成本。

通过黑灰风险名单，我们可在注册、登录场景中对黑产可疑访问进行有效处置，从源头避免黑灰产进入平台。然而，黑产仍然可能通过购买新手机号、搭建私有代理、利用打码平台来绕过黑灰名单及人机验证方式。此时就需要在后续过程中，进一步使用内容对抗技术对黑产进行识别打击。

2. 无监督图片聚类方案

在婚恋相亲或交友平台中，可以通过上传个人资料完成个人信息的展示，建立初步认识。一般来说，个人信息越完善，越有可能得到其他用户的青睐。而对婚恋交友诈骗来说，为了能吸引更多的潜在受害者，建立完善的人设是必不可少的。故当黑产绕过注册登录阶段后，下一步最重要的便是上传人设资料。

在本书介绍的交友平台中，用户上传的个人信息主要为头像和日常生活图像。婚恋交友诈骗者上传这些个人信息必然不是真实的，而是已经规范化整理好的人设材料，这些人设材料的内容比较固定且会在多个诈骗账号进行复用以提高黑产诈骗效率。

于是，可以通过这一点来建立内容相似性的黑产识别方法。对正常用户来说，个人信息各不相同，不会出现相同或相似的情况。当出现大量个人信息相似或重复时，这些账号就是黑产批量使用的诈骗账号。

头像图像大小较小，有利于模型快速检测，可通过头像的相似性对账号进行初步筛选，减少可疑范围和检测数据量。头像相似性检测，首先需要通过自编码器的训练和推断，来准确提取图像结构特征。具体过程如下所示。

第一步：构建头像数据集。

取用户头像数据建立数据集，同时对图像进行预处理，对图像大小、数据类型、取值进行归一化处理。

第二步：构建自编码器网络。

在自编码器中，编码器利用卷积层和下采样将头像图像编码为固定长度的向量，解码器利用反卷积层将向量还原为原图大小并重构信息。

第三步：模型训练。

使用随机梯度下降（SGD）或动量优化算法对神经网络进行训练，随着训练的进行，损失函数的 loss 逐渐下降，表明神经网络对于图像编解码的重构能力越来越强，模型对于图像特征的提取越来越精确。

第四步：图像特征筛选。

完成训练后，使用编码器对图像进行推断，得到图像的编码向量，编码向量表示神经网络对图像提取的特征信息。对于得到的向量，通过计算向量距离来表征两个图像之间的相似度。

头像聚集模型效果样例如图 8.2 所示，由于黑产批量使用了一致的头像图片，在将数据降维并可视化后，相比正常用户头像，黑产账号头像具有明显的聚集性。

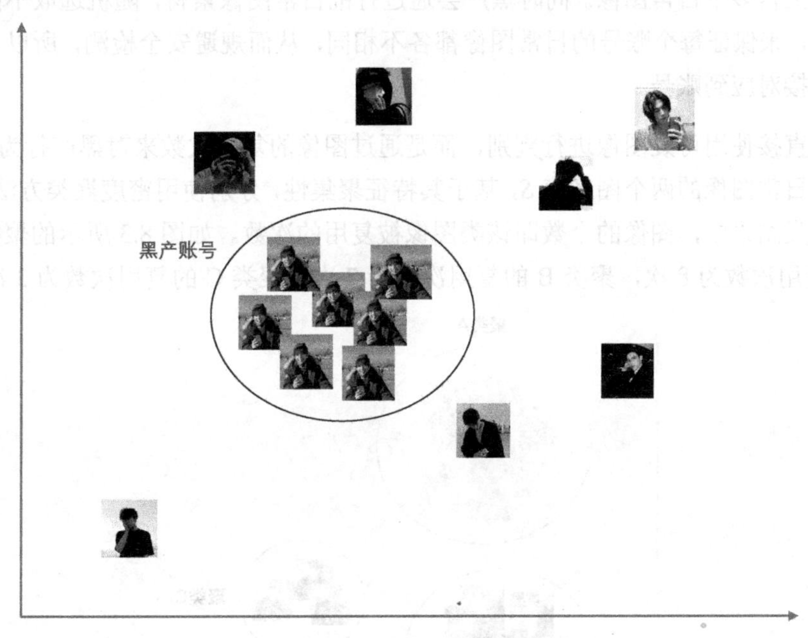

图 8.2　头像聚集模型效果样例

在大数据场景下，图像向量数据量较大，直接使用聚类算法的时间和资源消耗量巨大，所以首先使用相似度对可疑头像进行筛选。

V 为所有图像集合，S 为可疑图像集，N 为正常图像集，筛选算法如下所示。

首先，从 V 中选取某一图像，与 V 中的其他图像和 S 中的图像分别计算相似度。

其次，当相似度均小于阈值时，将该图像加入正常图像集 N；否则将该图像和与该图像相似度大于阈值的图像加入到可疑图像集 S 中。

最后，重复前两个步骤直到 V 中的所有图像都被划分到正常图像集合 N 和可疑图像集合 S 中。

完成划分后，正常图像集合 N 无须进一步处理。可疑图像集 S 中的图像，均为与其他头像相似度大于阈值的图像，但这些图像并不一定为黑产图像。因为在交友平台上传的海量头像中，仍然存在由于相貌、衣着相似造成两个正常用户头像的相似度大于阈值或某一个正常用户头像与黑产头像的相似度大于阈值的情况，此时需要结合用户上传的日常图像来进一步判断。

对于日常图像，可以使用与头像同样的方法完成数据集构建、模型构建、模型训练以及图像特征筛选，从而得到日常图像的可疑图像集。不同于头像图像与账号的一一对应关系，同一账号可上传多个日常图像。同时黑产会通过打乱日常图像素材，随机选取不同日常图像组合的方式，来保证每个账号的日常图像都各不相同，从而规避安全检测，所以无法将可疑日常图像直接对应到账号。

此时不直接使用可疑图像进行判别，而是通过图像的复用次数来对黑产行为进行刻画。对于头像和日常图像的两个图像集 S，基于其特征聚集性，分别使用密度聚类方法进行聚类。在得到的聚类结果中，图像的个数即该类图像被复用的次数。如图 8.3 所示的聚类结果中，聚类 A 的复用次数为 8 次，聚类 B 的复用次数为 7 次，聚类 C 的复用次数为 3 次。

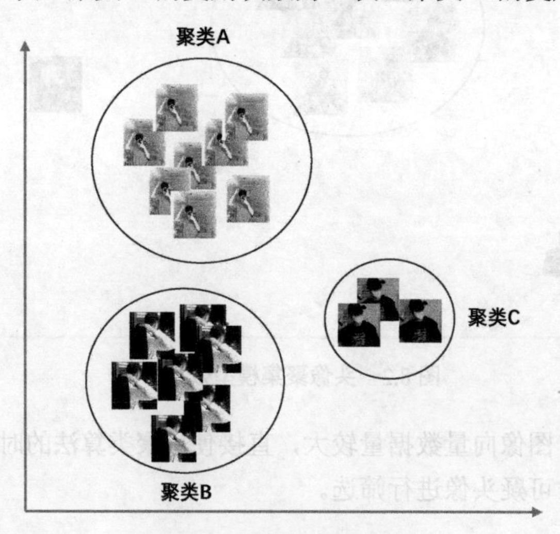

图 8.3　可疑数据集聚类结果

至此，对于可疑数据集中的每个账号，可以统计出头像复用次数和日常图像复用次数两个数值，根据表 8.1 的方法，可以通过这两个数值对账号诈骗风险进行判别。

表 8.1　图像内容风险判别

特征	含义	处置建议
F1	头像和日常图像复用次数均高	确定黑产账号，进行暂停服务或封禁处置
F2	头像和日常图像其中一个的复用次数高	可疑黑产账号，限制部分功能使用
F3	头像和日常图像复用次数低	可能存在正常用户情况，持续监控

通过风险名单和内容对抗方法，可在诈骗发生前防患于未然，阻止恶意黑产份子进入平台使用服务。然而，由于事前阶段黑产还未开展诈骗行为，恶意行为信息量捕获较少，对于可疑行为无法进行严厉处置措施，所以依然有大量黑产账号绕过事前打击，实施诈骗行为，此时便需要在事中对黑产账号进行识别拦截。

8.1.3　事中拦截

在婚恋交友诈骗的事中阶段，诈骗者在完成身份人设包装后，便开始通过平台的相亲交友机制进行社交引流，添加大量目标受害者。然后通过言语将受害者诱导至虚假投资或赌博平台，诱导其充值完成诈骗。

相比于事前，黑产在实施诈骗过程中会暴露更多信息，更有利于大数据安全的风险识别。在黑产实施过程中，结合黑产行为的特点，可以针对性地构建业务特征，随后基于异常行为、账号画像、时序行为等方法来对诈骗行为进行识别。

1．账号风险画像

在互联网应用和服务中，黑产用户行为模式往往比较固定且有别于正常用户，所以通过对诈骗关键特点和行为的匹配、识别与统计，可建立账号风险特征体系。随后通过构建规则模型或机器学习模型，可有效地对账号的诈骗风险进行刻画。

构建风险特征首先需要对诈骗异常行为进行分析，确定黑产可能出现的异常特征，从而达到风险刻画的目的。诈骗分析方法分为白盒分析与黑盒分析。白盒分析依赖专家经验，通过情报调查、用户回访、举报反馈等方法得到信息，再结合专家对黑灰产运行模式以及多年诈骗对抗的经验，重构并复原出诈骗手段和流程，然后从黑产的诈骗模式中寻找出风险特征点。黑盒分析不考虑具体诈骗的实施过程，直接通过对比黑白样本在特征上的差异点及差异程度，来筛选具有黑白样本区分能力的风险特征。

在婚恋交友诈骗中需要结合两种方法，事前的风险名单策略与内容分析策略中发现的可疑账号，由于证据不足无法直接对其进行打击处置，事中便可使用黑盒分析方法，通过对比正常用户与事前监控可疑用户的差异，快速筛选出诈骗异常特征。随后参考筛选出的异常特征，结合情报信息与专家经验建立诈骗模式画像，对已筛选的特征建立可靠的解释性。同时查漏补缺，找到异常的新特征。最后，对新特征再次使用黑盒进行量化分析，分析结果能继续帮助进行白盒分析。

以用户在交友平台填写的性别资料为例，黑盒分析通过TGI来分析诈骗账号对于性别的偏好程度。通过抽样统计，发现男性在可疑用户群体中的占比为82.3%，在正常抽样用户群体中的占比为48.9%，通过计算可以得到男性在可疑诈骗用户群体里的偏好指数为1.68，表明诈骗账号性别偏好使用男性；相反，性别取值女性的偏好指数为0.35，表明诈骗账号性别不偏好使用女性。同样也可以使用分箱计算证据权重的分箱统计指标，构建风险专家模型。

通过不断使用和迭代黑盒分析与白盒分析，可以持续优化风险特征体系，诈骗账号的风险画像会越来越精准和丰富。此时对于账号风险画像，可以通过规则方法，从所有用户中提取出符合多个画像维度的高危诈骗账号进行打击；也可使用机器学习方法，构建黑白样本，训练基于风险特征的判别模型，对账号诈骗风险进行判别。具体步骤参见第5章。

2. 传播网络扩散

在婚恋交友黑产诈骗过程中，当诈骗者逐步取得受害者的信任后，最重要的一步是欺骗受害者并让其交出财物。在这个过程中，诈骗者主要通过发送网址、二维码，将受害者引导至诈骗站点或App，或是直接发送银行卡、支付账号，让受害者直接转账。

同一个站点、二维码、银行卡或者支付账号，会在不同的诈骗交友账号中被多次发送。所以我们可以通过已知恶意账号，在其发送的传播网络图上扩散，从而得到可疑的站点、银行卡等，再通过不断扩散发现新的恶意账号。

首先通过账号发送情况构建传播网络图，实际业务中传播网络图节点和边的数量级在百万到千万级别。图8.4为传播网络图的一个简化版示例，其中深色节点为交友平台发送账号，浅色节点为账号发送的关键信息，边表示账号传播过该关键信息。

如图8.5所示，在扩散前首先对传播网络图中的边和节点的权重进行初始化，其中边的权重值表示该账号发送关键信息的次数，节点的权重值表示该账号或关键信息的诈骗风险等级，取值范围为0～1。初始化权重时，由于对关键信息的诈骗风险情况未知，所以将关键信息节点的初始风险等级置为0。对于账号节点，可按照事前策略以及账号风险画像判别结果进行赋值，取值范围为0～1。

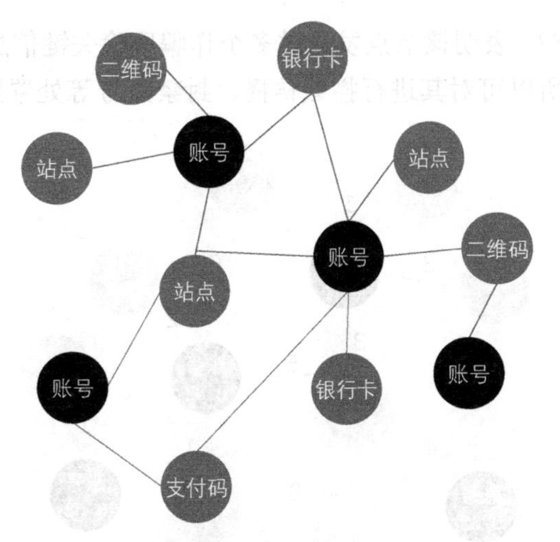

图 8.4 账号传播网络图

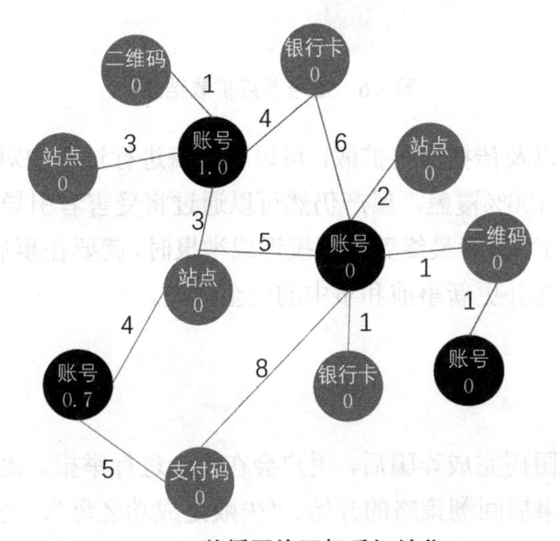

图 8.5 传播网络图权重初始化

在进行扩散时，首先保持账号节点的权值不变，使用 PageRank 算法对关键信息节点进行一次扩散更新。通过已知账号的诈骗风险和账号传播的关系，获取关键信息的诈骗风险。随后让关键信息节点的权值保持不变，对账号节点使用 PageRank 算法进行扩散。然后不断对关键信息和账号节点进行迭代扩散，直到每一轮迭代的更新节点数量为 0 或小于某一阈值，表明网络权值扩散逐渐达到稳态。此时从传播网络中选取扩散后诈骗风险等级高的未处置节点，将其作为通过传播图网络扩散得到的新诈骗恶意账号。

账号节点扩散结果如图 8.6 所示，从中可以看到原本诈骗风险为 0 的账号节点，通过扩散后诈骗风险提升到 0.82，表明该节点发送过多个诈骗风险关键信息，这些关键信息也被多个已知诈骗账号发送，所以可对其进行拦截传播、封禁账号等处置措施。

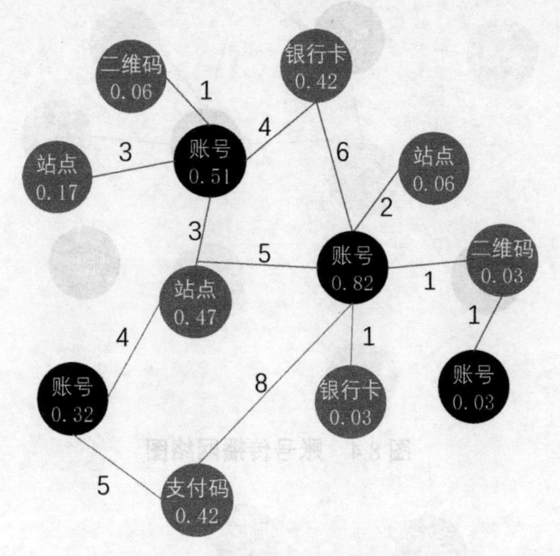

图 8.6　账号节点扩散结果

通过账号风险画像以及传播网络扩散，可以在诈骗进行过程中对账号进行识别处置。但是，安全模型无法做到 100%覆盖，黑产仍然可以通过将受害者引导至其他平台实施诈骗等方法来绕过安全策略。当受害者最终受骗而投诉或举报时，就要在事后对诈骗行为进行回溯，梳理诈骗过程，同时优化并更新事前和事中的安全模型。

8.1.4　事后回溯

当诈骗者绕过重重阻碍完成诈骗后，用户会在平台进行举报。此时并不意味着反诈骗对抗的结束，反而是诈骗事后回溯策略的开始。“失败是成功之母”，失败的反诈骗案例可以进一步为事前和事中模型建立监督数据，同时帮助安全体系查漏补缺、不断提升。

诈骗者完成诈骗意味着诈骗者已经绕过安全策略，在完成用户举报账号处置后，通过对被举报账号的历史数据进行分析，可以达到以下 6 个目的。

- 回溯绕过原因：通过历史数据还原安全模型的判别结果，分析绕过原因，以检查现有安全体系是否存在漏洞。
- 丰富风险名单：对回溯到的环境 IP、设备、位置信息进行聚集分析，将漏过的聚集风险信息补充至风险名单中。

- 提供监督信息：事后得到的恶意账号可信度极高，可以以此作为监督标签结合历史样本来训练模型，进一步提升模型性能。
- 补充种子库：补充图扩散种子库，然后进行重新扩散，可以在扩散过程中发现更多风险账号。
- 输出涉案线索：通过回溯到的历史数据获取案情相关关键信息，然后输出给警方，协助案件侦破。
- 建立模型验证指标：通过回跑历史数据检验反诈新模型是否覆盖举报账号，以此来对新模型效果进行评估。

8.1.5 时序联合打击

在与诈骗团伙的对抗中，针对事前、事中、事后的单点打击策略，往往会遇到信息不充分、上下文不明确等问题，导致无法对黑产行为进行判别。在已有的单点识别能力的基础上，还需要在更高的层面建立从事前到事后整个时序的联合打击能力。

首先对时序中的事件进行定义，在反诈骗时序模型中，一个行为事件由账号 ID、时间戳、操作类型及诈骗风险等级 4 个元素组成。账号 ID 为发生操作的账号唯一标识，用来串联同一用户的不同操作。时间戳为发生操作的时间，用来对操作进行时序排序。操作类型用来标识用户的不同操作，例如注册、登录、关注、传播等。诈骗风险等级用来记录发生某操作时，针对这一操作的单点模型判断给出的风险等级。

在安全策略风险的判定上，风险等级存在时序的关联性。一般来说，当账号行为仅被安全策略判为中等可疑时，是无法继续直接处置的。若一个账号在事前注册登录时被判为可疑，且该账号在事中关注、传播的行为再次被判为可疑，即该账号在时序上表现出连续可疑行为时，那么便可提升该账号的风险等级，进行相应处置措施。此外，用户操作也存在时序关联性，黑产在事前养号阶段使用固定自动化脚本，会使账号出现相似的行为序列；同时在事中引流和诈骗过程中，也会使用相同的诈骗剧本，从而产生固定的行为模式。

如图 8.7 所示，对于一个用户，我们可取其最近 *n* 次的行为事件，构建风险等级和行为类型两条时序链。

如图 8.8 所示，对于风险等级时序，可以将其归一化到从 0 到 1 之间的一个值，形成一个时序向量。对于行为类型，首先使用 one-hot 编码，然后进行词嵌入（word embedding）。通过在大量用户行为时序上训练，可以建立单个行为的嵌入向量。最后结合行为类型与风险等级信息，将二者拼接起来作为最终获取的时序向量。

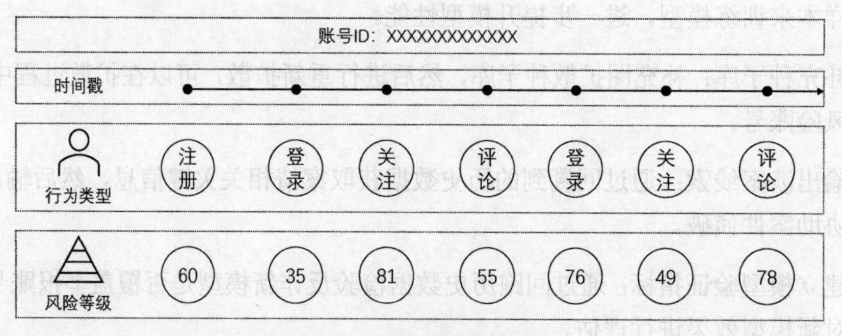

图 8.7 行为事件时序链

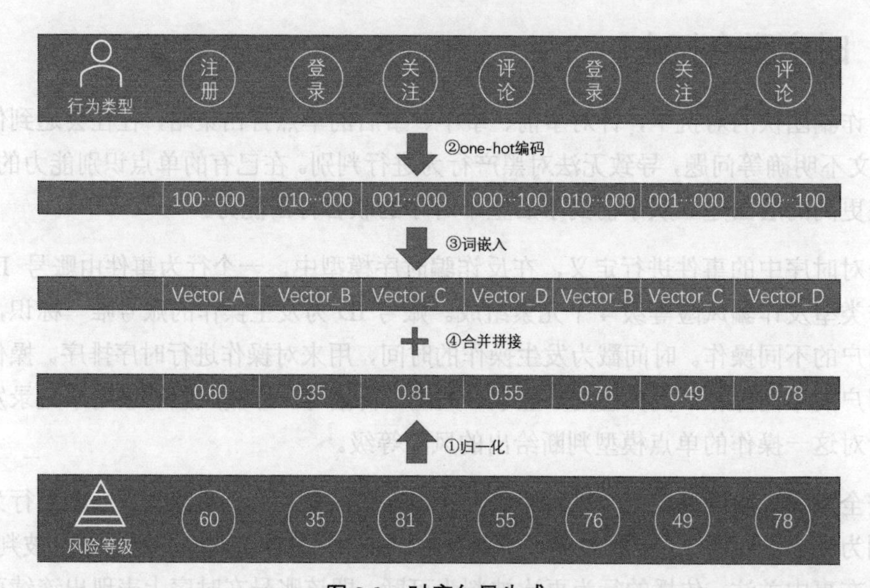

图 8.8 时序向量生成

获取每个用户的时序向量后，将事后回溯诈骗用户的行为作为黑样本，人工审核的正常用户作为白样本，随后即可使用 LSTM、Transformer 等时序深度模型进行训练，从而捕捉诈骗时序模式，同时结合事前和事中不同阶段的策略判别结果，可以从整体角度对诈骗账号进行判断。

8.1.6 反诈对抗运营

与黑产的对抗是一个长时间的持续性过程，一方面黑产会不断寻找并绕过安全体系的漏洞，另一方面安全模型自身也会存在数据漂移、模型衰退等问题。从产品的角度来看，安全策略需要考虑对用户增长和留存的影响，尤其是关键用户的增长和留存，同时还需要处理用户举报、申诉等问题，所以建立一个稳定的反诈对抗运营体系同样十分重要。这里介绍对抗运营中的5个关键流程。

- 申诉处理流程：当用户账号被误限制时，需要通过申诉流程来申请解除限制。申诉流程需要结合限制时的对抗策略判别结果及证据，来确定是否允许用户通过提供更强的验证信息（例如身份证信息、人脸视频等）来解除账户限制。
- 举报处置流程：对于被举报账号，可自动结合现有安全模型进行判别处理；对于被现有模型判为较高诈骗风险等级的账号，可直接进行限制处置；对于未被判为风险的账号，需进行人工审核处理。
- 模型监控流程：通过用户举报和申诉，回溯安全模型的判断信息，可以持续监控模型的准确率及覆盖率。对于准确率降低、可能产生大量申诉和误判的模型，需自动将其下线，避免模型衰退而导致大规模误判。
- 诈骗情报挖掘：从诈骗蓝军角度进行情报监测，情报包括买料价格、引流渠道、作案手段等，帮助安全红军验证打击效果，从而把握诈骗动态。
- 线索扩线挖掘：对于已知作恶线索，可通过查询流程筛选出的可疑范围给出更多相关作恶线索，帮助安全对抗人员对单案例进行详细分析。

8.2 营销活动反作弊

营销链条一般分为营销推广、营销活动和营销结算。其中，营销活动是平台为了拉新和促活而策划的各种活动，如常见的新用户优惠券、活动补贴、充值返现等。营销活动环节投入了平台的大量活动经费，因此成了黑产疯狂套利变现的聚集地。通过违反平台营销活动规则而进行套利变现的这类黑产，称为“羊毛党”。“羊毛党”主要针对电商、O2O、社交、游戏以及互金等平台的营销活动疯狂“薅羊毛”，所以营销活动反作弊的目标是通过打击“羊毛党”来减少平台活动经费的损失。

8.2.1 场景案例

1. 外卖平台营销活动场景案例

外卖平台为了拉新和促活，通常会对新注册账号以发放首单优惠券的方式进行减免。如

图 8.9 所示，原本是平台针对正常新用户的福利活动，但在黑灰产眼里，却是疯狂“薅羊毛”的机会。

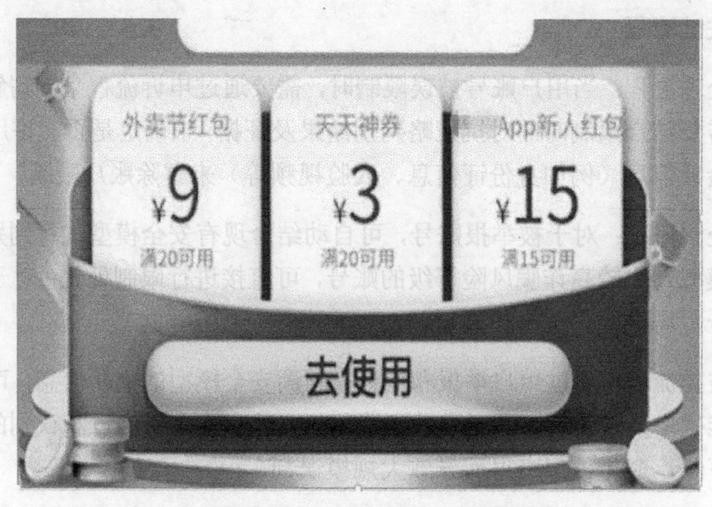

图 8.9　某外卖平台新人优惠券

如图 8.10 所示，“羊毛党”黑灰产主要基于猫池设备等黑产工具，首先利用大量虚假号码在外卖平台批量注册新账号，然后批量控制新账号以获取大量首单优惠券，最后再把获取到的优惠券在二手市场转手变现。

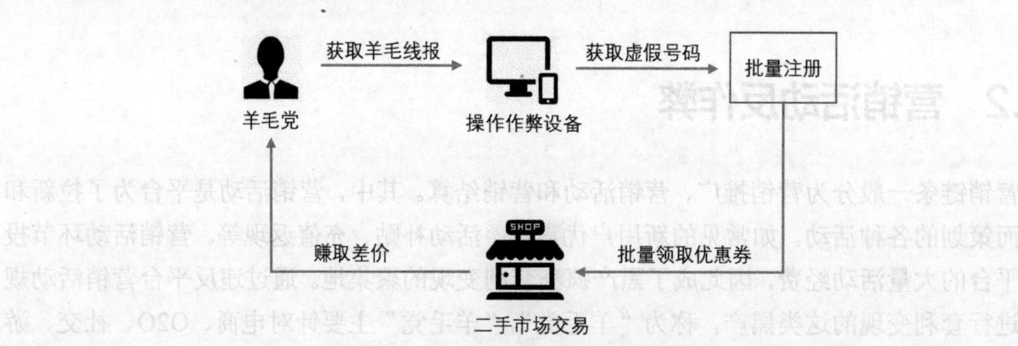

图 8.10　“羊毛党”作弊过程

2．共享单车营销活动场景案例

最近几年，共享单车为了抢占市场开展了用户补贴等活动。如图 8.11 所示，某共享单车在一线城市推出“骑行领红包”营销活动，用户只要骑行超过一定时间，即可参与抢红包活动。一些正常用户为了“薅羊毛”，手动注册多个账号，再通过实际骑行来抢红包，不过这种方式获利很低。对于职业化的“羊毛党”，会基于手机黑卡利用猫池等设备自动批量注册账号，同时利用虚拟定位工具修改共享单车的移动位置，伪造骑行的迹象，最后控制批量账号抢红包，使得平台损失惨重。

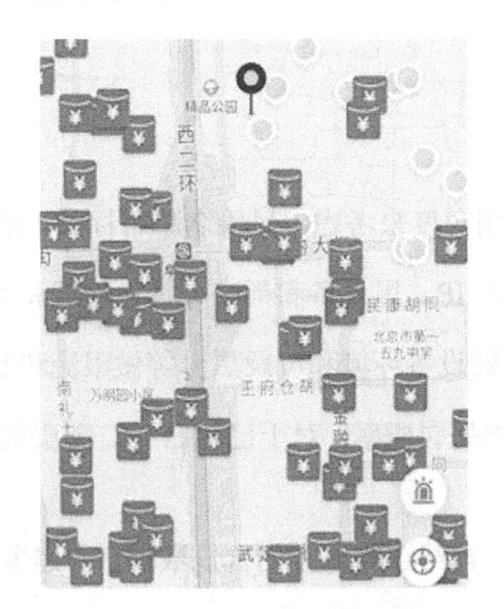

图 8.11 某共享单车平台“骑行领红包”活动

8.2.2 业务数据

常见营销活动场景的业务数据主要是有关环境、设备、账号的属性和行为画像数据。通过对黑产行为的分析，抽象出如下不同维度的脱敏特征，如表 8.2 所示。

表 8.2 业务场景相关数据

数据类型	特征	含义
IP 维度	$F_{11},F_{12}\cdots,F_{1N}$	标识用户接入网络，构建环境聚集、网络属性等特征
设备维度	$F_{21},F_{22}\cdots,F_{2N}$	标识 App 的载体，构建安装环境、设备真假机等特征
账号画像	$F_{31},F_{32}\cdots,F_{3N}$	标识用户账号唯一 key，构建账号行为特征
第三方数据	$S_1,S_2\cdots,S_N$	接入第三方的 SaaS 能力，作为特征输入

8.2.3 人机验证对抗

营销活动场景作弊，大部分都是采用自动化脚本等方式完成的。所以，营销活动反作弊的第一道安全防线是人机验证。

人机验证在 5.1 节中已经做过相关介绍，人机验证需要兼顾防御效果和用户体验。在实战过程中，需要依据业务场景对安全等级的严格程度进行选择。比如，图形验证码相对智能推理验证码来说对用户更友好，但安全防御上却不如智能推理验证码。所以，当业务场景对安全防御等级要求不那么高时，为了更好的用户交互体验，可以选择图形验证码；反之，可以选择智能推理验证码。

8.2.4　风险名单对抗

针对某业务营销活动场景，从业务和通用角度来考虑，风险名单目标如下所示。

- 黑名单：对于重复作弊或者已知的黑 IP、黑设备和黑账号等做拦截和处罚处理。
- 灰名单：对于流量高聚集的 IP、可疑设备环境和可疑黑号等做限流和监控处理。
- 白名单：为了提高用户体验，降低误处罚概率，对于已知白 IP、高质量用户等直接免除后续的风控策略。

基于用户环境、设备、账号等行为数据，再结合第三方的合规数据，构建多维度防控风险名单，如表 8.3 所示。

表 8.3　多维度防控风险名单

维度	黑名单拦截	灰名单限流	白名单免过
IP	*N* 天业务连续黑 IP、恶意代理、秒拨 IP	*N* 天业务连续可疑 IP、可疑代理 IP、高风险地区 IP、可疑服务器 IP	已知白 IP
设备	*N* 天业务黑设备、假机、模拟器、群控设备	*N* 天业务可疑设备、改机、多开、hook 框架设备	高质量设备
手机号	*N* 天业务黑号、接码平台黑号、虚拟运营商黑号、空号	*N* 天业务可疑号、物联网卡、可疑虚拟运营商号	重要保护号码
账号	*N* 天业务封禁或投诉举报账号	*N* 天业务可疑账号	高质量账号、业务重点保护账号

8.2.5　规则引擎对抗

1．基础通用规则

基础通用规则主要从环境 IP、设备、账号及账号关联的手机号几个维度来构建，具体参见 5.3.1 节。

2．业务定制规则

5.3.2 节提到基于人工提取的规则效率较低，所以需要构建标准化的业务规则自动生成系统。业务规则自动生成系统分成5个核心模块：输入自动预处理模块、规则自动生成模块、规则自动评估模块、规则自动上线模块以及规则线上实时监控模块。下文以某业务营销活动场景为例，阐述设备维度的业务规则自动生成过程。

（1）输入自动预处理模块

某业务营销活动场景产生的与设备相关的原始日志字段繁多且格式各异，在输入规则自动生成系统前，需要进行冗余字段裁剪、字段取值预处理、空值处理、取值离散化等数据预处理操作，再得到标准化输入设备画像数据，如表8.4所示。

表8.4 业务场景的标准化输入设备画像数据

数据类型	特征	含义
设备维度	$F_{21},F_{22}\cdots,F_{2N}$	标识App的载体，构建安装环境、设备真假机等特征

（2）规则自动生成模块

第一步：基于1-gram进行规则维度初筛。

这里以黑名单比例≥0.1和白名单比例≤0.6作为筛选阈值，最终筛选出了符合条件的特征维度和对应的离散值结果，如表8.5所示。

表8.5 基于1-gram单维度聚集的规则初筛

设备画像特征	设备画像特征离散值	关联设备群体的黑名单比例	关联设备群体的白名单比例
F_{21}	F_{21}= 机型M	0.35	0.40
F_{22}	F_{22}= XX浏览器版本N	0.15	0.60
F_{2N}	F_{2N}= XX操作系统版本K	0.20	0.55

第二步：基于n-gram规则自动组合。

基于第一步初筛后的维度，进行n-gram的维度组合，这里以简单的2-gram的维度规则组合过程为例，基于第一步筛选出来的3个维度的离散化取值，两两自动组合，共有3种组合方式，具体组合结果如表8.6所示。

表8.6 基于2-gram维度的组合规则

序号	2-gram维度组合的规则	对应聚集的设备群体
规则1	F_{21}= 机型M & F_{22}= XX浏览器版本N	设备群体1
规则2	F_{21}= 机型M & F_{2N}= XX操作系统版本K	设备群体2
规则3	F_{22}= XX浏览器版本N& F_{2N}= XX操作系统版本K	设备群体3

（3）规则自动评估模块

基于上述自动生成的规则以及规则聚集的群体，进一步通过群体属性计算（如业务历史黑名单比例、白名单比例、投诉比例等属性值），基于经验阈值，筛选出高可疑群体对应的规则作为打击规则，可疑群体对应的规则作为监控规则，将这两类规则均入库到恶意规则池。如表 8.7 所示，将黑名单比例≥0.8 和白名单比例≤0.1 的规则视作恶意规则，将黑名单比例≥0.7 和白名单比例≤0.2 的规则视作可疑规则。最后基于规则自动评估筛选出规则 3 为恶意规则，规则 1 为可疑规则。

表 8.7　规则自动评估

序号	2-gram 维度组合规则	关联设备群体的黑名单比例	关联设备群体的白名单比例	恶意规则筛选	可疑规则筛选
规则 1	F_{21} = 机型 M & F_{22} = XX 浏览器版本 N	0.75	0.20	不符合	符合
规则 2	F_{21} = 机型 M & F_{2N} = XX 操作系统版本 K	0.56	0.25	不符合	不符合
规则 3	F_{22} = XX 浏览器版本 N & F_{2N} = XX 操作系统版本 K	0.90	0.07	符合	不符合

（4）其他模块

关于规则自动上线模块和规则线上实时监控模块，请参考 5.3.2 节。

8.2.6　多模态集成模型

只要平台有可薅的利益存在，黑产的对抗是会不断升级进化的。对于复杂的变种模式，上文的单方案从新特征构建、规则运营成本等方面无法满足对抗要求，所以需要更加智能且表征信息丰富的机器学习多模态集成模型识别。

1. 特征工程

在常见的业务营销活动场景中，其特征一般从如下维度构建。

（1）基础特征

- 基于聚合统计构建：比如，从时间角度聚合，计算一段时间内用户访问的量级、最大值、最小值、均值、方差等。
- 基于比例计算构建：计算成分占比。比如，凌晨时段的访问次数占一天总访问次数的比例。

- 基于交叉组合构建：主要通过在不同维度之间进行组合，产生包含交叉信息的更多新特征。比如，将{工作日，周末}和{凌晨时段，非凌晨时段}两组维度进行组合，可以得到包含交叉信息的4个特征，如表8.8所示。交叉组合的优点是可以提取到更多交叉信息，用于描述黑产和正常用户的区别。

表8.8 交叉组合特征

维度	凌晨时段	非凌晨时段
工作日	工作日凌晨时段	工作日非凌晨时段
周末	周末凌晨时段	周末非凌晨时段

（2）高阶特征

- 画像子模型分特征：先将画像弱特征进行分类，然后按照画像所属类型，分别将多维的弱画像特征通过机器学习有监督模型预测为子模型分，以子模型分的形式作为特征使用。其优点是相比原弱画像特征，由于子模型分进行了信息融合，入模效果更好，且便于管理。
- 时序特征：基于word2vec或者node2vec等算法，将时序信息构建成Embedding向量特征。其优点是有别于统计特征，融入了时序信息，特征信息更丰富。
- 复杂网络关系图特征：基于复杂网络关系图，通过KShell、LPA、PageRank等算法提取度、KS值、群体大小、PageRank值等作为特征。其优点是这类特征包含图谱关系信息，特征信息更丰富。
- 其他模态子模型分特征：基于文本、图片、视频等模态信息分别构建模型，得到相应的子模型分作为特征。其优点是补充了其他模态信息。

2. 模型构建

模型的选择需要基于具体的业务场景、数据和特征含义等。下文通过常见的算法来阐述模型构建的过程。

（1）样本选择

样本选择的质量直接决定了模型的可用性。所以，建模样本的选择主要考虑如下几点。

- 黑白样本来源：核心关注黑白样本标注来源是否可信。黑样本重点考虑历史处罚或者被举报投诉的样本，白样本主要选择高质量的用户样本。

- 黑白样本比例：这里的黑白样本比例选取，在保证满足建模的情况下，需要尽量接近实际营销活动场景大盘的真实黑白比例。若遇到黑白比例严重不均衡的业务场景，可通过上采样等方式解决。
- 黑白样本丰富度：这里主要通过分层采样方法对用户的活跃维度进行分层采样，保证建模样本涉及不同用户活跃度。

（2）特征筛选

模型训练环节选用的是非线性复杂模型 XGBoost，该算法是当前 Kaggle 比赛中建模表现不错且比较常用的算法。虽然 XGBoost 对特征的包容能力强，不需要像 LR 算法一样对特征进行过多处理和筛选，但是这里还是建议通过特征筛选来减少冗余入模特征，一方面可以节省模型训练时间，另一方面可以降低模型复杂度，减少线上维护的成本。

特征筛选过程涉及对特征重要性的评估，这里以特征 *IV* 值来衡量特征重要性（详见 4.4.3 节）。一般建议选择 *IV* 值在落 0.02～0.5 内的特征入模，而对于 *IV* 值大于 0.5 的特征需要进一步确认，如果没问题可以直接用于构建规则。

首先，基于业务相关特征，通过对特征进行分箱（如等频分箱），计算 WOE 值，然后再基于 *WOE* 值计算出特征的 *IV* 值，最后筛选出 *IV* 值≥0.02 的重要特征结果，如表 8.9 所示。

表 8.9 某业务营销活动场景相关特征筛选结果

数据类型	筛选后特征	*IV* 值
IP 画像	F_{12}	0.05
设备画像	F_{21}	0.15
账号画像	F_{32}	0.23

虽然 XGBoost 不受多重共线性的影响，但是如果多个特征之间存在多重共线性，容易抵消特征之间的作用，从而导致原本重要特征的特征重要性降低，这对于模型的可解释性会有影响。所以，这里还是基于皮尔逊相关系数方法进行特征共线性剔除。皮尔逊相关系数取值与相关性大小的参考范围如 4.4.3 节介绍。

基于上述特征重要性而筛选保留后的特征，需要计算特征之间的皮尔逊相关系数，如表 8.10 所示。其中特征 F_{12} 与 F_{32} 的皮尔逊相关系数为 0.85，属于高度线性相关的特征，需进行剔除，降低相关性影响。

表 8.10 基于皮尔逊相关系数的特征多重共线性剔除

	F_{12}	F_{21}	…	F_{32}
F_{12}		0.12	…	0.85
F_{21}	0.12		…	0.15
…	…	…	…	…
F_{32}	0.85	0.15	…	

（3）模型训练和评估

首先，将样本按 7∶3 划分成训练集和测试集，如果样本量足够的情况下，还可以划分出一个 OOT 跨期样本集用于验证模型效果在跨期样本上的稳定性。

其次，当样本和特征都准备好之后，接下来进行模型参数配置。模型参数配置可以通过在训练集上手动调参或者 GridSearchCV 自动寻找最优参数的方式获得，这里主要是用 GridSearchCV 自动寻参方式。为了避免单独数据集的有偏，先将训练集按照交叉验证（Cross Validation，CV）的方式划分成 K=10 份，然后依次将每份数据集作为验证集，通过 Grid Search 遍历所有事先设定的参数组合，自动寻找到最优参数组合，如表 8.11 所示。

表 8.11 XGBoost 模型常用参数组合参考

参数分类	参数	参数含义	参数值参考
通用参数	booster	基模型	gbtree
	silent	是否打印日志	1
提升参数	max_depth	树深	6
	n_estimators	树的棵数	100
	eta	学习率	0.1
	subsample	行（样本）采样率	0.8
	colsample_bytree	列（特征）采样率	0.7
学习目标参数	objective	目标函数	binary:logistic
	eval_metric	评估指标	auc

最后，将得到的最优参数组合配置到 XGBoost 模型中进行迭代训练，并在测试集上基于 AUC、KS、准召率等衡量指标进行模型效果评估，从而得到最终上线的模型文件。

（4）模型线上部署和监控

当模型训练和评估完成后，接下来需要部署到线上应用。关于模型部署主要有如下两种方式。

方式一：模型离线部署。如图 8.12 所示，基于离线 XGBoost 预测组件加载训练好的模型文件，结合离线特征提前离线计算好全量 key 的模型预测分，然后按 N 小时粒度将模型预测分更新上线应用。其优点是线上存储开销小；缺点是线上实时特征无法直接融入模型使用，只能通过规则形式融合使用，会在一定程度上影响模型效果。

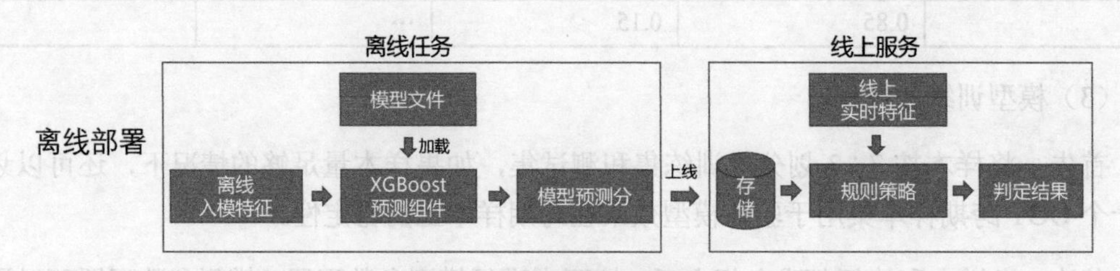

图 8.12 模型离线部署方式

方式二：模型线上部署。如图 8.13 所示，基于线上部署的模型文件，通过线上方式结合实时特征和离线特征，实时计算 key 的模型预测分并返回。其优点是可以将线上实时特征入模融合，提升模型效果；缺点是线上存储开销大。

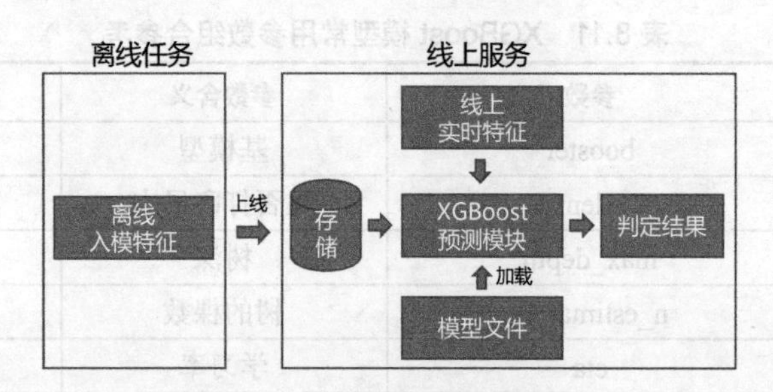

图 8.13 模型线上部署方式

对于某业务营销活动场景，在对比评估两种部署方式模型效果差异不大的情况下，考虑到线上存储开销，可以选择模型离线部署方式。

当模型部署完成后，需要构建监控系统，对模型线上效果和稳定性进行实时监控，详见 9.2.2 节介绍。

8.2.7 团伙图模型对抗

随着黑产从单兵作战升级为有组织、有分工的团伙作战，单点识别开始面临挑战，需要思考从团伙的角度升级对抗模型。接下来，针对某业务营销活动场景的图谱关系数据，构建团伙图模型，进一步提升对黑产的覆盖能力。

1．关系数据提取

提取某业务营销活动场景中用户 N 天内 IP 和账号的关系数据，这些关系数据构成一张原始异构图，如图 8.14 所示。其中，A_1～A_{10} 为账号节点，IP_1～IP_4 为 IP 节点（IP_1～IP_3 为服务器 IP，IP_4 为 4G IP）。

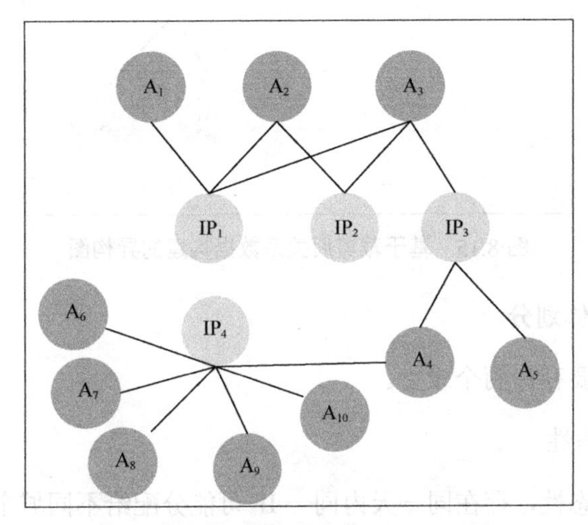

图 8.14 基于原始关系数据构建的异构图

2．节点和边的裁剪

如果直接基于业务原始关系数据进行构图，容易引入大量正常用户，导致构图过程中出现大的连通图，构成奇异社区群体，从而影响群体划分效果。我们的目标是识别恶意团伙群体，所以需要结合业务理解进行节点和边的裁剪。某业务营销活动场景下的节点和边的裁剪逻辑如下所示。

- 账号节点裁剪：剔除掉明显为白的账号，尽量限制账号在可疑范围内。
- IP 节点裁剪：剔除已知为白的 IP，尽量减少大量正常账号的引入。
- 其他：可以基于业务特点，进一步对节点和边进行裁剪或约束。

基于上述原始关系数据，假设其中的 IP_4 为白 IP，若不进行裁剪，将会引入大量白的正常账号，构成奇异社区。裁剪后的异构图如图 8.15 所示。

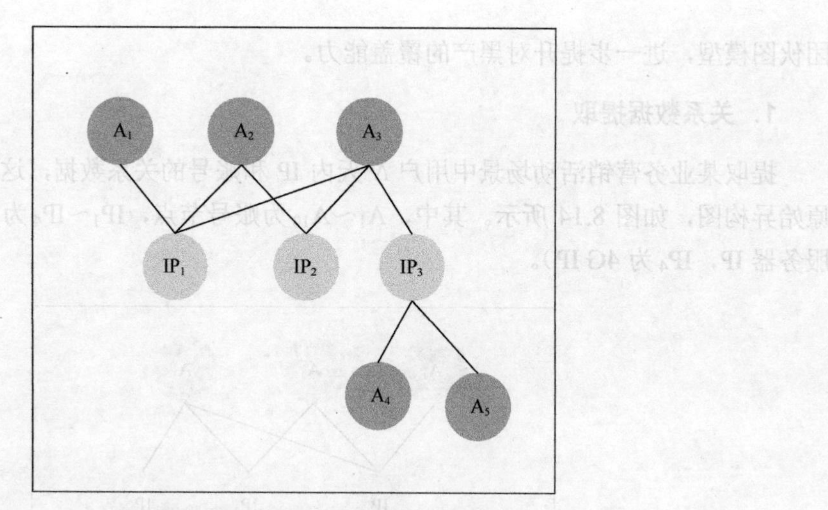

图 8.15　基于裁剪后关系数据构建的异构图

3. 构图转换和群体划分

基于 IP 构图，主要存在两个难点。

（1）IP 分配的动态性

因为 IP 分配的动态性，存在同一天内同一 IP 可能分配给不同城市用户的情况。如果以天为时间切片，容易将不同城市的用户混合到一起，导致非真实群体在同一 IP 上的聚集出现。所以，可以基于时间更细粒度切片，将 IP 刻画得相对静态。

（2）账号间真实聚集的置信度刻画

基于两个账号在相同 IP 下出现的频次，可以刻画其真实聚集在一起的置信度。如果两个账号是同一团伙，那么不管 IP 怎么动态变化，他们大概率都会频繁同时出现在相同 IP 下。

基于以上两点的业务思考，具体构图过程如下所示。

- 首先，我们基于 N 天的关系数据按小时进行切片，通过时间细粒度切片，把 IP 刻画得相对静态。
- 然后，对在同一时间下切片、同一 IP 下出现的账号，认为账号之间是存在某种紧密关系的。所以，可以通过对同一时间切片、同一 IP 下账号的两两连边（即做笛卡尔积），来刻画他们之间的紧密关系，然后统计这种连边绑定出现的频次作为这种紧密关系的置信度权重，从原来的三元组（IP、账号、权重）转换得到新三元组（账号、账号、权重），如表 8.12 所示。

表 8.12 某业务营销活动场景新三元组

序号	src 节点（账号）	dst 节点（账号）	权重
1	A_1	A_2	1
2	A_1	A_3	1
3	A_2	A_3	2
4	A_3	A_4	1
5	A_3	A_5	1
6	A_4	A_5	1

- 接着，将上述得到的新三元组（账号、账号、权重）作为边和权重进行构图，如图 8.16 所示，便可以将（IP、账号）异构图转换为（账号、账号）同构图。

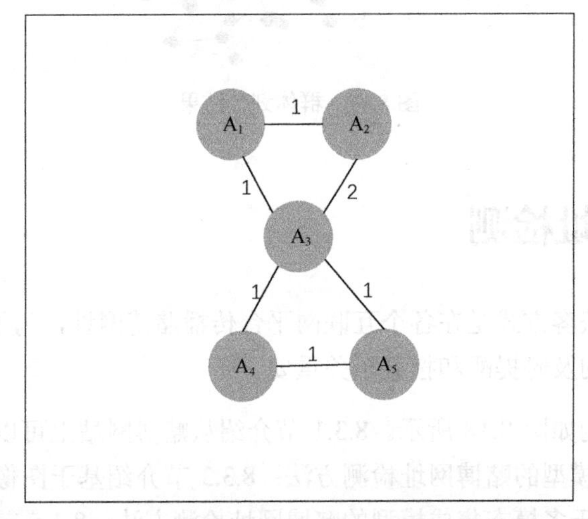

图 8.16 基于转换后节点和边构建的同构图

- 最后，对于上述同构图，基于 Fast Unfolding 算法，通过多次迭代收敛，得到最终群体划分结果，如图 8.17 所示。

4．群体评估

基于上述社区划分结果，进一步通过关联黑白名单等评估维度数据，刻画社区的群体属性画像。最后，基于社区群体的黑名单浓度和白名单浓度，筛选出该业务营销活动场景下黑名单浓度高且白名单浓度低的社区群体，即要识别的目标“羊毛党”可疑团伙。

5．群体结果应用

群体结果一般有两种应用方式：一种是直接提取识别的恶意群体，并进行上线打击；另一种是提取群体属性画像，将该画像作为群体特征入模，进一步提升多模态模型效果。

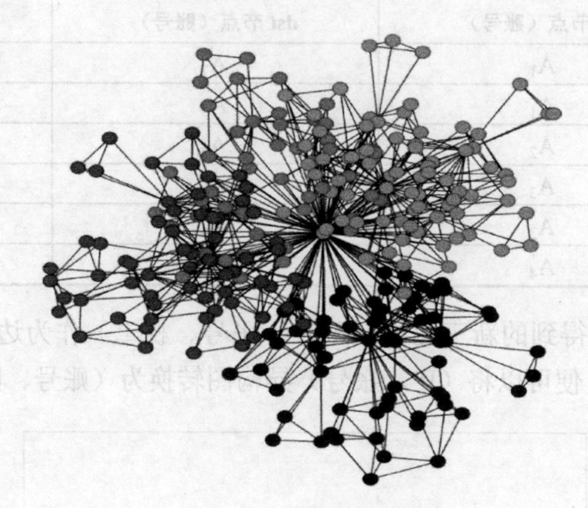

图 8.17　群体划分结果

8.3　赌博网址检测

网络赌博常见的获客方式是在各个互联网平台传播赌博网址，为了保护用户免受其害，平台方对于赌博网址的及时提醒和拦截至关重要。

恶意网址检测架构如图 8.18 所示。8.3.1 节介绍从赌博网站上可以获取到的相关信息；8.3.2 节介绍基于文本模型的赌博网址检测方法；8.3.3 节介绍基于图像模型的赌博网址检测方法；8.3.4 节介绍基于多模态集成模型的赌博网址检测方法；8.3.5 节介绍基于异构图神经网络的赌博网址检测方法。

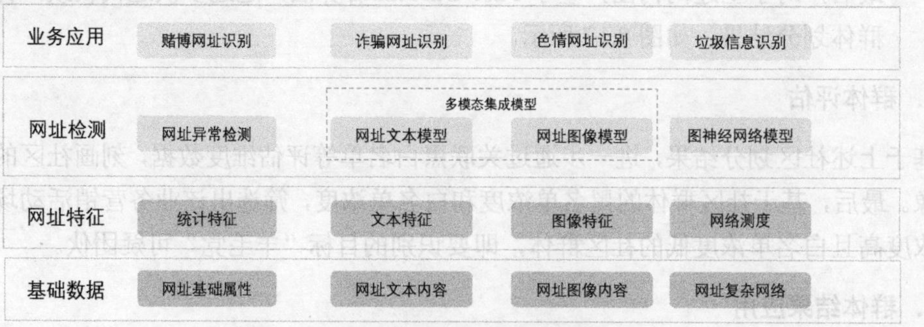

业务应用　赌博网址识别　诈骗网址识别　色情网址识别　垃圾信息识别

多模态集成模型

网址检测　网址异常检测　网址文本模型　网址图像模型　图神经网络模型

网址特征　统计特征　文本特征　图像特征　网络测度

基础数据　网址基础属性　网址文本内容　网址图像内容　网址复杂网络

图 8.18　恶意网址检测架构

8.3.1 网址信息

网址信息不仅包含网址链接本身，也包含对应的网页源码和内容。赌博网址的信息一般包含文本信息、图像信息和基础属性和复杂网络信息。

- 文本信息：网站页面中的所有文本内容均属于文本信息，“真人对战、充提秒到账、真金兑换”等描述是常见赌博网址中的核心文本信息。这些文本与赌博属性强相关，同时也是文本模型的核心特征。
- 图像信息：网站页面中的图像素材、图标，以及网站截图均属于图像信息。赌博网站中常见的图像信息一般有美女、金币、扑克牌等，并且同一团伙开发的赌博网站内容在图像版式上比较固定。
- 基础属性：网站请求解析得到的 IP 地址、网站的 Whois 注册信息、网站的 ICP 备案信息、网站的访问量等数据是常见的网站基础属性。这些基础属性包含网站搭建、开发、服务过程中的信息，基于网站基础属性，便可以得到一系列描述网站的统计信息。
- 复杂网络信息：以上的文本信息、图像信息和基础属性都是网站自身的信息，除了这些信息，网站离不开与网络中其他站点、资源、客户端的交互。通过对网站的关联网站信息、跳转网站信息以及网站在万维网中的各种网络测度信息进行提取，可以构建出该网站在整个网络中的拓扑结构，为恶意网址检测提供额外的信息。

获取到上述信息后，便可结合网站基础属性、统计特征和复杂网络测度特征，构建网址异常检测模型。首先，将异常检测模型检出的异常网站筛选出来，以供后续的模型检测使用。随后，可以使用文本内容构建赌博文本检测模型、使用图像内容构建赌博图像检测模型或结合文本和图片构建内容多模态模型，其中图像信息、文本信息或多模态模型得到的隐藏层可以作为复杂网络中节点的特征向量，最后依托图神经网络强大的学习能力训练模型，学习赌博站点在基础属性、图文内容、社群网络上的综合模式，以此来对赌博网址进行精准检测。

8.3.2 文本模型

在赌博网址文本检测中，除了网址的文本，网址的 URL 也有很强的区分度，因此可以将 URL 和文本综合起来完成赌博网址的文本检测。在筛选模型时，通过综合对比 BERT、fastText、TextCNN 和 BiLSTM 模型后，选择精度和效率兼顾的 TextCNN 作为基模型，构建了一个基于

URL、文本和统计特征的融合模型，设计该模型的核心过程如下。

1．分词

在进行文本分词操作时，如果使用 jieba 分词，就需要维护一个赌博常用词的字典。由于维护字典的运营成本太高，因此可以采用字符分词，这样就不用在字典的维护上花费太多时间。考虑到词语前后的联系，再加上多维度的卷积核，经过训练后的 TextCNN 也可以检测出对结果判定比较重要的词语。

在对 URL 进行分词操作时，同文本分词方法一样，也采用字符分词，同时考虑到 URL 中的数字变化较大，易对模型造成较大影响，因此 URL 中的数字都用同一个字符来替代。

2．模型设计

在模型设计时，为了让模型能够同时从 URL 和文本中提取到重要的特征，因此设计了融合模型。如图 8.19 所示，URL 的 TextCNN 子模型基于 URL 数据训练，计算得到的 loss 标记为 URL_loss。文本的 TextCNN 子模型基于文本数据训练，计算得到的 loss 标记为 Text_loss。此外，我们还可以根据统计特征训练一个 DNN 模型，计算得到的 loss 标记为 Statis_loss。然后将 URL_loss、Text_loss 和 Statis_loss 求和后反向传播，更新模型参数。这样经过多轮训练，直到模型在验证集上的表现不再提升就得到了赌博检测融合模型。

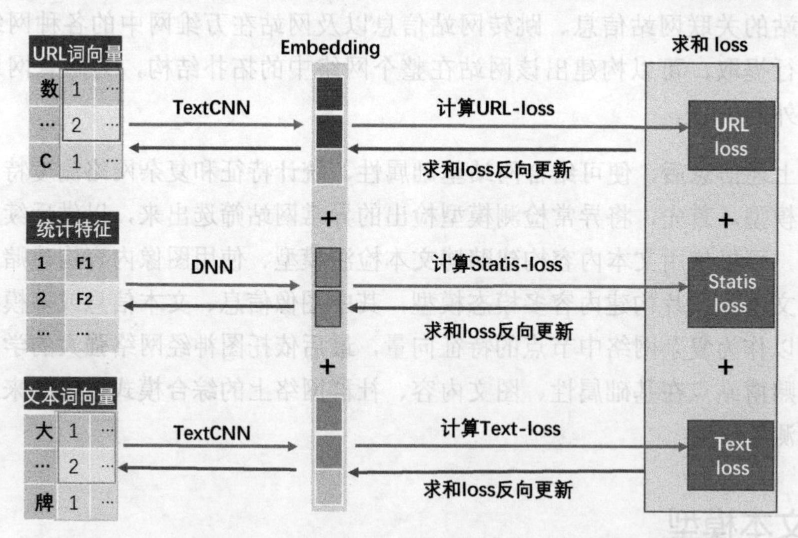

图 8.19 基于 URL、文本和统计特征设计的赌博检测融合模型

以文本为基础的融合模型，不仅解决了分词难的问题，同时可以做到特征自动提取。在实际使用效果中，融合模型相比单维度数据的模型在性能上有不同程度的提升，但随着对抗

的加剧，为了规避被文本模型检出，黑产采用通过图片展示赌博关键信息的手段，于是已经很难获取到很多赌博网站的文本内容，这使得文本模型的检测效果大打折扣。因此我们需要采用图像模型来提升对赌博网站的检测效果。

8.3.3 图像模型

除文本之外，图像在判定赌博网址的过程中也起着十分重要的作用，因此我们需要基于图像数据来构建赌博图像分类模型，其核心主要包含以下三点。

1. 图像去重

8.3.1 节提到了赌博网站的图像数据主要来源于图像素材和网站截图，由于大部分赌博网站都是基于同一套模板构建的，只是部署的域名不同，因此首先需要在模型训练的过程中对赌博图像素材进行去重，这样训练出的赌博图像分类模型可以达到更好的泛化性能。在对图像去重时，可以使用感知哈希算法（perceptual hash algorithm）来计算图像指纹向量，然后通过图像指纹向量计算相似度以找出重复图片。经过处理之后，赌博图像的数量减少到原来的 10%。由此可见，赌博网站确实具有较高的重复率。

2. 赌博图像样本标签构建

构建赌博图像分类模型需要大量的高质量样本，如果全靠人工审核的话，工作量太大，很难在短期内完成，因此我们需要结合有限人工审核和聚类特征，使用半监督方式来训练模型，以此获取精准的标签。

如图 8.20 所示，图像数据首先通过无监督训练获取图像嵌入的特征向量，然后对特征向量进行聚类，得到无监督聚类结果，同一聚类中的图像代表具有相似的样本模式。随后使用带有人工审核标签的少量样本作为种子，在聚类结果上进行扩散，从而对其他样本的标签进行预测，最终获取所有样本的标签。

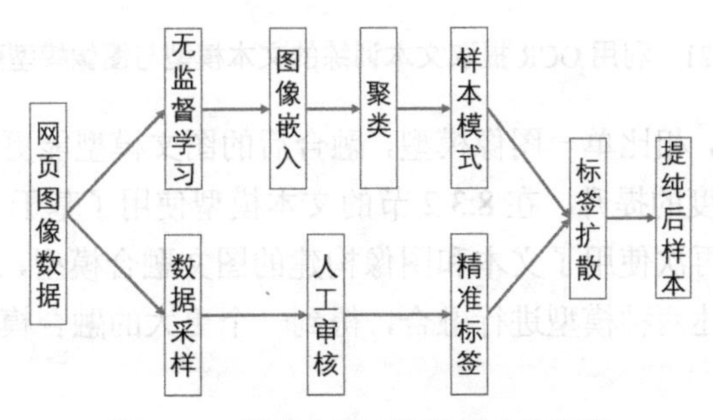

图 8.20　构建高质量图像样本的流程

3. 赌博图像分类模型构建

在构建完高质量的样本后，接下来就可以构建赌博图像分类模型。在构建模型的过程中，由于大量赌博网站通过仿冒正常网站加少量赌博文本的形式来规避纯图像检测模型。因此可以在图像模型基础上，通过 OCR 技术提取图像中的文本，然后训练 TextCNN 赌博文本分类模型来捕捉文本特征。随后将赌博文本分类模型与赌博图像分类模型 ResNet18 进行融合，建立图文融合的多模态模型，以此对赌博网站进行检出，如图 8.21 所示。

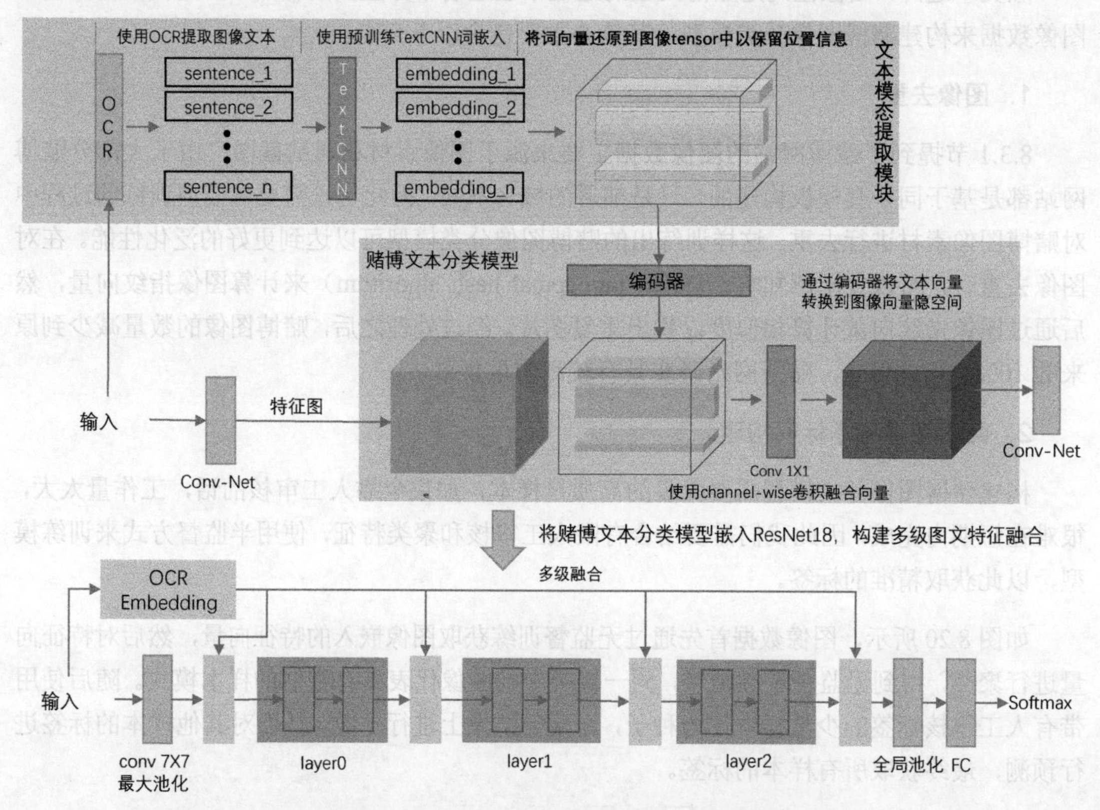

图 8.21　利用 OCR 提取文本训练的文本模型与图像模型融合

在赌博网址检测中，相比单一图像模型，融合后的图文模型能更有效地覆盖赌博黑产网址，其性能也有一定程度的提升。在 8.3.2 节的文本模型使用了基于 URL、文本和统计特征构建的融合模型，本节再次使用了文本和图像构建的图文融合模型，都取得了更好的识别效果。接下来，我们将上述两种模型进行融合，得到一个更大的融合模型，以此来对网址节点进行更详细的刻画。

8.3.4 多模态集成模型

为了能够对网址节点特征进行更详细的刻画，本节将赌博文本模型和赌博图像模型进行融合，得到多模态集成模型。如图 8.22 所示，在对赌博网址进行检测的同时，还可以完成对网址复杂网络中节点特征的刻画，具体过程如下。

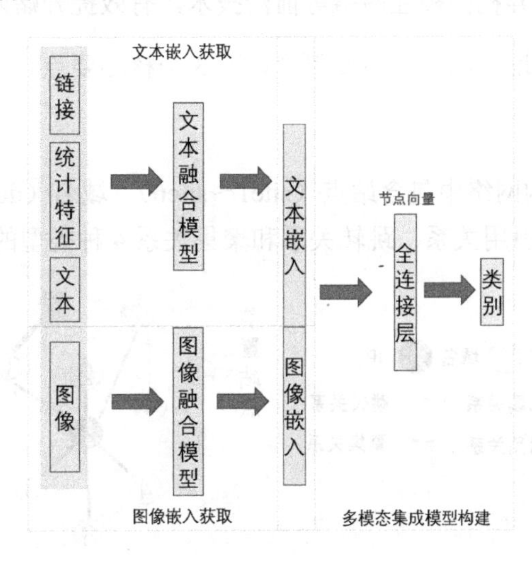

图 8.22　多模态集成模型的架构图

- 文本嵌入获取：利用文本融合模型对链接、统计特征和文本进行处理后，提取模型倒数第二层的特征向量作为文本嵌入。
- 图像嵌入获取：利用图像融合模型对 OCR 获取的文本和图像进行处理后，提取模型倒数第二层的特征向量作为图像嵌入。
- 多模态集成模型构建：将文本嵌入和图像嵌入拼接到一起作为多模态集成模型的输入，多模态集成模型整体是一个 DNN 模型，可以将倒数第二层的特征向量作为复杂网络图神经网络模型中的节点向量。

多模态集成模型综合了文本、图像、URL 和统计特征，相比于单维数据训练的模型，其检测性能有不同程度上的提升。此外，多模态融合模型的倒数第二层还可以作为异构图神经网络模型中的节点向量，这样我们就能在不手动提取节点向量的情况下进行端到端的预测。

8.3.5 异构图神经网络模型

前文所述的赌博网址检测方法侧重于对网址本身的检测，属于一种单点打击的方法，对网络黑产的打击力度比较有限。众所周知，万维网是一个典型的异构网数据，它包含网站、IP、备案、Whois 等诸多信息，同时还包含网址之间的引用和跳转关系。因此，可以将这些数据构建成异构图，再利用异构图神经网络等前沿技术，有效提升赌博网址的检测召回率。

异构图神经网络赌博网址检测方法主要包含以下 3 个核心要点。

1. 异构网络构建

如图 8.23 所示，该异构网络中包含站点（site1～site6）、域名（dom1～dom4）和 IP 节点（ip1），以及归属关系、引用关系、跳转关系和聚集关系 4 种类型的边。

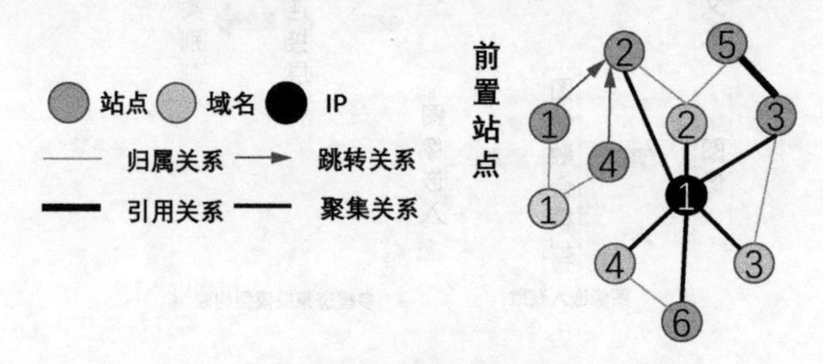

图 8.23 网址异构网络

2. 节点向量生成

在网址异构网络中，站点类节点的向量由 URL 节点的向量最大值聚合而来，域名类节点的统计向量由站点类节点的向量最大值聚合而来，如图 8.24 所示。IP 节点的向量包含一些基本的统计特征，例如所处地区、IP 站点数量等。

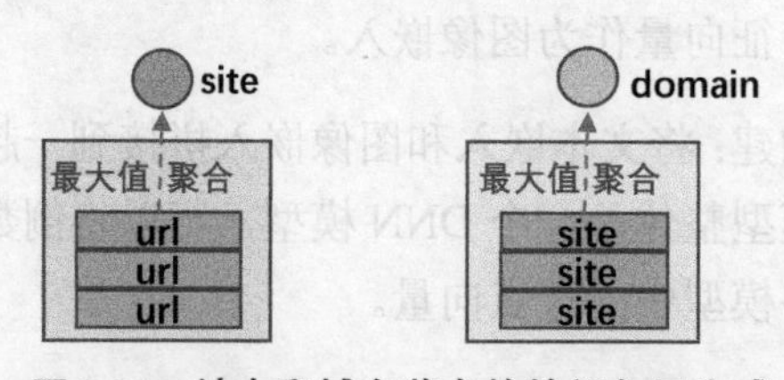

图 8.24 站点和域名节点的特征向量生成

3. 异构图神经网络模型

在构建异构网络和生成节点向量之后，可以利用异构图神经网络模型来训练和预测。异构图神经网络模型主要包含以下 4 个要点。

（1）节点采样

以图 8.23 中 site1 节点为例，设置采样深度为 2，第一层采样 1 个邻居节点，第二层采样 2 个邻居节点，节点采样过程如图 8.25 所示。

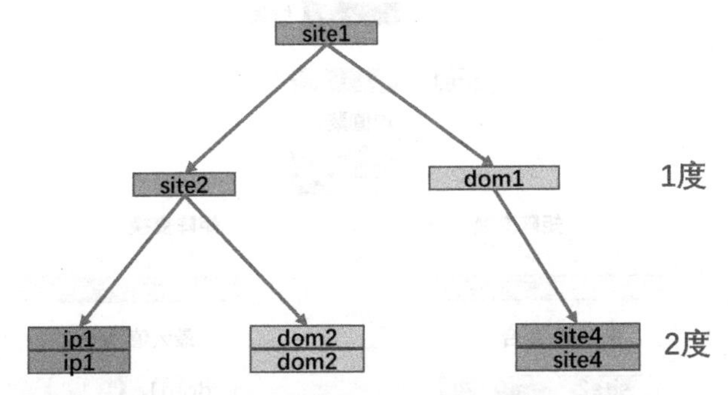

图 8.25 异构图神经网络算法节点采样过程

（2）节点向量映射

因为网址异构网络中包含 3 种不同类型的节点，这些节点向量的维度不一定一致，因此可以将每个节点向量通过矩阵变换，将不同节点特征映射到同一维度，公式表示如下：

$$h_v^{k-1} = h_v^{k-1} \cdot W_{\varphi(v)}^k$$

其中，v 为某一类型节点，k 为当前深度，$W_{\varphi(v)}^k$ 为当前深度的变换矩阵。

（3）节点嵌入生成

节点嵌入生成的过程就是不断将邻居节点特征聚合，与自身特征拼接的过程，它的计算方向同节点采样的方向相反，如图 8.26 所示。首先将 ip1 和 dom2 节点分别聚合，然后做矩阵变换映射到新的维度，这时候两者的特征维度是一致的，在此基础上，应用均值矩阵就可以得到 site2 节点的邻居节点特征，与 site2 本身的特征拼接后就可以得到 site2 最新的节点嵌入，同理我们还可以得到 dom1 节点的嵌入。按同样的方法在此处理 site2 和 dom1，得到 site1 节点的邻居节点特征，与 site1 本身的特征拼接后，就可以得到 site1 节点最终的节点嵌入。

（4）节点类型预测

在得到节点嵌入后，就可以利用 DNN 模型对其标签进行预测，得到该节点是否属于赌博网站的结论。

本节以赌博网址识别为例，介绍了核心数据源、文本分类模型、图像分类模型、多模态集成模型和异构图神经网络模型在赌博网址检测中的应用。此外，由于模型的泛化性会随着时间的推移而逐步降低，因此在设计模型的同时，需要做好相关的运营工作，及时感知模型的准确率和泛化性等指标的变化情况。

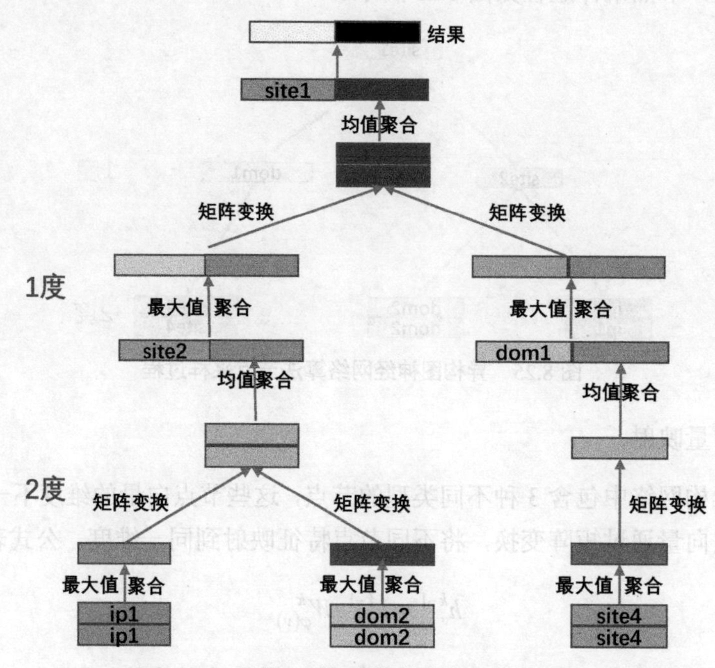

图 8.26 异构图神经网络节点嵌入生成过程

8.4 恶意短文本识别

每时每刻都有用户在互联网平台中产生文本内容，其中包括大量的短文本，例如应用市场的评论、直播的弹幕、短视频的描述、社交账号资料简介、游戏大厅和各类聊天室的聊天记录等。这些短文本内容丰富多样，极大地表达了用户的心声，也传递了很多知识和正能量。但是很多恶意短文本也随之而来，包括低俗诱导、网络赌博、兼职诈骗等，给用户带来了不好的体验，甚至是经济的损失和身心的伤害。

为了保护用户的使用体验，避免用户上当受骗，互联网平台应当及时检测出恶意文本信息并清理。因为不同场景的恶意短文本描述与平台内容也有一定的相关性，所以检测的方法也有所差异，但整体检测思路大同小异。下文阐述常见的恶意短文本识别方法。

8.4.1 对抗流程

不同的互联网平台都有相应的短文本检测系统，可以识别恶意短文本并进行针对性地打击，比如提示风险、禁止发表恶意信息等。当然黑产也会通过各种手段进行对抗，绕过检测机制来触达用户，就此开启了一场属于短文本的对抗之战。

如图 8.27 所示，恶意短文本的对抗过程可以抽象地划分为常规文本对抗、文字变形对抗、新类型对抗和稳定期对抗 4 个阶段。

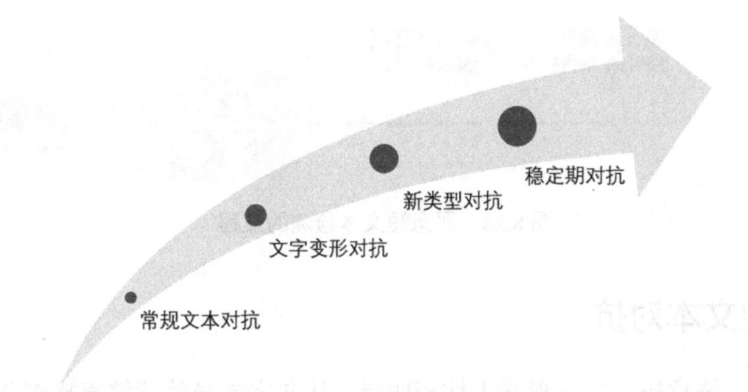

图 8.27 恶意短文本对抗阶段

对抗初期是“常规文本对抗”阶段，此时的恶意短文本基本都是正常的文字，字面意思会涉及恶意。虽然可以使用专家规则进行检出此类文本，专家规则能够快速响应且效果立竿见影，但是后期规则繁多，维护成本高。随着对抗的演进，进入到“文字变形对抗”阶段，短文本中出现同音字、形似字、拆分字等，以此来绕过检测逻辑。单从字面上看，此类文本含义模糊，但读者能够明白其表达的意思，可以使用贝叶斯算法检出，优点是自动化程度高，人工只需审核并打标样本，缺点是新类型无法快速生效。随着对抗的不断升级，黑产开始横向扩展，进入到“新类型对抗”阶段，除了色情类恶意短文本，还有博彩、刷单等恶意短文本陆续出现。这个阶段可以使用聚类的方法，辅助人工发现新的恶意文本类型，并快速积累大量样本，从而迭代优化模型。最后，对抗到达“稳定期对抗”，文字的对抗在继续，但变形的形式相对稳定，也积累了大量的样本，此时可以基于深度学习的算法，泛化能力更强，不需要频繁更新，能够极大地节省人力成本。

本节中的恶意短文本检测系统，汇总了各个不同阶段的检测策略，这些策略互相配合，完成黑产对抗。整体检测方案流程如图 8.28 所示。

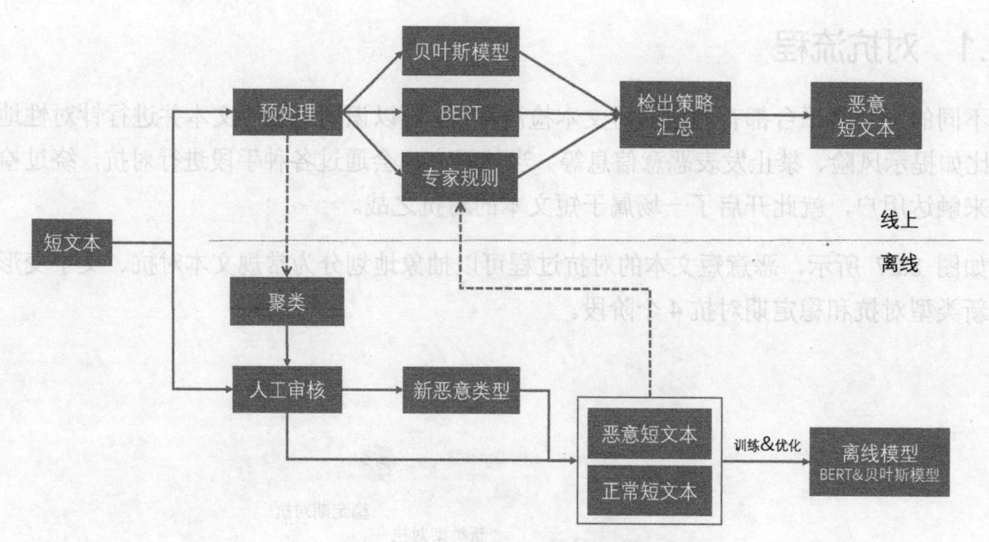

图 8.28 恶意短文本检测的流程

8.4.2 常规文本对抗

在对抗初期，恶意短文本在形式上比较明显，从文字本身就能够直接判断。针对对抗初期的恶意短文本，可以通过提取恶意关键词并进行组合，得到基于专家经验的规则对抗模型。例如，针对在某聊天室场景下的恶意短文本“美女和哥哥面对面视频哦，加我微信 abc***！”，可以提取出“美女”“视频”等关键词。专家规则期望在保证准确率高的同时，覆盖尽量多的同类型恶意短文本，即使召回率尽量的高。在实际工作中，一条规则是针对某一个恶意大类的细分句型，可以参考表 8.13 的策略制定一条可用的规则。

表 8.13 专家规则生成流程案例

步骤	例子
1）获取需要检测的某一特定句型的恶意短文本	聊天室场景下引流类恶意短文本，如“美女和哥哥面对面视频哦，加我微信 ab**”
2）确定能够定性这个短文本集合的分类关键词 a	分类关键词：美女
3）通过分类关键词 a，捞取所有符合的短文本集合 A	在聊天室场景下，提取近期包含“美女”的文本
4）构造关键词规则 r，对集合 A 中的短文本进行检测，得到准确率和召回率	构造关键词正则规则：美女.*视频，人工审核得到准确率和覆盖率

续表

步骤	例子
5）优化关键词规则 r，提升准确率和召回率	规则“美女.*视频”的准确率可能会较低，如果要确定是恶意引流，此处改成“美女.*视频.*微信”会提高准确率，相应召回率会有所下降
6）重复 4）、5），直到准确率和召回率达到要求或者到达专家规则的瓶颈	继续优化，比如正则“美女.*视频.*微信”限定了词语的顺序，若忽略顺序，改成同时包含这 3 个关键词即可，则会提高召回率

8.4.3 文字变形对抗

随着对抗的进行，恶意短文本为了逃避打击会不断的变化。如果一直采取专家规则，会发现需要创建大量的规则，而且通用性会越来越差，不同规则之间也会有冲突，使得整个系统难以维护。此时，通过专家规则累计的样本，再加上人工标注的样本，可以获得一个足够大的样本库，能够支持训练统计机器学习的模型，减轻制定人工规则的繁琐步骤。在实战中，常见的方法是使用朴素贝叶斯算法进行检测，此算法原理简单，开发和部署容易，且可解释强。

上述方案可以解决大部分问题，但是黑产也做了相应的对抗，恶意短文本中开始出现各种变化，比如同音字、形似字、拆分字、分隔符等。在这种情况下，短文本中存在很多无意义的恶意词，分词算法效果下降。此时，在训练和模型检测过程中，可采取以下预处理方式。首先，提取短文本中的纯文本，排除连续数字、分隔符等文本的干扰。然后，以字为单位，提取文本的 3-gram 字符串作为分词的补充词库，能够在一定程度上减弱同音字、同形字的影响。

经过文字变形之后，上面的短文本样例变成“美女和哥哥面对面视~屏哦，伽我 V → abc***！”。在预处理之后，该条短文本变成“美女和哥哥面对面视屏哦伽我 Vabc***”，再进行分词，短文本就会变得更容易被模型理解。同时通过 3-gram 切分，能够补充“伽我 V”这类文字变化之后有区分度的“新词汇”，再基于朴素贝叶斯算法进行分类。以上述预处理之后的短文本为例，具体分类过程如下所示。

- 计算短文本为恶意和正常的概率。分词去掉无意义的词（“和”“哦”等）后，短文本为恶意的概率为：

$$p(恶意|美女和哥哥面对面视屏哦伽我\ Vabc***)$$

近似等价于：

$$p\left(恶意\middle|\left(美女,哥哥,面对面,视屏,伽我V\right)\right)=\frac{p\left(\left(美女,哥哥,面对面,视屏,伽我V\right)\middle|恶意\right)p\left(恶意\right)}{p\left(美女,哥哥,面对面,视屏,伽我V\right)}$$

在朴素贝叶斯算法中，对条件概率作了条件独立性的假设，所以上述公式可以等价为：

$$\frac{p\left(美女|恶意\right)p\left(哥哥|恶意\right)p\left(面对面|恶意\right)p\left(视屏|恶意\right)p\left(伽我V|恶意\right)p\left(恶意\right)}{p\left(美女\right)p\left(哥哥\right)p\left(面对面\right)p\left(视屏\right)p\left(伽我V\right)}$$

基于短文本的样本库，计算出上式各概率的值，进而计算出短文本为恶意的概率 p(恶意|美女和哥哥面对面视屏哦伽我 Vabc***)，同理可以计算出短文本为正常的概率 p(正常|美女和哥哥面对面视屏哦伽我 Vabc***)。

- 比较短文本为恶意和正常的概率，将概率较大的标签作为最终分类标签。

8.4.4 新类型对抗

通过以上实战方案，可以识别大部分已经存在的变种恶意短文本。但在对抗的过程中，会出现新的变种文本，这类变种文本可能在没有被发现之前，已经传播了一段时间。此时，需要一种方式能够快速地发现新出现的类型。因为是新出现的类型，所以没办法通过有监督的方式去建模检测，在实战中会通过无监督的聚类，再加上人工审核的方式，来发现可能的新类型。

对于短文本聚类，需要先将其转换到聚类算法可以使用的向量空间。传统的 one-hot 编码、词袋、TF-IDF 等方法，因为没有考虑词之间的相似性（比如“喜欢”和“爱”这两个近义词，就无法被联系起来），所以并不被采纳。在实战中，常见的对抗方法是 word2vec，把短文本转换成词向量，再做聚类。通过聚类发现新类型的恶意短文本的方案如下所示。

- 词向量构建：从大盘中抽取短文本集合，注意平衡正常短文本和恶意短文本的样本量，让算法能够更好学习恶意短文本中词与词之间的关联。基于 8.4.3 节的分词方式，通过 word2vec 学习可以得到词向量。
- 聚类：使用密度聚类 DBSCAN 算法，对位于分类边界或无法分类的样本进行聚类。
- 潜在新类型发现：将上一步中的聚类与历史发现的聚类进行相似度计算（两个聚类的相似度，可通过对两个聚类单个样本之间的相似度进行均值聚合得到）。若一个聚类与历史聚类的相似度都低于阈值（比如 0.2），则认为该聚类下的样本可能是潜在的新类型。

- 人工审核：对潜在新类型的聚类进行抽样，再人工审核确认是否为新类型。
- 人工打标：对新类型进行人工打标，将其积累到样本库，同时进行模型更新，后续即可检出此类型。

本节介绍了简单关键词规则、传统机器学习算法的应用以及新类型的发掘。随着对抗越来越激烈，为了能及时检出变种的恶意短文本，现有模型需要在较短时间内进行更新，此时模型的迭代速度成了最大的瓶颈。关键词规则的叠加让系统越来越难以维护，而传统机器学习算法对样本和特征的构造要求很高，这些都使得检测效率变得较低。而基于深度学习的模型，能够很好地解决这个问题。

8.4.5 稳定期对抗

在恶意短文本对抗的后期，短文本的变化形式相对稳定。这个过程中积累了大量样本，此时需要使用泛化性更强且不需要频繁更新的检测方案。基于深度学习的模型，不仅能够学习到词与词之间的关联，而且不需要精细的特征工程。这些特质使其具有更好的泛化性，在实际应用中不需要频繁的更新。基于深度学习建模来对文本分类已经有很成熟的流程。在恶意短文本激烈对抗的场景中，需要因地制宜，采取针对性方案。

本节介绍基于预训练的 BERT 算法，它的优点在于能够通过大量无标注的样本，经过预训练可以学习到通用文字之间的关联，提供更好的模型初始参数。然后，在下游任务中（这里特指恶意短文本分类问题），通过使用带标签样本进行模型训练，能够得到泛化性能更好的分类模型。

真实场景下，大量正常的短文本中仅存在少量的恶意文本，所以需要权衡样本的构成比例。因为短文本的特殊性，其上下文的语境比较少，而且存在很多对抗，使得词之间的关联与正常的文本有比较大的区别，比如出现大量形似字、拆分字。所以实战中不会直接使用已经预训练好的 BERT 模型，而是根据实际应用场景，对样本做相应的预处理，然后预训练 BERT 模型，进行后续的分类任务。为了满足深度学习的需要，短文本预处理步骤如下。

- 确定分词单元：将分词单元定义为单个汉字和其他抽象字符集合。抽象字符集合包括数字串、URL、社交账号特定词汇（如 qq、wx、微信等）。这样可以很好地表达当下应用场景中短文本的重要元素。在一般恶意短文本中，会存在社交账号和大量 URL 做引流，仅仅从文字角度看，很难捕捉到这些有用的信息。另外使用单个汉字为分割单元，也是因为对抗过程中形似字的使用，导致很多看似是一个词语的“词”，在正常语境中并没有什么含义。但从单个字的角度，基于深度学习算法的学习，反而能更好地学习到这种异常。

- 分词并完成转换：去掉分隔符，根据上一个步骤中的分词方式进行分词，并将单个汉字转换成拼音，去掉音调。这里主要是考虑到对抗过程中存在大量同音词的使用，通过转换成无音调的拼音，可以极大程度地克服这种形式的对抗，增强模型的泛化性。
- 文本数字化：根据上述步骤，能够得到专属于该实战案例的字典，然后可以根据这个字典，使用 one-hot 编码方式进行数据化。

参考 8.4.2 节的短文本示例（用“wx”“zfc”分别表示微信和字符串），经过转换之后变为：

mei nv he ge ge mian dui mian shi ping o jia wo wx zfc

对大盘的短文本集合，进行如上处理之后能够得到一个字典，然后可以根据这个字典，对每一条转换后的短文本进行数字化，其形式如下：

[1，4，9，13，23，56，78，128，...]

预训练阶段的样本来源有两个，一是从大盘中随机选取的短文本，二是从已经累计的恶意样本中选取的短文本。二者的比例可以根据实际情况调节，因为是预训练，所以需要大量的样本来捕捉恶意短文本场景下文本的关联关系。

在后续分类任务中，考虑到实际恶意短文本的占比较小，而样本的构成也需要适量的黑样本，才能够学习到恶意短文本的特征，可以按照 1∶10 的比例取出人工审核的黑白样本进行训练。通常训练得到的 BERT 模型能够达到 98%以上的准确率，覆盖率能达到 80%以上。

8.4.6　内容对抗运营

上述对抗系统能够很好地解决恶意短文本的检测识别问题。高效地维护系统、不断发现新的恶意短文本和类型，并对各个模型进行优化迭代也是非常重要的部分。恶意短文本运营体系的流程如图 8.29 所示。

恶意短文本的运营体系流程主要可分为审核样本提取、人工标注、样本库更新和模型迭代优化。审核样本提取包括三个来源，分别是聚类模型检出的潜在新类别样本、线上检测模型检出的抽样样本和用户投诉样本。线上检测模型检出的抽样样本，会通过人工再标注，积累样本的同时，还能确定当前模型的准确率和召回率，如果不达标，就需要根据实际情况进行模型的优化。样本提取完之后，需要进行人工标注，得到带有真实标签的样本，并更新到样本库。对于投诉样本，如果并非大量的误拦和漏拦，可以通过人工规则快速上线，对系统进行补丁式的更新。在一段时间内（如一个月），当样本累积到一定数量或者有新增的类型时，就需要根据实际情况对朴素贝叶斯、BERT 等模型进行重训练，保证模型的泛化性。

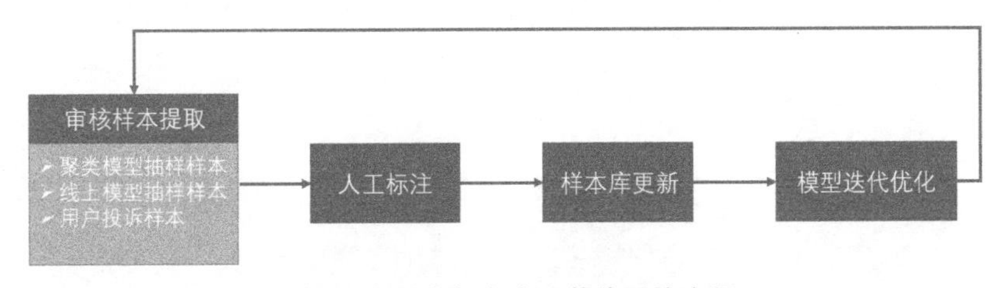

图 8.29 恶意短文本运营体系的流程

8.5 本章小结

本章以典型场景为案例，从实战的角度详细介绍了各种大数据安全对抗技术在业务中的具体落地应用。针对其中的具体问题，每个案例都提供了翔实的对抗方法，依据实际经验，将诸多对抗技术整合为完整的体系化解决方案，为安全从业人员提供高参考价值的业务场景、对抗技术以及安全运营经验。

第 5 部分　反欺诈运营体系与情报系统

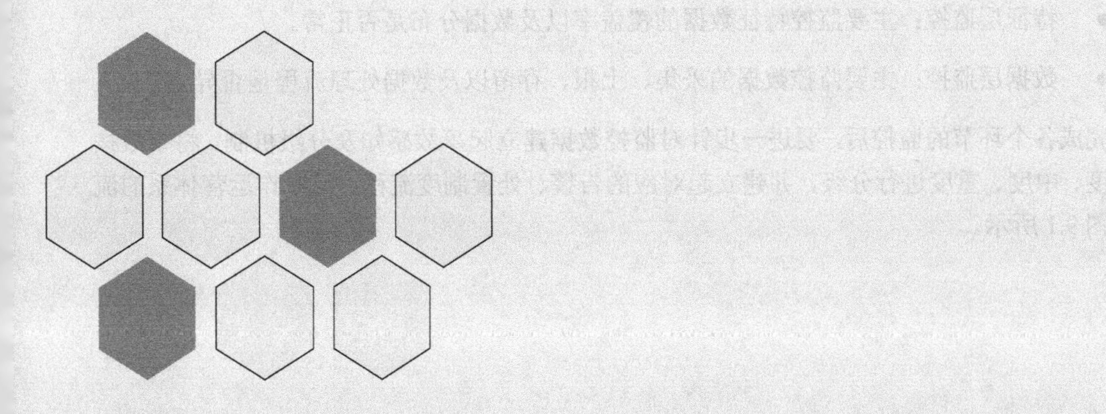

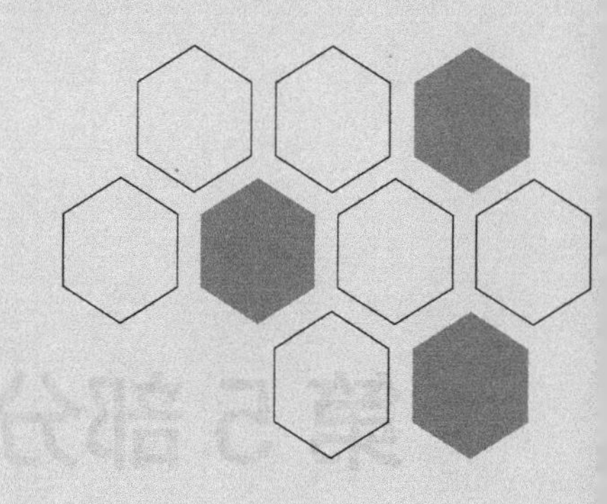

第 9 章 反欺诈运营体系

在完成对抗模型构建及部署后，为了确保系统的稳定运行，需要对整个反欺诈体系进行相应的监控。监控的核心目的是及时感知故障并能对故障做分级，然后按照故障分级进行相应处理，同时通知到相关人员。对于轻度故障，需要提醒研发或者运维人员；对于中度故障，需要中枢决策平台来判断是否进行自动修复以及时处理故障；对于重度故障，需要研发或者运维人员立马进行查看，并决定是否下线服务并选用替代方案。所以，通过运营体系监控可以保障服务系统稳定运行，同时让故障的影响范围和时间达到可控。例如对于某黑产内容检测系统，如果服务一旦出问题，就会造成大量黑产内容肆意作恶并最终让广大网友遭受损失；如果恶意注册行为检测的服务一旦失效，就会造成大量“羊毛党”注册并薅取商家羊毛，最终使商家利益受损。所以对于安全相关的服务必须通过运营监控体系来保障服务稳定运行。

本书前几章提到了多个安全场景下的模型，为了把这种安全能力通过服务的形式提供给平台，需要将这些模型部署到线上。从模型构建到模型部署，再到提供服务，至少需要从以下 4 个维度来做监控。

- 服务层监控：主要监控服务所在服务器的硬件指标、服务调用吞吐量以及时延等。
- 模型层监控：主要监控模型打分分布、判黑率以及判黑申诉率。
- 特征层监控：主要监控特征数据的覆盖率以及数据分布是否正常。
- 数据层监控：主要监控数据的采集、上报、存留以及数据处理流程是否异常。

完成各个环节的监控后，要进一步针对监控数据建立起事故感知及分级机制。将事故按照轻度、中度、重度进行分级，并建立起对应的告警、处置制度流程。反欺诈运营体系的流程如图 9.1 所示。

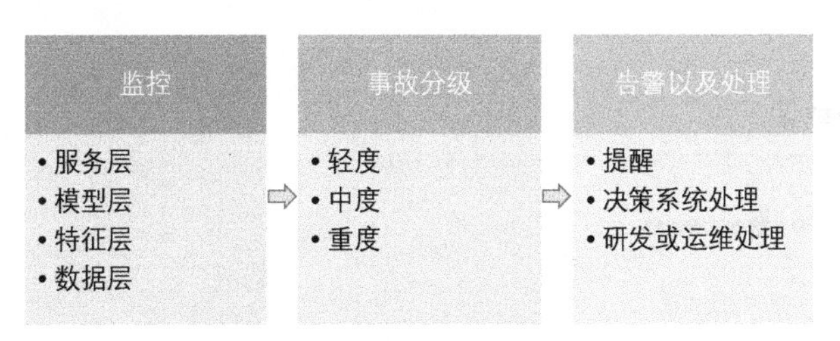

图 9.1　反欺诈运营体系的流程

9.1　服务层

服务层指通过 Web 页面、API 接口等方式建立在线服务，为产品提供具备安全能力的实时系统。在模型被部署到线上之后，需要对服务做监控以确保能准确且及时地判断服务的运行状态。监控服务主要从两个角度出发，第一个是监控服务所在服务器的硬件环境，第二个是监控流量是否异常。

监控服务所在服务器的硬件环境，主要是监控服务器的硬件环境是否正常。这里的硬件环境主要包括 4 个部分，分别是 CPU/GPU、内存、网络/端口以及磁盘，这 4 个部分的正常运行是整个服务可以正常运行的基础，这 4 个部分出现问题服务器就有宕机的风险。因此需要掌握这些硬件的延迟、可用率、利用率并相应地设置告警阈值，一旦超过阈值就代表机器存在宕机风险，需要及时通知运维人员进行查看和干预。

在配置告警时，需要设置监控指标，也需要设置对应的告警阈值、告警方式以及告警通知人。图 9.2 为腾讯云官网提供的告警模板，通过简单的配置就可以设置自定义告警的触发条件，从而实现对硬件环境的监控。

监控流量是否正常，主要包含两方面的监控：请求监控和响应监控。请求监控主要是查询服务的流量是否在可控的范围内，当流量超过预设阈值时，需要根据具体情况自动化扩容或者通知运维人员进行干预。响应监控是监控返回的成功率和超时率，成功率这个指标直接反映输出数据的质量，故更为重要。对于不同的业务要求超时率也不一样，例如对于拥有注册行为的“羊毛党”判定服务就对时延要求很高，需要在第一时间就对“羊毛党”这种恶意注册行为进行有效判断并阻止。

图 9.3 是某服务的吞吐量监控图。通过调用流量的趋势，需要关注峰值在上午 8 点到 11 点间的服务的响应耗时、资源使用率、错误请求量等。

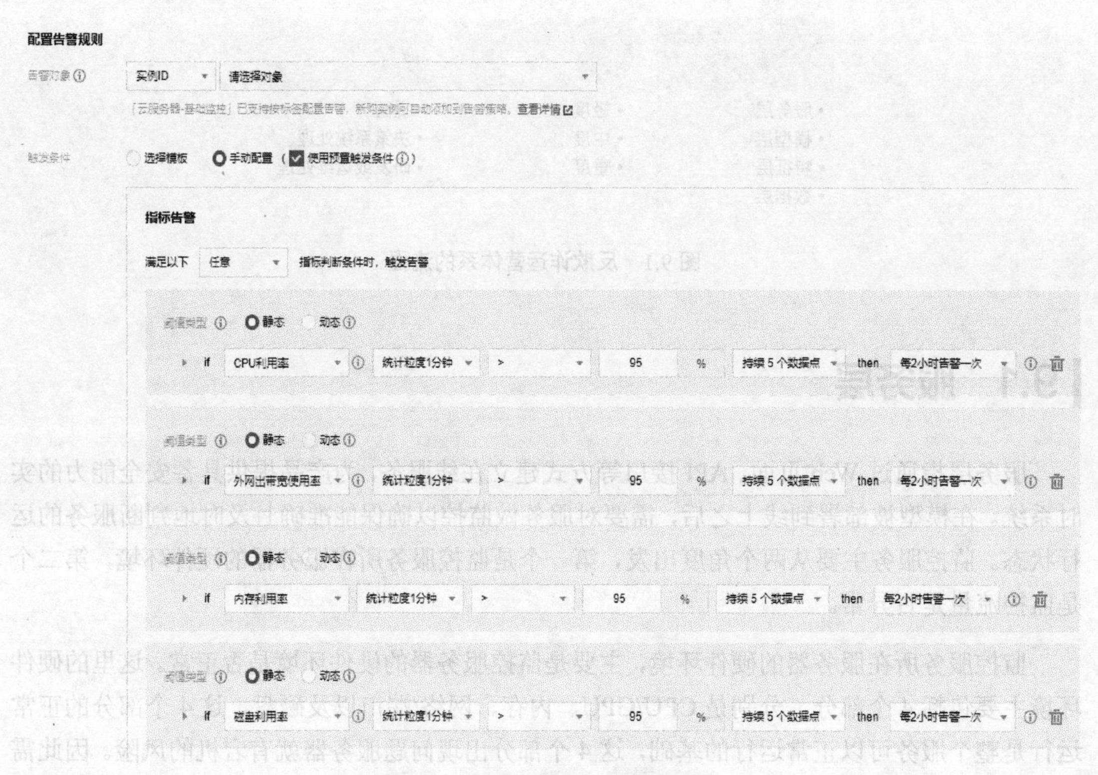

图 9.2　腾讯云官网告警配置图

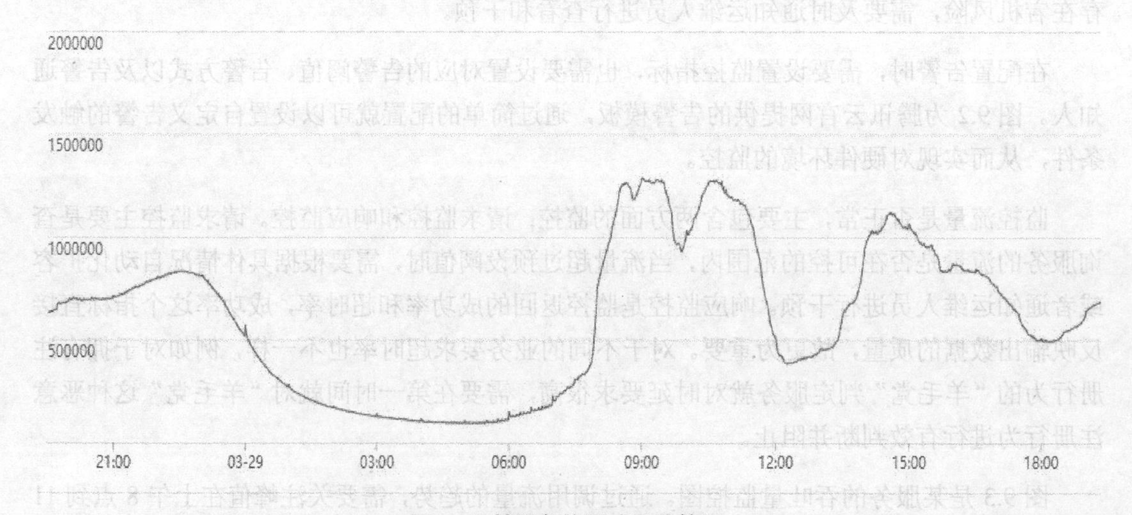

图 9.3　某服务的吞吐量监控图

9.2 模型层

9.1 节提到如何保障服务稳定运行、可靠地为客户提供返回数据，为了保障输出模型的安全能力是有效的，还需要对模型质量进行监控。监控模型质量，一般从离线评估和线上监控两个方面进行。离线评估需要借助测试样例来评估模型的效果，在离线评估满足上线要求后才会将模型上线，线上监控主要根据一些实时返回结果来评估模型的效果。

9.2.1 离线评估

模型的离线评估是在模型训练好之后，用模型给测试样本打分，然后结合测试样本的标签计算出不同分数段的准确率和对黑灰样本的覆盖率，还需要给出模型的 KS 值和 AUC 值等评估指标。不同分数段的准确率和对黑灰样本的覆盖率能够向决策者给出明确的模型分的使用指导和说明。对于黑产内容判别模型，期望存在一个理想阈值，覆盖尽量多的黑产内容，减少对正常内容的误判，这个阈值其实对应的就是最大 KS 值。AUC 值能较为全面地刻画整体分数的区分能力。常用的模型离线评估指标如表 9.1 所示。

表 9.1 常用的模型离线评估指标

评估项目	用途
不同分数段的准确率和覆盖率	刻画不同分数段的使用效果（验证集需要来自大盘的抽样）
KS 值	刻画模型最有区分能力的阈值
AUC 值	刻画整体分数的区分能力

9.2.2 线上监控

模型的线上监控主要是指监控模型的稳定性、泛化性、准确性和覆盖率。构建好黑产模型后，可以将其搭建为在线服务，便可实时地对业务侧产生的数据进行分析和处置。此时会对实际业务产生影响，那么就需要监控线上的实时判黑情况，常见的线上模型监控指标如图 9.4 所示。

（1）稳定性监控

首先需要关注的就是模型的稳定性，对线上的黑产对抗模型来说，需要分时间粒度统计模型的检出率。检出率是指在所有流量中检出黑产的数量与总检测量的比值。为了能及时发现异常情况，同时又能从长短周期中对模型有相对客观的认知，时间粒度窗口可按照业务需求分为 5 分钟、10 分钟、30 分钟、1 小时、4 小时、1 天等时间维度进行统计。在某一时间粒度窗口下，如果检出率保持在一个可控的范围内，那么表明模型在这一时间粒度的表现是稳定的。

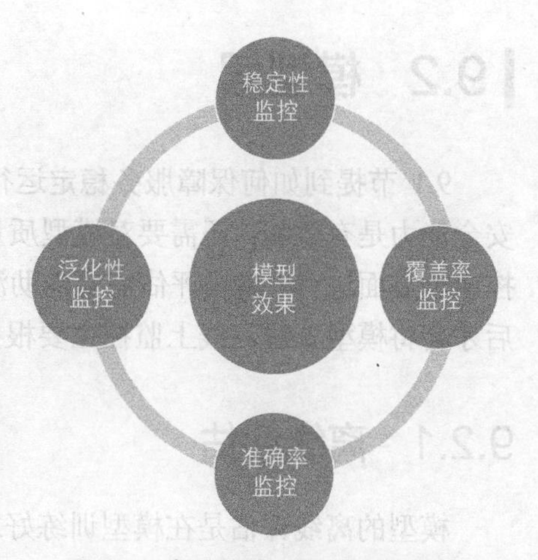

图 9.4 常见的线上模型监控指标

从图 9.5 中可以看出模型 1 的检出率维持在 1% 左右，则表明模型 1 检出情况稳定。而对于模型 2 的检出率突然涨到2% 和模型 3 的检出率突然跌至0% 的两种现象，都属于是不稳定的表现。故这两种现象会触发告警，特别是对于检出率暴涨的现象，如果涨幅较大且影响严重，还会触发中枢系统保护机制进行模型静默处置，即对模型判定结果不做处理或者下线模型。最终由模型研发人员来具体分析，决定是执行重新恢复模型还是调整模型等操作。

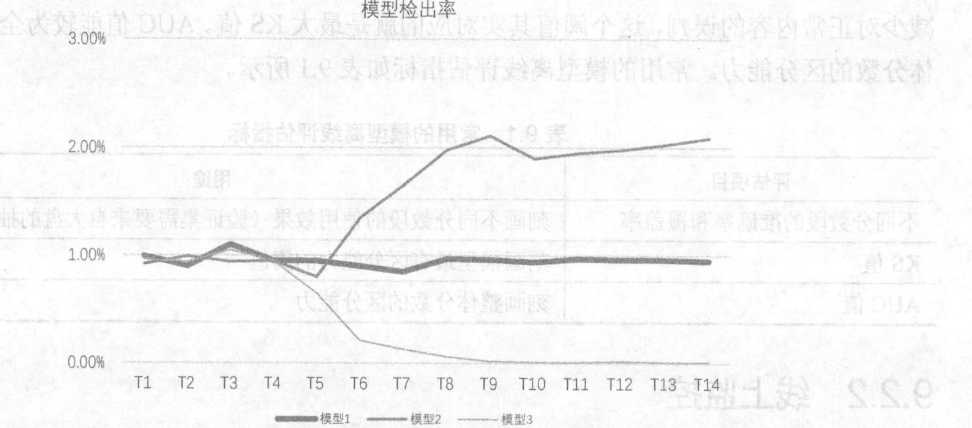

图 9.5 模型检出率的监控图

（2）泛化性监控

对模型来说，模型的泛化性也是非常值得关注的。因为随着时间推移，黑灰产会更新作恶手段，也会针对性地对抗检测模型，所以模型逐步失效属于正常现象。但与模型稳定性评估的不同点在于，模型稳定性的下降是由于自身模型或服务问题造成的短时波动，需要从短周期时间粒度中立马发现模型的波动，修复后可恢复正常检出。但是模型泛化能力的下降是由于现实中黑产的客观变化，造成模型在长周期时间下不可逆转地衰退，需要通过天、周甚至是月的维度对模型检出效果进行评估。毕竟一个模型如果在数小时内就失效，一般不太可能是模型泛化能力弱，更可能是模型本身出现问题而导致的。

图 9.6 是我们从周的维度评估了模型检出率，在最开始的时候，3 个模型的模型检出率为 0.9 %。但是随着时间的推移，模型 4 的模型检出率只有微弱下降，属于泛化能力较好的模型。模型 6 的模型检出率在下降之后，稳定在了 0.5 %左右。但是这并不能说明模型 4 就优于模型 6，还需要根据捕获的情报数据具体分析，对于模型 6 打击的黑灰产类型，如果模型 6 上线后这种类型的黑灰产数量变少，就能说明模型 6 的效果比较好。但是模型 5 的检查率一直下降，最终在 2022 年 2 月 5 日之后模型检出率几乎为 0 %，这说明模型在后期基本没有什么作用了，可以考虑将其下线。同时模型研发人员需要根据情报分析是不是黑产变种导致模型失效，从而考虑重新迭代并上线模型。

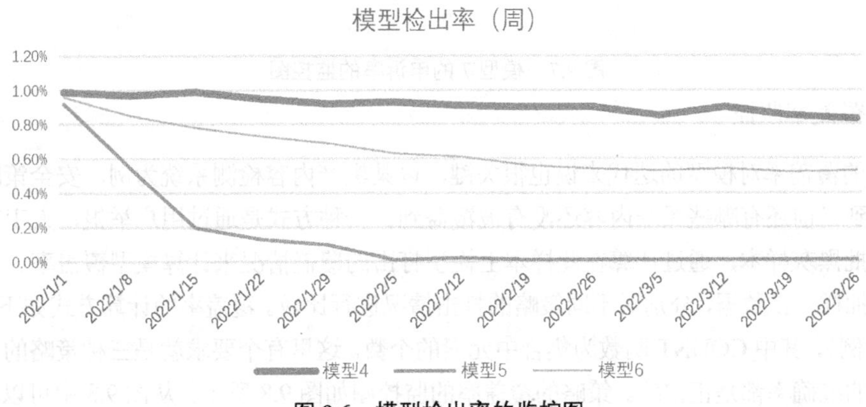

图 9.6　模型检出率的监控图

（3）准确率监控

对模型来说，准确率也需要重点监控，当模型准确率不达标或者引发的投诉较多时，应该触发告警给到模型研发人员。监控准确率的时间粒度一般为 30 分钟、60 分钟、24 小时等。准确率判定一般从两个方面出发，一方面是使用维护的疑似白名单，计算检出量中命中疑似白名单的比例。另一方面是针对每个时间段的检出量，统计后续被申诉的数量，然后计算申诉率。命中疑似白名单的比例和申诉率较高都会引发告警，这说明模型对非黑灰的误伤比较多，需要模型研发人员进行相应的调整。

以某黑产检测系统为例，其策略的最低准确率要求为 99.9 %。因此，当申诉率高于 0.1 %时，就会引发告警。这里需要说明的是，申诉率高不一定代表有问题，申诉中会有一些恶意申诉的情况出现。模型 7 的申诉率的监控图如图 9.7 所示，模型 7 在 T10 周期汇总的申诉率为 0.15 %，这就需要相关人员对其申诉情况进行具体分析。

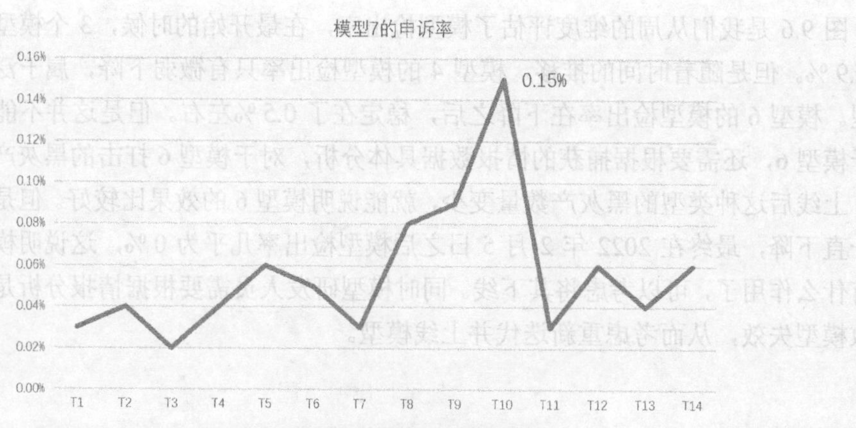

图 9.7 模型 7 的申诉率的监控图

（4）覆盖率监控

模型的覆盖率对模型的迭代来说也很关键，以某黑产内容检测系统为例，安全策略人员还需要了解到目前还有哪些黑灰内容还没有被覆盖到。一种方式是通过用户举报、人工审核等方式获取一批黑灰样本，通过计算在此样本上模型打击的覆盖情况来计算模型覆盖率。另一种方式是定期抽样一批数据，分别对不同策略的打击情况进行比较。覆盖率的计算方式如下所示（以策略 A 为例），其中 COUNT 函数为集合中元素的个数。这里有个要求就是三种策略的黑产内容检测系统的准确率都是正常的。策略的覆盖率的监控图如图 9.8 所示。从图 9.8 中可以看出，策略 A 的覆盖率最高且稳定，策略 C 次之，策略 B 最差。

$$\text{策略A的覆盖率}=\frac{\text{COUNT(策略A判黑集合)}}{\text{COUNT(策略A判黑集合} \cup \text{策略B判黑集合} \cup \text{策略C的判黑集合)}}\times 100\%$$

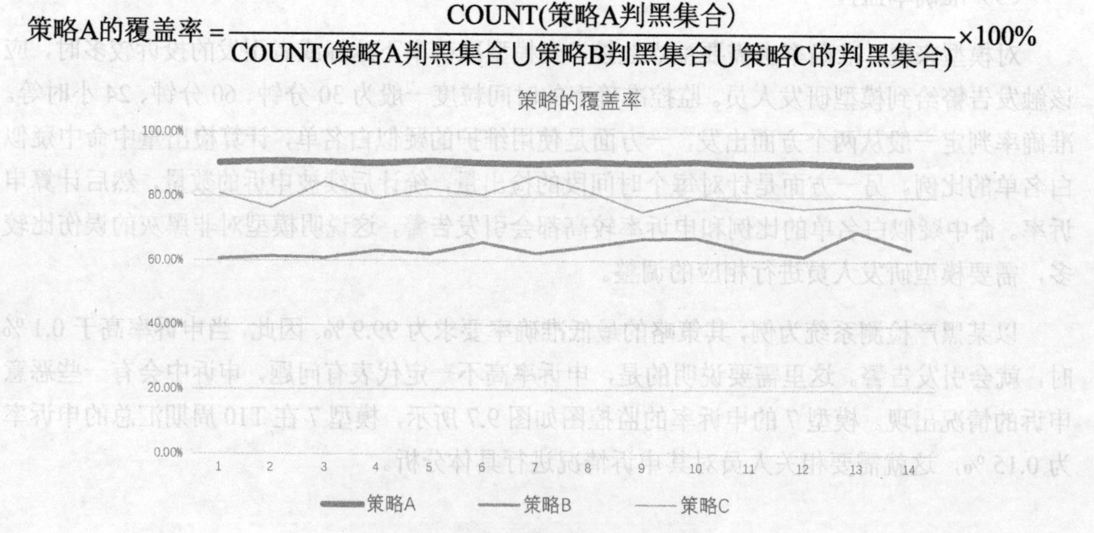

图 9.8 策略的覆盖率的监控图

9.3 特征层

9.2 节主要针对模型的多个监控维度进行了说明。同时，模型对特征有较强的依赖，特征数据出现问题会对模型产生较大的影响。因此，本节会对特征层的监控展开说明，特征的监控主要包含两个方面，分别是特征稳定性的监控和特征异常值的监控。

9.3.1 稳定性监控

监控特征稳定性，指监控特征分布在时序上的差异性。基于历史特征分布训练的模型，在特征分布发生变化时就会存在失效的可能。所以在生成好每个周期的特征之后，都需要计算该期特征与上期特征之间的分布差异，来量化评价特征分布的稳定性。两个不同周期的特征分布差异可以使用群体稳定性指标（population stability index，PSI）来进行表征，PSI 表示当前分布与历史分布的差异，其计算公式如下：

$$PSI=\sum_{i=1}^{n}(Actual_i\%-Expected_i\%)\ln\left(\frac{Actual_i\%}{Expected_i\%}\right)$$

从上面的公式可以看出来，*PSI* 越小，代表前后分布之间的差异也就越小，说明特征的分布也就越稳定。一般我们认为 *PSI* 小于 0.1 的分数分布都是稳定的，不需要调整；当 *PSI* 大于 0.25 时，就认为特征已经不稳定，需要数据处理人员进行干预，追溯数据处理流程并定位数据问题。*PSI* 的判定阈值如表 9.2 所示。

表 9.2 *PSI* 的判定阈值

PSI	应对策略
<0.1	波动不大，无须处理
0.1≤*PSI*≤0.25	中等波动，检查数据生成逻辑
>0.25	大波动，重新评估数据可用性

9.3.2 异常值监控

除了特征整体分布，还需要对特征异常值进行监控。一般特征异常值监控的维度包括最大值、最小值、平均值和方差等评估指标。

监控统计指标的数值，并与相邻周期的特征数据进行对比，当数值发生较大变化时，告警数据分析人员进行分析。如果是数据本身的生产异常，就需要追溯数据处理流程并进行修正。同时需要配合情报发现，如果发现是黑灰产作恶手段发生变化，就需要对模型进行迭代，使得新模型能够覆盖这种数据变化下的黑灰产识别。

9.4 数据层

在大数据安全对抗体系中，数据层为特征的生成提供原始信息。数据层的整体流程主要包括 4 个阶段，分别为：采集、上报、留存以及数据处理流程。数据质量是对 4 个阶段输出的数据特性进行监控，主要在数据准备阶段和数据处理阶段两个阶段进行。数据准备阶段主要针对数据的采集和上报阶段，来监控数据有没有异常；数据处理阶段主要针对数据的留存和处理阶段，会对离线以及在线数据仓库的数据质量进行监控。

在数据准备阶段监控数据质量，主要需要考虑 4 点，分别是数据的完整性、准确性、一致性和及时性。

- 完整性监控：监控数据条数和特征情况。
- 准确性监控：监控数据中的异常或者错误情况。
- 一致性监控：不同来源的数据进行交叉验证的情况。
- 及时性监控：检查数据在各个处理流程汇总中是否存在严重滞后性。

为了保障数据质量，需要先将上述 4 点抽象为数据，然后设置对应的阈值，一旦数据超过阈值，就需要告警相关责任人。例如监控数据的完整性，首先需要对数据中为 NULL 的数据量进行统计，然后结合总行数计算出空值比例，最后将这一比例作为常态化数据完整性监控，一旦空值比例高于预设阈值，就触发告警并通知相关数据负责人。

数据处理阶段的数据质量监控主要是监控构建的离线数据表。一方面是监控表的数量、每张表的周期数和最近周期、表所占存储的大小等信息。另一方面是监控表字段的数量、每个字段的空值率等信息。如表 9.3 所示，组 1 的资源近一周增长比较多，组 5 的资源近一周下降比较多。不管是增长还是下降，超过一定比例的变化都需要运营人员关注。

表 9.3　数据表监控样例

应用组	表的数量/个	所占存储大小/T	表大小周环比
组 1	1650	3725	5.4%
组 2	2640	3571	1.68%
组 3	536	735	−0.57%
组 4	1564	1756	0.10%
组 5	2468	3214	−3.27%

数据处理阶段还有一个比较重要的方面是监控任务运行的状态，监控每个任务流总作业数、正在运行的作业数、等待运行的作业数以及成功和失败的作业数。这样数据负责人通过监控报表就可以掌握整体的数据作业运行情况，并重点关注失败较多和等待较多的作业。如表 9.4 所示，画布一的任务正常运行，画布三等待的任务比较多，需要业务人员特别关注。

表 9.4　任务运行状态样例

任务名称	作业状态（近 7 天）			
	等待	运行	失败	成功
画布一	0	0	0	109
画布二	1	0	1	237
画布三	11	0	1	77
画布四	0	1	0	15

9.5　事故分级与告警

在对上述的服务层、模型层、特征层和数据层做有效监控之后，需要在发现问题之后对事故做好分级，然后针对不同的事故分级进行不同的告警方式，保障事故能被及时处理且不会浪费资源。图 9.9 是常见故障分类和告警方式。

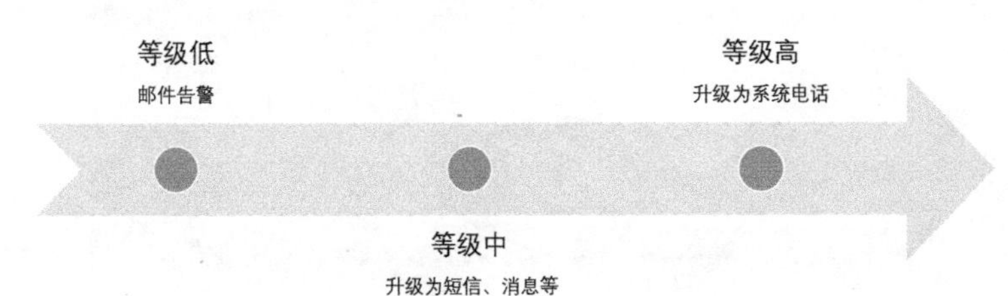

图 9.9　常见故障分类和告警方式

- 当事故等级较低时，产生的影响较小且可通过系统自行恢复，那么就交给中枢系统按照预设的处理逻辑进行自动化处理。这样可以在保障整体体系正常运转的情况下，获取更高的处理效率。例如当计算组件因为系统资源问题而执行失败时，就属于轻度事故，此时只需系统在资源满足后重新执行该计算组件即可。然而，如果这种问题都需要运维人员来处理的话，就会对人力会造成较大的浪费，而且如果问题出现在非工作时间，就更加难以确保运维人员有足够精力进行处理。
- 当事故等级为中度且无法通过系统自行恢复时，就需要将事故信息以弱告警方式（例如短信、邮件、消息等）提供给数据负责人，由数据负责人根据告警信息来决定是否进行处置以及处置方式。
- 当事故等级较高时，事故可能会产生较大影响，就需要以强告警方式，例如通话、视频、人工告知等，将事故情况知会数据相关人员及运维人员进行处理。同时，建立事故处置工单，并设置处置时限。当工单超时仍未被处置时，再次进行告警，并将告警人员范围扩大到更高层级的范围。

9.6 本章小结

本章主要讲解反欺诈运营体系的构建，首先介绍如何从服务层出发进行有效监控，进而保障服务运行的稳定性，然后从模型层、特征层以及数据层出发，介绍如何监控并保障服务能力的有效性，最后阐述了监控指标告警阈值的设置、告警事件的分级以及对不同分级事故的对应处理，最终实现控制服务出现问题时的影响范围和时间，对反欺诈运营体系做到可防和可控。

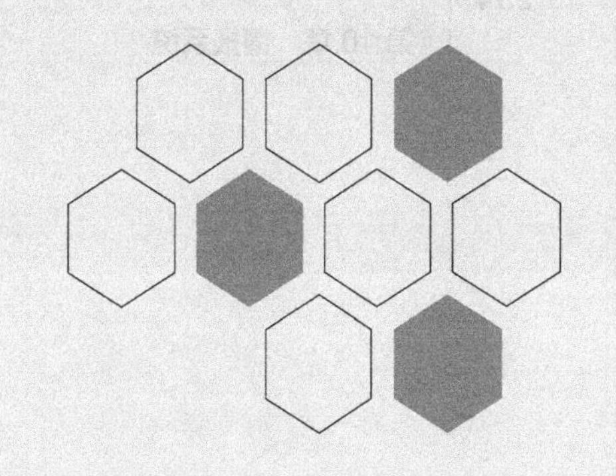

第 10 章 情报系统

前面章节介绍大数据安全的对抗技术、对抗方案和反欺诈运营体系，在这一过程中，建立配套黑产情报感知体系同样重要。对大数据安全治理与防范体系来说，情报系统不仅是感知安全事件和发现线索的重要手段，而且也是评估对抗效果的重要指标。如图 10.1 所示，从感知发现、对抗策略、到评估复盘，情报贯穿了整个对抗体系的生命周期。本章重点介绍如何发现潜在安全问题和评估打击后的效果。

图 10.1　情报和安全对抗关系的示意图

情报可以抽象定义为通过对数据监控分析和挖掘，整合成能够辅助、支持决策的信息。构建情报系统的目的也是为了解决情报数据产生速度快、来源多、种类杂、范围广、业务场景复杂等问题。通过体系化系统，构建对复杂数据高效快速的处理能力。如图 10.2 所示，在大数据安全治理与防范体系下，情报系统内容主要包括以下三类。

- 基础类情报：黑产使用的相关设备、网络、工具、账号等情报信息，包括恶意 IP、恶意设备、恶意 URL、风险/病毒 APK、黑灰产使用工具等。
- 画像类情报：刻画大数据风险群体的聚集性和差异化特点，如黑灰产中诈骗、赌博等团伙的属性特征画像、行为特征画像等。
- 态势类情报：对于大数据安全风险信息在全局、动态、趋势上的洞悉，例如黑灰产工具或账号的价格变化趋势、产业链热点或手法感知、网络安全威胁情报、预警事件情报和业务定制化情报等。

对于上述情报系统，可以看出不同类别情报都是从原始安全数据中得到的，粒度由粗到细，信息量由多变少，直接业务价值由少变多。

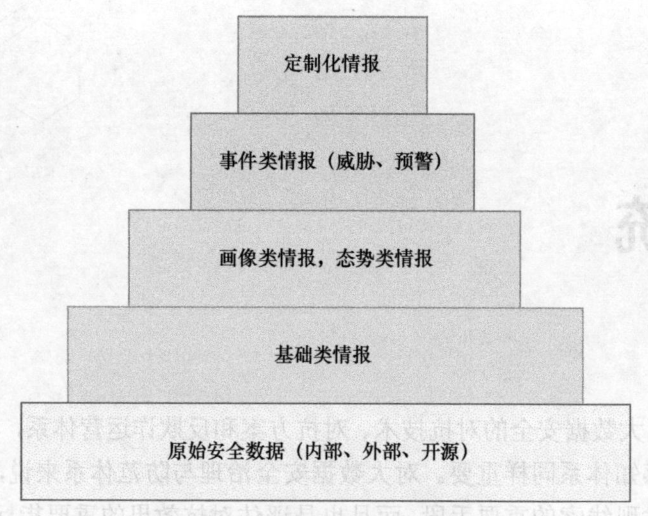

图 10.2　情报系统内容架构图

10.1　体系架构

情报系统可以概括为情报获取、加工、分析、输出等步骤，如图 10.3 所示。情报系统中最核心的模块是情报加工和情报分析，情报加工是对各个来源的情报进行清洗、自动化感知和热点分析；情报分析是在加工的基础上侧重于具体业务场景的需求。

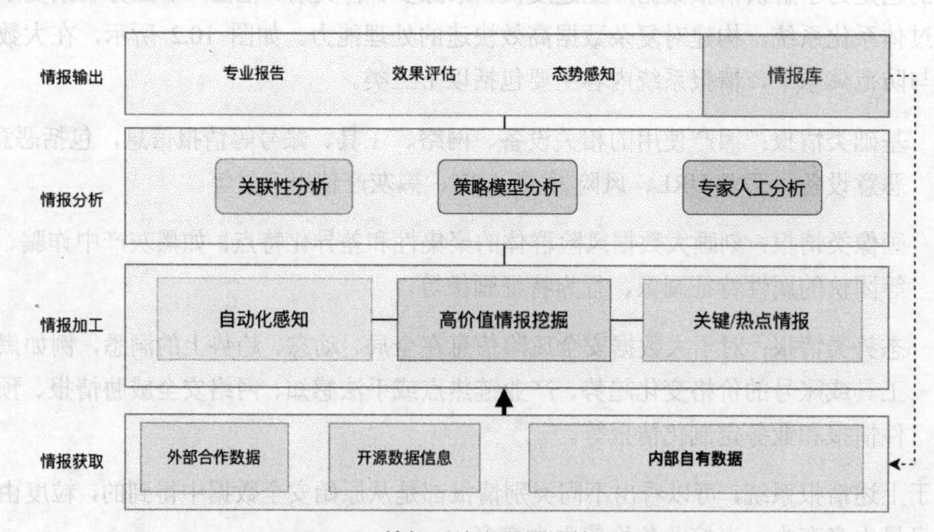

图 10.3　情报系统主要模块的示意图

10.2　情报获取

如图 10.4 所示，情报来源主要可以分为内部自有情报、外部合作情报和开源信息情报这三个部分。

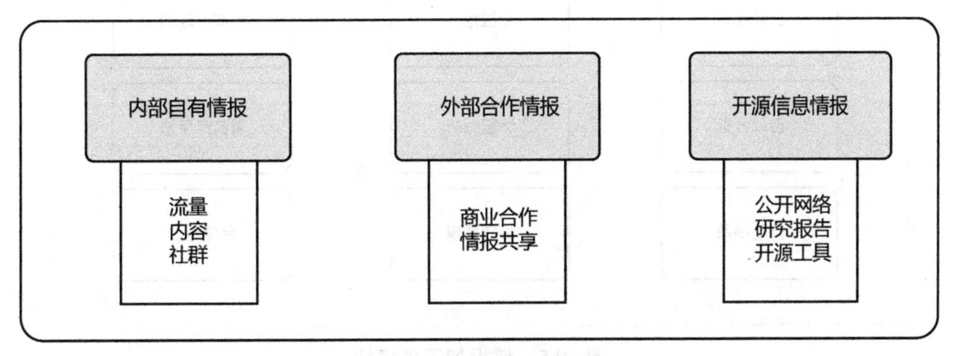

图 10.4　情报来源的示意图

- 内部自有情报：主要是自有安全数据，例如前文介绍涉及流量、内容、社群等多个方面数据，经过监控、分析、挖掘而生成的，一般是公司内部安全产品合作提供的部分内容。
- 外部合作情报：主要是通过第三方合作得到的数据，如外部安全厂商的威胁情报产品。
- 开源信息情报：主要是在合规、合法的前提下，从互联网可公开信息资源中获取并分析得到，如第三方的公开研究报告、白皮书等。

10.3　情报加工

如图 10.5 所示，对于不同来源的情报数据，可以通过情报采集模块来分类加工。情报加工方法主要涉及自动化感知模块、高价值情报挖掘模块、关键/热点情报分析模块。

- 自动化感知模块：针对已知或成熟体系化的情报内容需求，高度自动化原始情报数据，不需人工过度干预，便可以满足实时情报需求和离线情报需求，在海量数据下高效快速输出高价值的情报内容，例如关键词词库自动提取模型。

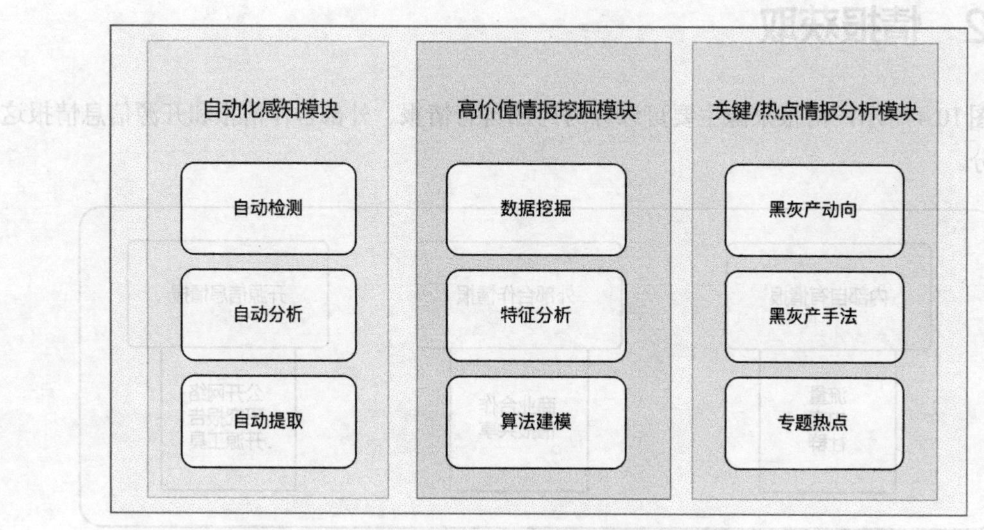

图 10.5　情报加工各模块

- 高价值情报挖掘模块：该模块通过安全策略、机器学习、深度学习等方法对已知内容进行建模分析，除了为自动化提取分析提供能力，还需要随着黑产对抗手段的升级，持续关注新型的黑产模式和作恶手段，挖掘潜在未知风险。这些信息对于提升安全人员对黑产动态的把握、指明大数据安全模型的优化方向以及建立新一轮对抗思路都至关重要。
- 关键/热点情报分析模块：该模块聚焦的是当下安全热点或业务方重点关注的关键情报。根据热点舆论事件、关键时间节点、安全业务方关注重心等需求，调整情报内容的质量和组成，并通过与业务方交互，及时更新安全策略。

10.4　情报分析

情报分析是在情报加工的基础上，结合业务进行的逻辑分析。通过对海量加工后的安全情报数据进行获取，提炼出业务目标信息。

比如关联性分析模块侧重于溯源和共性分析，将上述多种模块生成的中间情报进行额外分析，减轻不同数据源生成不同情报的割裂度。这可以对情报产生的冲突和潜在歧义进行消解，保障情报的专业性和可靠性，同时为情报输出全方位的覆盖能力。

专家人工分析模块用于辅助分析和情报审核，对多数据源生成的情报质量进行把控决策，避免不实数据和情报冲突，同时也要关注情报的隐私性和合规性。

接下来，通过对 IP 和设备情报的情报分析案例，来阐述情报分析的目标。

- IP 情报分析案例：在第 5 章中提到的 IP 风险识别场景下，IP 画像情报可以提供识别高可疑黑灰产使用的动态风险 IP 的信息，用于评估业务当前接入流量的潜在风险情况。对原始情报加工后的数据，可以从 IP 的位置、基础属性、风险情况中构建风险 IP 画像情报，如图 10.6 所示。根据业务需求，可定制用于监控流量的风险情况，又可以评估业务对抗模型的效果。

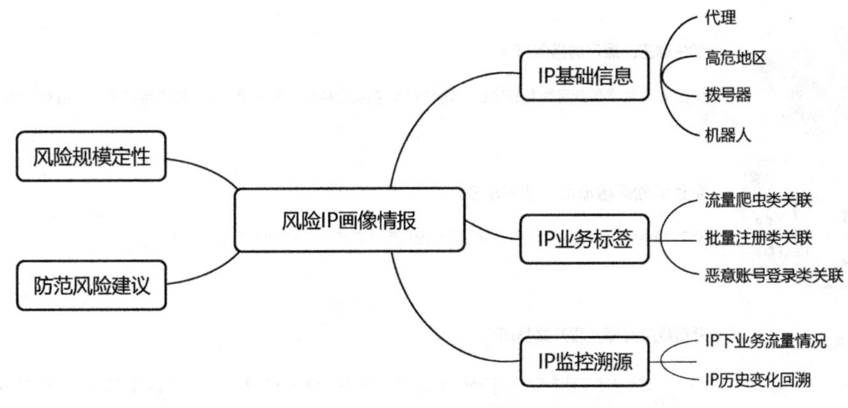

图 10.6　风险 IP 画像情报示意图

- 设备情报分析案例：同 IP 情报分析类似，基于业务需求，定制设备风险识别场景下的应用类别。设备风险识别技术可以精准识别篡改设备、伪造设备、虚拟设备，如模拟器、云手机、农场设备、箱控设备、多开设备。最终输出真假机器/用户的风险标签，给黑灰产设备的识别提供画像类情报和评估模型的对抗效果。

10.5 情报应用

对于情报获取、加工和分析后得到的高价值情报，可以通过具体的场景需求定制化输出。常见的输出形式分为专题情报文章、态势感知、量化指标。情报也可以作为对抗模型效果的重要评估手段之一，例如通过账号、虚拟服务和黑灰产等工具价格的变化，从侧面反映账号打击策略的效果。

- 专题情报文章：专题情报文章结合时效热点和重点关注内容，经过多维度整合，生成专业分析报告或简要科普向文章，如图 10.7 所示。专题情报文章的内容覆盖黑灰产的整体动机、操作手段、绕过策略、资源获取、特殊手段、涉及规模和类比事件等。同时也会给出分析后的专业防控建议，包括监测类、防控类、打击类等黑灰产风险控制建议。

11月某产品刷单诈骗引流APP排行榜

①新型APP频出–11月某产品刷单诈骗引流APP排行榜 ②国外交友诈骗帐号升级，启用海外主体企业号交互 ③某企业账号加严打击，作恶企业号受挫，黑产涨价谋转型

学生群主，黑产的挡箭牌

近期出现专为学生制定的兼职项目，黑产创建/购买微信群后邀请用户进入群内当群主，一组X个群佣金XX

全运会独家虚拟币，速来投资！

近期诈骗团伙利用全运会热点，宣传下载虚拟币投资APP，进行虚拟币投资诈骗

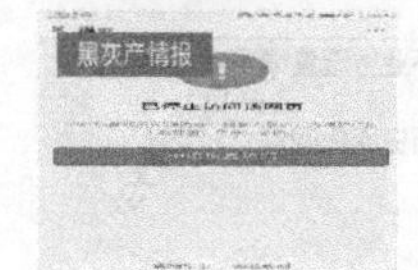

外链屏蔽解除，黑产蜂拥而至

近期工信部要求各平台限期解除屏蔽网址链接，黑产趁机制作大量诈骗网页，利用外链转发功能传播免费送诈骗/赌博诈骗等恶意信息

图 10.7　专题情报文章示意图

- 态势感知：情报也可以形成态势感知来进行可视化评估和展示，可以让用户在决策判断时，对现状有直观而清晰的感知。
- 量化指标：通过情报可以针对安全领域的客观事实建立量化指标，用来对模型效果进行判定，如黑市的账号交易价格趋势。图 10.8 是黑市某账号价格的变化趋势，可以看到 A 类型账号的买卖价格一直处于上升趋势，说明业务侧对于账号的打击力度比较大。C 类型账号上升后保持稳定说明可能对抗强度和打击力度没有加大。B 类型账号的价格在上涨后又继续回落，可能外网有新的对抗方式产生。

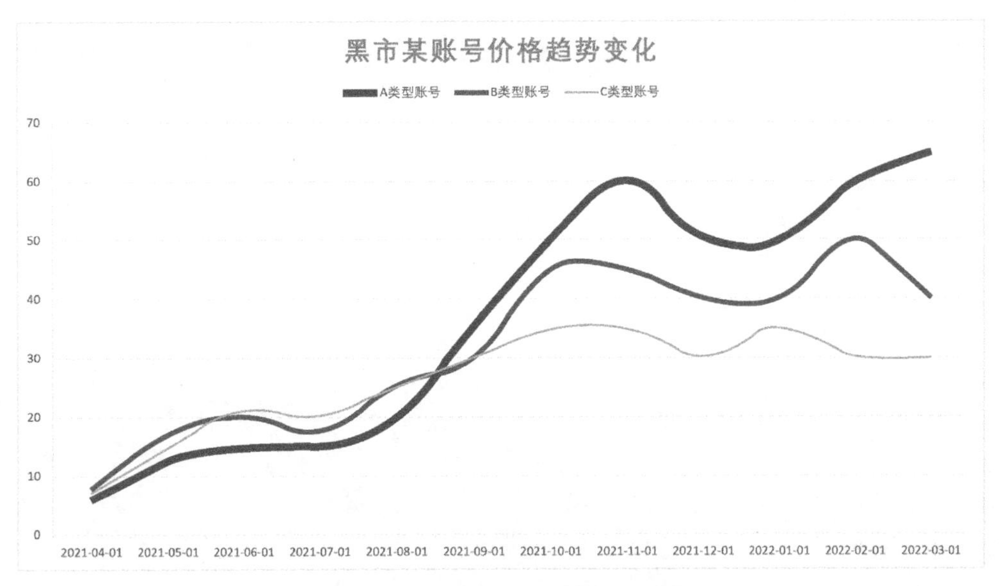

图 10.8 黑市某账号价格的变化趋势

10.6 本章小结

本章系统性地介绍了大数据安全对抗体系中的情报系统，包括体系架构、情报获取、情报加工、情报分析和情报应用。情报加工是发掘情报价值的重要手段，情报分析是数据价值得以实现的重要环节，情报应用贯穿了大数据安全对抗体系的整个生命周期。